MÜNCHENER GEOGRAPHISCHE ABHANDLUNGEN

in

MÜNCHENER UNIVERSITÄTSSCHRIFTEN
FAKULTÄT FÜR GEOWISSENSCHAFTEN

Münchener Universitätsschriften

Fakultät für Geowissenschaften

MÜNCHENER GEOGRAPHISCHE ABHANDLUNGEN

Institut für Geographie der Universität München

Herausgegeben

von

Professor Dr. H. G. Gierloff-Emden　　　　Professor Dr. F. Wilhelm

Schriftleitung: Doz. Dr. F. Wieneke

Band 23

OTTO DREXLER

Einfluß von Petrographie und Tektonik auf die Gestaltung des Talnetzes im oberen Rißbachgebiet (Karwendelgebirge, Tirol)

Mit 23 Abbildungen, 16 Tabellen, 2 Karten

1979

Institut für Geographie der Universität München

Kommissionsverlag: Geobuch-Verlag, München

Gedruckt mit Unterstützung aus den Mitteln der Münchener Universitätsschriften

Rechte vorbehalten

Ohne ausdrückliche Genehmigung der Herausgeber ist es nicht gestattet, das Werk oder Teile daraus nachzudrucken oder auf photomechanischem Wege zu vervielfältigen.

Die Ausführungen geben Meinungen und Korrekturstand des Autors und nicht der Herausgeber wieder.

Ilmgaudruckerei, 8068 Pfaffenhofen/Ilm, Postfach 86

Anfragen bezüglich Drucklegung von wissenschaftlichen Arbeiten, Tauschverkehr sind zu richten an die Herausgeber im Institut für Geographie der Universität München, 8 München 2, Luisenstraße 37.

Kommissionsverlag: Geobuch-Verlag, München
Zu beziehen durch den Buchhandel
ISBN 3 920397 47 9

Inhalt

Verzeichnis der Abbildungen	6
Verzeichnis der Tabellen	7
Verzeichnis der Abkürzungen und Symbole	8
Vorwort	11
1. Einleitung	13
1.1. Fragestellung	13
1.2. Entwicklung der Fragestellung	13
1.3. Arbeitsmethode	16
2. Das Arbeitsgebiet	18
2.1. Geologischer Überblick	18
2.2. Geomorphologischer Überblick	23
3. Einfluß der Geologie auf das Talnetz	25
3.1. Flußnetzanalyse	25
3.1.1. Bedeutung und Voraussetzung der Flußnetzanalyse	25
3.1.2. Die Gesetze der Flußnetzgestaltung	27
3.1.3. Flußnetzanalyse des Rißbachsystemes	28
3.1.3.1. Flußzahlen und Bifurkationsverhältnisse	28
3.1.3.2. Flußlängen und Längenverhältnisse	36
3.1.3.3. Flächen und Flächenverhältnisse	37
3.1.3.4. Korrelationen zwischen Bifurkations-, Längen- und Flächenverhältnissen	37
3.1.3.5. Sammeltrichter und Sammelrinnen	39
3.1.3.6. Interpretation von Korrelationen, Streuungen und Häufigkeitsverteilungen der morphometrischen Kennzahlen	45
3.1.3.7. Gesteinsabhängige Unterschiede der Gewässernetzgestaltung	49
3.1.3.8. Synthese der Ergebnisse der Flußnetzanalyse	60
3.1.4. Ermittlung der Gesamtverhältnisse R_x	64
3.2. Geologische Vorzeichnung von Erosionslinien	73
3.2.1. Zusammenhang zwischen Erosionslinienrichtung und Streichrichtung einer vorzeichnenden Struktur	74
3.2.2. Petrographische Vorzeichnung	75
3.2.3. Schichtungsbedingte Vorzeichnung	79
3.2.4. Tektonische Vorzeichnung	83
3.2.4.1. Vorbemerkungen zu den statistischen Untersuchungen	83
3.2.4.2. Korrelationsstatistische Ergebnisse	85
3.2.4.3. Aussage und Eignung des SPEARMANschen Rangkorrelationstestes	90
3.2.4.4. Tektonische Vorzeichnung der Erosionslinien nach Statistik und Geländebefunden3	97
3.2.4.5. Zusammenhang zwischen Abschnittslängen und tektonischer Vorzeichnung im Hölzlklammsystem	107
3.2.5. Zusammenfassung zur geologischen Vorzeichnung von Erosionslinien	108
4. Die geologische Vorzeichnung im Bild des Flußnetzes und ihr Nachweis	111
5. Klimageomorphologische Schlußfolgerungen	113
6. Zusammenfassung	116
Literatur	118

Verzeichnis der Abbildungen

Abb. 1: Geologisches Profil durch das Rißbachgebiet 19
Abb. 2: Kluftdiagramm vom Stuhlköpfl-Nordhang 20
Abb. 3: Schichtlagerung im W-Teil der Rißbachtal-N-Flanke 22
Abb. 4: HORTONdiagramme des Rißbachsystemes sowie der Teilsysteme 5. Ordnung 29
Abb. 5: HORTONdiagramme der Teilsysteme 4. Ordnung 30
Abb. 6: Streuung der Bifurkationsverhältnisse 31
Abb. 7: Karte vom Sammeltrichter an der Schaufelspitze 39
Abb. 8: HORTONdiagramme von Sammeltrichtern und Sammelrinnen 40
Abb. 9: Die Beziehung zwischen $\log \overline{L}_u$ und $\log \overline{A}_u$ bei Sammeltrichtern und Sammelrinnen 46
Abb. 10: Morphologische Differenzierung der Erosionsliniensysteme im Hauptdolomit 58
Abb. 11: Zerrachelung des Hauptdolomites an der Wechselschneid 60
Abb. 12: Diagramm zur Bestimmung des Divergenzwinkels 74
Abb. 13: Kanalartig ausgeräumte Hauptdolomitschichten in der Hölzlklamm 81
Abb. 14: Richtungsabhängigkeit der Hangfurchen im Bereich Talelekirchkar – Hennenegg
    von der Schichtung des Muschelkalkes 82
Abb. 15: Gegenüberstellung der Kluftdiagramme K F31 und K F32 86
Abb. 16: Gegenüberstellung der Kluftdiagramme K C15 und K C16 87
Abb. 17: Diagramme zur Korrelation der Tal- und Rinnenrichtungen im Rontalsystem
    mit der Kluftmessung K F60 92
Abb. 18: Diagramme zur Korrelation der Talrichtungen im Bereich Rißbach-Süd
    mit der Kluftmessung K A21, 22 94
Abb. 19: Erosiv nachgezeichnete Störung im Weitkargraben-W 99
Abb. 20: Bärenlahnerscharte und Grameigraben – eine tektonische Subsequenzzone 102
Abb. 21: Falkenkargraben 103
Abb. 22: Zusammenhang zwischen den Tal- und Rinnenrichtungen
    und den Störungen im Hölzlklammsystem 104
Abb. 23: Südliches Seitentälchen der Hölzlklamm 105
Karten: Gewässernetzanalyse des Rißbachgebietes   Anhang
    Karte der Kluft-Meßpunkte   Anhang

Verzeichnis der Tabellen

Tab. 1: Gewässernetzanalyse des Rißbachsystemes 31
Tab. 2: Gewässernetzanalyse der Becken 5. Ordnung 32
Tab. 3: Gewässernetzanalyse der Becken 4. Ordnung 32
Tab. 4: Gewässernetzanalyse der Becken 3. Ordnung 33
Tab. 5: Korrelationen zwischen R_{Xu}-Werten der Becken 3. und 4. Ordnung 38
Tab. 6: Gewässernetzanalytische Durchschnittswerte der Sammeltrichter und Sammelrinnen 39
Tab. 7: Normalverteilungsprüfung für die Daten der 56 Becken 3. Ordnung 48
Tab. 8: Flußnetzanalytische Differenzierung petrographisch unterschiedlicher Niederschlagsgebiete im Rißbachbereich 50
Tab. 9: Morphometrische Unterschiede zwischen den Sammeltrichter- bzw. sammeltrichterartigen Systemen sowie den restlichen Becken 3. Ordnung im Wettersteinkalk 55
Tab. 10: Gewässernetzanalytische Differenzierung der Becken 3. Ordnung im Hauptdolomit 56
Tab. 11: Gesamtbifurkationsverhältnisse R_b nach verschiedenen Berechnungsarten 66
Tab. 12: Durchschnittliche Abweichungsquadrate für N_u bei den verschiedenen R_b-Arten 69
Tab. 13: Durchschnittliche Abweichungsquadrate für $\overline{L}_u$ bei verschiedenen R_L-Arten 70
Tab. 14: Gesamtlängen der petrographisch vorgezeichneten Tal- und Rinnenabschnitte 78
Tab. 15: Signifikanzniveaus der Korrelationen zwischen den Talrichtungen und Streichrichtungen der Klüfte und Störungen:
  15 a: im nördlichen Teil des Rißbachgebietes 85
  15 b: im südlichen Teil des Rißbachgebietes 88
  15 c: in kleineren Teilbereichen des Ron- und Tortalgebietes 90
Tab. 16: Analyse der D^2-Werte aus den Korrelationen mit den Talrichtungsdaten der Serien Rißbach-Süd (Täler) und Rontal 94

Verzeichnis der Abkürzungen und Symbole

a) Zur Flußnetzanalyse[*]:

A_u = Summe der Niederschlagsgebietsflächen der Flußsegmente der Ordnung u (in km²);
$\overline{A}_u$ = durchschnittliche Niederschlagsgebietsfläche der Flußsegmente der Ordnung u (in km²); $\overline{A}_u = A_u/N_u$;
D = Flußdichte; durchschnittliche Länge der Gewässerläufe pro km² eines Niederschlagsgebietes (Dimension: km^{-1})[**];
F = Flußhäufigkeit; durchschnittliche Anzahl der Flußsegmente pro km² eines Niederschlagsgebietes (Dimension: km^{-2})[**];
$\overline{l}$ = mittlere Länge geradliniger Talabschnitte (s. Kap. 3.2.4.5.);
L_u = Gesamtlänge (in m) aller Flußsegmente der Ordnung u;
$\overline{L}_u$ = Segmentlänge, „stream length": Durchschnittslänge (in m) der Segmente der Ordnung u; $\overline{L}_u = L_u/N_u$;
N_u = Flußzahl, „stream number": Anzahl der Segmente der Ordnung u;
R_A = Gesamtflächenverhältnis für ein Flußsystem: Antilogarithmus des Regressionskoeffizienten von $\log \overline{A}_u$ gegen u;
R_{Au} = Flächenverhältnis: Verhältnis der mittleren Niederschlagsgebietsflächen $\overline{A}_u/\overline{A}_{u-1}$ aufeinanderfolgender Ordnungen;
R_b = Gesamtbifurkationsverhältnis für ein Flußsystem: Kehrwert des Antilogarithmus des Regressionskoeffizienten von $\log N_u$ gegen u;
R_{bu} = Bifurkationsverhältnis, „bifurcation ratio": Verhältnis der Flußzahlen N_u/N_{u+1} aufeinanderfolgender Ordnungen;
R_L = Gesamtlängenverhältnis für ein Flußsystem: Antilogarithmus des Regressionskoeffizienten von $\log \overline{L}_u$ gegen u;
R_u = Längenverhältnis, „length ratio": Verhältnis der mittleren Segmentlängen $\overline{L}_u/\overline{L}_{u-1}$ aufeinanderfolgender Ordnungen;
R_X = allgemeiner Ausdruck für R_A, R_b und R_L;
R_{Xu} = allgemeiner Ausdruck für R_{Au}, R_{bu} und R_{Lu};
s = höchste in einem Flußsystem auftretende Flußordnung und damit Ordnung des Gesamtsystemes;
u = Flußordnung;
X_u = allgemeiner Ausdruck für $\overline{A}_u$, $\overline{L}_u$ und N_u;

b) zur Tektonik:

b = Faltenachse (gemessen);
β_{ss} = Faltenachse, konstruiert aus Schichtflächenmessungen;
hk0, h0l, 0kl = Scherflächensysteme je nach Lage zu den Achsen des Beanspruchungsplanes (s. Lehrbücher der Tektonik);
ss = Schichtlagerung; hier angegeben durch Fallrichtung/Fallwinkel in Altgrad (z. B. 30/60; s. Fußnote S. 21);

c) zur Statistik:

α = Irrtumswahrscheinlichkeit für die Ablehnung der Nullhypothese, daß zwischen zwei verglichenen Verteilungen kein Zusammenhang bestehe;
log = dekadischer Logarithmus;
Max = Maximalwert;
Min = Minimalwert;
Π = Produktzeichen;

---

[*] s. a. Seite 26 ff.
[**] D und F werden im Text z. T. ohne Nennung der Dimension angegeben.

r_s = SPEARMANscher Rangkorrelationskoeffizient (s. S. 84)
s = Standardabweichung (bei Stichproben);
Σ = Summenzeichen;
V = Variabilitätskoeffizient, Angabe der Standardabweichung in Prozent des Mittelwertes ($V = 100s/\bar{x}$);
$\bar{x}$ = arithmetisches Mittel.

Vorwort

Die vorliegende Studie wurde von Herrn Prof. Dr. F. Wilhelm angeregt und in fruchtbaren Diskussionen mit lehrreicher Kritik betreut; dafür sei ihm aufrichtig gedankt. Herrn Prof. Dr. J. Bodechtel und Herrn Dr. R. Haydn von der Zentralstelle für Geo-Photogrammetrie und Fernerkundung der DFG, München, bin ich für die gebotene Möglichkeit, von tektonischen Meßreihen über EDV Diagramme erstellen zu lassen, sehr verbunden. Dank gebührt auch Herrn Pons, Kartograph am Inst. f. Geographie, der mit freundlicher Genehmigung von Herrn Prof. Wilhelm die Reinzeichnung der Karten und mehrerer Diagramme besorgte. Herrn Dr. G. Sommerhoff danke ich für viele anregende Gespräche und das Interesse, mit dem er den Fortgang der Arbeiten verfolgt hat.

Die Arbeit wurde im Rahmen des Schwerpunktprogrammes „Geodynamik des mediterranen Raumes, Geotraverse I a" von der Deutschen Forschungsgemeinschaft in dankenswerter Weise gefördert. Gedankt sei auch den Forstämtern Steinberg und Fall für die Genehmigung zum Befahren der nicht öffentlichen Forstwege.

Den Herausgebern der Münchener Geographischen Abhandlungen, Herrn Prof. Dr. H. G. Gierloff-Emden und Herrn Prof. Dr. F. Wilhelm, danke ich für die Aufnahme dieser Studie in die Schriftenreihe. Dem Schriftleiter, Herrn Doz. Dr. F. Wieneke, sei für seine Bemühungen um die Drucklegung gedankt.

München, im November 1977 *Otto Drexler*

Anschrift des Autors:
c/o Lehrstuhl für Bodenkunde und Bodengeographie
der Universität Bayreuth
Postfach 3008, D 8580 Bayreuth

1. Einleitung

1.1. Fragestellung

In der vorliegenden Arbeit wird untersucht, inwieweit petrographische und tektonische Vorzeichnung den Verlauf der Täler und Rinnen im Einzugsgebiet des Rißbaches oberhalb von Hinterriß, einem knapp 130 km² großen Ausschnitt des Karwendelgebirges, mitbestimmt haben.

Die Abhängigkeit der über 3800 erfaßten Tal- und Rinnenabschnitte des Gebietes vom tektonischen Gefüge wird im Gelände sowie – auf der Grundlage von über 9000 im Gelände gemessenen Kluft- und Störungsflächen – korrelationsstatistisch geprüft. Eignung und Aussage des statistischen Verfahrens sind Gegenstand einer Teilstudie.

Dieser Untersuchung geht eine STRAHLER-Analyse des Rißbachsystemes voraus. Sie soll zeigen, in welchem Maße geologische Einflüsse das Tal- und Rinnennetz prägen. Ihre Aussagekraft wird diskutiert.

Langgestreckte, geradlinige Talzüge und Gipfelketten charakterisieren das Karwendelgebirge. Sie sind durch den Faltungsbau vorgezeichnet und erheben das westöstliche Generalstreichen zum dominierenden Gliederungselement. Im Arbeitsgebiet wird dieses Gestaltungsprinzip jedoch durch eine Reihe annähernd parallel verlaufender Quertäler, die hier die Rolle geomorphologischer Leitlinien übernehmen, stark überprägt. Diese auffallend abweichende Talnetzgestaltung im oberen Rißbachgebiet und die Frage nach ihrer möglichen geologischen Bedingtheit waren ein Ausgangspunkt der Studie.

Der zweite Anstoß kam aus der geomorphologischen Literatur: In den letzten Jahren wurde mehrfach dargelegt, tektonisch stark kontrollierte Gewässernetze seien ein spezifisches Produkt feuchttropischer Morphodynamik. Diese Behauptung sollte ebenfalls überprüft werden.

1.2. Entwicklung der Fragestellung

Der Zusammenhang zwischen Talbildung und geologischer Prädisposition beschäftigt Geographen und Geologen seit langem. Er ergibt sich aus selektiv verstärkter Abtragung von Gesteinspartien mit einer – gegenüber ihrer Umgebung – geringeren Widerständigkeit. Die Trennung der Hauptursachen für die morphologisch wirksame Resistenzdifferenzierung gliedert den Zusammenhang in zwei Teilaspekte: Geologische Vorzeichnung von Erosionslinien entweder durch primäre petrographische Differenzierung des anstehenden Gesteinskomplexes oder aufgrund sekundärer Veränderung infolge tektonischer Beanspruchung.

Der Einfluß der Petrographie auf Verwitterungs- und Abtragungsintensität wurde früh allgemein anerkannt. Talbildung durch selektiv verstärkte Ausräumung resistenzschwächerer Schichtglieder behandeln bereits die Lehrbücher von PESCHEL (1883) oder SONKLAR (1873). Die Geomorphologie unterschied damals zwischen harten und weichen Schichten oder Gesteinen. Seit der Erkenntnis, daß Abtragungsresistenz nichts mit physikalischer Härte zu tun hat und außerdem keine absolute, sondern eine klimaabhängige Größe ist (so bereits bei HETTNER 1913, S. 437 f.), werden die Resistenzeigenschaften eines Gesteins als „morphologische Härte" bezeichnet. Unter dem Begriff „Petrovarianz" integrierte BÜDEL (1963) diesen morphodynamischen Faktor in sein Konzept der „Klimagenetischen Geomorphologie".

Im Gegensatz zum Einfluß der „Gesteinshärte" war die Auswirkung der Tektonik auf die Talbildung im Laufe der Entwicklung der Geomorphologie stark umstritten. Vom Beginn bis in die zweite Hälfte des 19. Jahrhunderts wurde erörtert, ob die Täler gemäß der Spaltentheorie der Plutonisten Narben einer tektonisch zerrissenen Erdkruste sind, in denen sich erst sekundär Flüsse entwickelten, oder ob sie durch die Erosion der Flüsse geschaffen werden. Nach dem allmählichen Durchbruch der Erosionstheorie verlagerte sich die Diskussion auf die Frage, ob tektonische Strukturen nicht trotz der exogenen Entstehung der Täler deren Verlauf vorbestimmen können; denn regional arbeitende Geographen und Geologen berichteten immer wieder über auffallende Übereinstimmungen zwischen Tal- und Kluft- bzw. Störungsrichtungen.

So etwa KJERULF (1879, 1880) aus Norwegen, DAUBRÉE (1880) aus Frankreich und HETTNER (1888) aus der Sächsischen Schweiz. HOBBS stellte 1905 „Examples of joint controlled drainage from Wisconsin and New York" zusammen und sah in der „checkerboard (Schachbrett-) topography" Norwegens den geomorphologischen Ausdruck tektonischer Strukturen (HOBBS 1911, S. 129 ff.).

Wie war der Zusammenhang zwischen Talrichtung und Verlauf tektonischer Strukturelemente zu erklären? DAUBRÉE (1880, S. 283 f.) argumentiert noch mit den „sogenannten Spaltungsthälern", die „von klaffend gebliebenen Spalten herrühren". Aber gleichzeitig räumt er der Erosion eine wesentlich bedeutendere Rolle ein als die Spaltentheoretiker zu Beginn seines Jahrhunderts: „ . . . durch Zertheilung der Gesteine hatten sie (die Zerreißungen) die Anlage der jetzigen Formen vorgezeichnet". Das „frühere Vorhandensein und die gewissermaßen anleitende Rolle der den Boden durchsetzenden Spalten" sieht er als Ursache für die Übereinstimmung von tektonischen Strukturen und Talverläufen an. Die Abwendung von der Spaltentheorie, die sich bei DAUBRÉE in den Formulierungen „vorgezeichnete Formen" oder „anleitende Rolle der Spalten" ankündigt, ist wenige Jahre später bei A. PENCK vollzogen: „Jedwelcher Bruch bezeichnet eine Lockerung im Gefüge der Erdkruste und weist dadurch der späteren Erosion, welche dem Laufe des Bruches folgt, die Wege. . . . Es beschränkt sich auch hier der Einfluß des tektonischen Vorganges im wesentlichen darauf, daß er die Richtung des Thales bestimmt, nicht aber das letztere selbst schafft" (1894, S. 96). Im gleichen Sinne äußert sich HOBBS (1911, S. 176): „The localization of the zones of excavation by the denuding agents which attack the surface is fixed by fracture structures already existing at the time". Obwohl damit der immer häufiger beobachtete Zusammenhang zwischen Tektonik und Talbildung plausibel erklärt war, verhielt sich die Mehrzahl der Geologen und Geographen ablehnend und glaubte, „in den angeführten Übereinstimmungen nur unbedeutende und seltene Erscheinungen, bzw. Zufälligkeiten oder gar Selbsttäuschungen erblicken zu sollen" (SALOMON 1911, S. 502).

Der Grund für diese Skepsis lag wohl darin, daß sich die Vorzeichnung eines Talstückes durch eine bestimmte Störungszone oder Kluftschar (im Gegensatz zur petrographischen Bedingtheit) häufig dem direkten Nachweis im Gelände entzieht. Daher setzte SALOMON von Heidelberg aus gezielt Regionalstudien[1] an, die das Problem durch den Richtungsvergleich zwischen den einzelnen Talabschnitten und systematisch gemessenen Klüften und Störungen klären sollten. Der Vergleich wurde auf topographischen Karten durchgeführt, in welche die tektonischen Strukturen mittels eigens entworfener Signaturen (SALOMON 1911) eingetragen waren. Diese Methode gewährleistete eine leichte Überprüfbarkeit und damit eine stärkere Aussagekraft der Ergebnisse gegenüber den älteren, mehr beschreibenden Arbeiten. Die Untersuchungen erbrachten übereinstimmend das Resultat, daß „die Gesteinsfugen . . . einen sehr deutlichen Einfluß auf die Richtung der heutigen Talstücke ausüben" (DINU 1912, S. 276).

Andere Forscher kamen zum gleichen Ergebnis, z. B. PENCK (1925) im Bastei-Gebiet oder JENETTE (1931) in den Allgäuer Kalkalpen. STINY (1925) fand in der Reißeckgruppe, daß die Klüftung nicht nur die Talbildung, sondern auch die Entstehung morphologischer Kleinformen beeinflußt. PILLEWIZER (1937) stellte fest, daß die Täler im Kristallingebiet der Raabklamm (Steiermark) vor allem durch saiger stehende Klüfte vorgezeichnet wurden. In sämtlichen Arbeiten wird jedoch betont, daß nicht alle Täler tektonischen Schwächezonen folgen.

Von den dreißiger Jahren an werden die Arbeiten über tektonische Vorzeichnung von Tälern spärlicher; die von SALOMON eingeleitete „klassische" Phase dieser Forschungsrichtung klingt ab; denn die in den zwanziger Jahren einsetzende Beschäftigung mit Altflächen und Reliefgenerationen und der gleichzeitige Wandel der alten „Geologischen" oder „Tektonischen Geomorphologie" (RATHJENS 1971, S. 2)

---

[1] LIND 1910: N-Schwarzwald; DINU 1912: Pfälzer Wald; ENGSTLER 1913: Vogesen

zur Klimatischen Geomorphologie beanspruchen das Interesse der Disziplin. Die Abhängigkeit vieler Talrichtungen von Klüften und Störungen ist aufgrund zahlreicher Nachweise inzwischen soweit anerkannt, daß sie in den Lehrbüchern von SUPAN (1930, S. 373 ff.) oder von CLOOS (1936, S. 220) behandelt wird. KREBS (1937, S. 70) prägt für Talanlagen an kluft- und störungsbedingten Schwächezonen den Begriff der „Tektonischen Subsequenz". Aber die Gegenstimmen sind noch nicht verstummt.

So liest man etwa in MAULLs „Geomorphologie" (1938, S. 175, und noch 1958, S. 204), „daß weitgehende Unabhängigkeit der vielfach geknickten und gewundenen Flüsse und Täler von den im Durchschnitt gerade verlaufenden Spalten oder auch von Überschiebungslinien besteht, und nur Voreingenommenheit kann zwischen einem ziemlich dichtmaschigen Verwerfungsnetz und dem Flußnetz enge Beziehungen, doch nie ohne sehr offensichtliche Willkür, konstruieren wollen". Doch er kommt an der vielfach bewiesenen Tatsache des Zusammenhanges nicht vorbei und räumt unter Berufung auf PILLEWIZERs Arbeit (1937) ein, daß „Klüfte wie Zerrüttungszonen aller Art, wenn sie von Flüssen bei der Eintiefung getroffen werden, oder wenn sie bei ihrer Anlage offen zutage liegen, begünstigende Schwächezonen abgeben können" (1938, S. 176, und 1958, S. 205).

Auch PANZER (1923) lehnt eine kausale Beziehung zwischen tektonischem Gefüge und Talrichtungen ab. Übereinstimmende Richtungen erklärt er mit der gleichzeitigen Bildung von Kluft- und Gewässernetz. Da er diese Ansicht noch 1975 (S. 117) vertritt, soll kurz darauf eingegangen werden. PANZERs Ausgangspunkt (1923) war die Feststellung von CLOOS (1921), daß einseitig gerichteter Druck im Gestein zur Bildung von Querklüften (in der Richtung des Druckes) führt. Der gleiche Druck, „der zur Kluftbildung führt, hat aber auch eine Wellung, weite Auf- und Einbiegungen der Oberfläche zur Folge, die senkrecht zum Druck verlaufen. Damit werden Abdachungsverhältnisse geschaffen, die in der Richtung des Druckes, also gleichgerichtet mit den Hauptkluftrichtungen, liegen! Wenn in diese durch Druck gewellte Oberfläche sich Täler einschneiden, so verlaufen sie in gleicher Richtung wie die Klüfte. Sie sind aber nicht durch die Klüfte bestimmt, sondern durch die Abdachung, und diese hat mit den Klüften als gemeinschaftliche Ursache den Druck" (1923, S. 154). PANZER übersieht hierbei, daß Flüsse nicht nur den Querklüften, also der ac-Richtung, folgen, sondern auch alle anderen, nicht zu flach liegenden Klüfte und Störungen, insbesondere die diagonal verlaufenden Schersysteme nachzeichnen können. Derartige Anpassung von Gewässerläufen läßt sich aber nicht mehr unter Zuhilfenahme von Abdachungsverhältnissen aus der Gleichzeitigkeit von Kluft- und Gewässernetzbildung erklären.

In den fünfziger Jahren setzt – eingeleitet unter anderem durch die Arbeiten von MURAWSKI (1954) und ADLER (1957) – eine neue Phase in der Erforschung des Zusammenhanges zwischen Tektonik und Talbildung ein.

In der Fragestellung knüpft die neue Phase direkt an die „klassische" der Heidelberger Schule an, doch wird nun mit weiterentwickelten Methoden gearbeitet. MURAWSKI mißt in topographischen Karten Richtung und Länge der Talabschnitte aus und stellt die Längenanteile der Richtungen analog zu Kluftrosen in „Gewässernetzrosen" dar. Der Zusammenhang zwischen Schichtstreichen oder Tektonik und Talorientierung wird durch den Vergleich entsprechender Rosen geprüft (MURAWSKI 1954). Das Verfahren ist „statistischer Art"; im Gegensatz zur älteren Arbeitsweise untersucht es nicht, „ob ein bestimmtes Gewässer einer bestimmten tektonischen Fuge folgt, sondern ob für ein bestimmtes Gebiet Übereinstimmungen in der Tal- und Kluftrichtungsverteilung bestehen" (MURAWSKI 1964, S. 558). RANDALL (1961) und BERG (1965) arbeiten nach dieser Methode. MURAWSKI (1964, S. 543 f.) demonstriert auch die Anwendbarkeit des SCHMIDTschen Netzes auf die Fragestellung (s. Kap. 3.2.1.).

LIST (1969) wendet eine statistisch quantifizierende Vergleichsmethode an: Er berechnet den SPEARMANschen Rangkorrelationskoeffizienten der Häufigkeitsverteilungen von Tal- und tektonischen Richtungen. Damit wird der Vergleich objektiver und das Ergebnis numerisch faßbar. Die Aussage über einen beobachteten Zusammenhang läßt sich auf der Basis statistischer Signifikanzniveaus formulieren.

Daß gefügebedingte Schwächezonen Anlaß zur Talbildung sein können, gilt heute als gesicherte Erkenntnis. In den meisten einschlägigen Lehrbüchern finden sich entsprechende Äußerungen, z. B. in WILHELMYs „Geomorphologie in Stichworten" (Bd. II, 1972, S. 94), in MACHATSCHEKs „Geomorphologie" (1973, S. 59) oder in SCHMIDT-THOMEs Lehrbuch der Tektonik (1972, S. 111). Vor allem aber die Photogeologie betont diesen Zusammenhang sehr stark. So schreibt BODECHTEL (1969, S. 266): „Kluftspuren und Störungen werden durch Geländeknicke, Rücken, Depressionen und vor allem durch das Filigran des Entwässerungsnetzes bis ins Detail, die Morphologie der Landschaft weitgehend beeinflussend, nachgezeichnet." Diese Tatsache bildet eine der Voraussetzungen für die photogeologische Arbeitsweise. Denn „unter den zur tektonischen Interpretation von Luftbildern vor allem bei der Kartierung von Faltenstrukturen und Störungen benutzten Kriterien stehen die Morphologie und die Flußnetzentwicklung an erster Stelle" (KRONBERG 1967, S. 151).

Die Ergebnisse der zahlreichen Arbeiten, in denen der Zusammenhang zwischen tektonischen Strukturen und Talverläufen untersucht worden ist, lassen keinen Zweifel an der Existenz von tektonischen Subsequenzzonen mehr zu. Aber die Frage, unter welchen klimageomorphologischen Voraussetzungen tektonische Beanspruchung des Gesteins selektiv verstärkte Erosion zur Folge haben kann, wurde bisher nicht ausreichend untersucht. Nach Ansicht von BÜDEL (1965), BREMER (1971, 1972) und WILHELMY (1974, 1975) ist es – entgegen der bisherigen Auffassung – nicht der fluviale Erosionsprozeß, der tektonisch bedingte Schwächezonen nachzeichnet, sondern die Prozeßkombination aus differenzierter Verwitterung und Linienspülung. Tektonisch kontrollierte Gewässernetze sind danach ein charakteristisches Ergebnis feucht-tropischer Morphodynamik, ein „klimageomorphologisches Hauptmerkmal" (WILHELMY 1974, 1975) der feuchten Tropen.

Aus fast sämtlichen Klima- bzw. klimageomorphologischen Zonen wurde bereits über tektonisch vorgezeichnete Fluß- oder Talnetze berichtet[2]; das beweist aber nicht, daß die rezente Morphodynamik in all diesen Zonen zur Ausbildung tektonischer Subsequenzen führen könnte. Tektonisch kontrollierte Gewässernetze in den Ektropen könnten nämlich, wie BREMER 1971 (S. 16) schreibt, „aus einer Zeit tiefgründiger Verwitterung vererbt sein". Inwieweit dies auf die in der Literatur beschriebenen Fälle zutrifft, geht aus den Arbeiten im allgemeinen nicht hervor.

Mit der klimageomorphologischen Betrachtung erfuhr die traditionsreiche Frage nach dem Zusammenhang zwischen Tektonik und Talbildung eine gewisse Aktualisierung. Für die vorliegende Studie ergibt sich daraus, daß nicht nur die mögliche tektonische Vorzeichnung von Tal- und Rinnenstrecken zu prüfen ist, sondern auch, ob eventuelle Nachzeichnungen der Tektonik entsprechend der Meinung von BREMER (1971) das schlecht erhaltene Erbe eines tertiären, tropoiden Reliefs darstellen oder auf junge (ektropische) Erosion (im Gegensatz zur „Linienspülung") zurückzuführen sind.

1.3. Arbeitsmethode

Um die Abhängigkeit des Talnetzes von der Geologie zu prüfen, waren zahlreiche Schicht-, Kluft- und Störungsmessungen sowie die morphometrische Erfassung des Tiefenliniennetzes nötig. Die geologischen Daten wurden im Gelände erhoben; denn die Luftbilder lassen in den bewaldeten Gebietsteilen zu wenig Details erkennen. Außerdem konnte auf diese Weise der Gefahr des Zirkelschlusses ausgewichen werden, daß die vorwiegend aus geomorphologischen Folgeerscheinungen abgeleiteten tektonischen Verhältnisse ihrerseits wieder zur Erklärung des Talnetzes herangezogen würden. An vielen, über das Arbeitsgebiet verteilten Aufschlüssen wurden rund 7000 Kluftflächen und über 2000 Störungen erfaßt. Ihre große Zahl erlaubt es, die Ergebnisse als statistisch abgesichert zu betrachten.

Die tektonischen Trennflächen wurden in Anlehnung an ADLER et al. (1965, S. 9) nach ihren Ausstrichlängen gewichtet. Folgende Bewertungsskala wurde gewählt:

Größenordnung der Ausstrichlängen	Bewertung
Zentimeter bis Dezimeter	1 x
Meter	2 x
Dekameter	3 x
ca. 100–200 m	5 x
ca. 300 m und darüber	10 x

---

[2] Einige ausgewählte Beispiele mögen dies demonstrieren. Es berichtet z. B.: aus verschiedenen Teilen Norwegens HOBBS (1911), PLEWE (1952), RANDALL (1961); aus Estland TEICHERT (1927); aus Mitteleuropa (ohne Alpen) HETTNER (1888), die Schüler SALOMONs (s. S. 14), ADLER (1958), MURAWSKI (1964), BERG (1965); aus den Alpen JENETTE (1931), PILLEWIZER (1937), SCHWEIZER (1968); aus dem mediterranen Raum BODECHTEL (1969); aus der Sahara LIST (1969); aus den semiariden Randtropen Westafrikas BARTH (1970) und Ostafrikas KADOMURA (1970); aus dem Bereich der wechsel- und immerfeuchten Tropen LOUIS (1968), BREMER (1971, 1972; speziell aus N-Australien 1971, aus Amazonien 1973 a), BÜDEL (1972), SCHMIDT-KRAEPELIN aus Ceylon (1973). – Bereits diese knappe Auswahl ergibt eine nahezu lückenlose Kette von der subpolaren Tundrenzone bis in die Tropen.

Die morphometrischen Daten wurden aus der Alpenvereinskarte 1 : 25 000 ermittelt. Ein kleiner Bereich um den Roßkopf (NE von Hinterriß) außerhalb der Blattgrenze wurde nach einer Vergrößerung (1 : 25 000) der Österreichischen Karte 1 : 50 000 bearbeitet. Da die Alpenvereinskarte nach photogrammetrischen Aufnahmen entworfen ist, bietet sie ausreichende Genauigkeit für morphometrische Erhebungen (s. MELTON 1958, S. 38). Das Gewässernetz ist jedoch unvollständig dargestellt[3]. Deshalb wurde bei allen ausgemessenen Hohlformen anhand der Luftbilder[4] die Existenz eines Gerinnebettes überprüft (s. Kap. 3.1.1.).

In den Karten wurden Länge und Richtung der Tiefenlinienabschnitte (Täler und Hangfurchen) mit Lineal und Winkelmesser bestimmt. Gefällswerte wurden aus den Isohypsen (Äquidistanz 20 m) ermittelt. Azimutänderungen von ca. 3° und mehr oder aus dem Isohypsenbild erkennbare Änderungen des Gefälles begrenzten die Meßabschnitte. Die Länge der Abschnitte kann ohne weiteres auf 0,5 mm genau abgelesen werden. Bei einem Maßstab von 1 : 25 000 ergibt sich daraus eine Erfassungseinheit von 12,5 m in der Natur. In 3843 Meßstrecken wurden die das Tal- und Gewässernetz des Untersuchungsgebietes repräsentierenden morphologischen Linien mit einer Gesamtlänge von rund 570 km erfaßt. Für sämtliche Flußsegmente der 1. bis 6. Ordnung wurden aus den Karten mittels Polarplanimeter oder Millimeterpapier die zugehörigen Niederschlagsgebiete ausgemessen. Das Gewässernetz wurde auf die Einhaltung der HORTONschen und anderer Flußnetz-Gesetze (s. Kap. 3.1.) geprüft, das Talnetz auf seine Abhängigkeit von der Geologie (s. Kap. 3.2.). Die Daten für Gewässer- und Talnetz sind nur dort identisch, wo ein Kerbtal (mit zu vernachlässigender Talsohle) oder eine Klamm von einem dauernd oder zeitweise fließenden Gewässer benützt wird. Bei überschotterten Talsohlen wurde für die Gewässernetzanalyse der gewundene Verlauf der Gerinnebetten, für die Talnetzserie dagegen der Verlauf der Talflanken vermessen. Erosionskerben ohne Gerinnebett gingen nur in die Talnetzserie ein.

Zur Untersuchung des tektonischen Einflusses auf die Talrichtungen wurden die Häufigkeiten der Streichrichtungen von Klüften und Störungen den morphometrischen Richtungshäufigkeiten im SPEARMANschen Rangkorrelationstest gegenübergestellt.

Die Rechenarbeiten erfolgten nach selbstentwickelten Programmen auf der Diehl-Combitronic-Rechenmaschine des Institutes für Geographie. Die nach Gebietseinheiten aufgespaltenen morphometrischen Werte wurden in über 600 Korrelationsberechnungen jeweils mit mehreren tektonischen Meßreihen verglichen, um zufällige Ergebnisse auszuschließen. Der Zusammenhang zwischen den mittleren Längen der Talabschnitte und der tektonischen Häufigkeitsverteilung wurde für das Hölzlklamm-System (Rontalgebiet) untersucht.

Die Ortsbezeichnungen wurden der Alpenvereinskarte entnommen. Drei kleinere, bisher unbenannte Talsysteme mußten mit Namen versehen werden, da sie in der Studie mehrmals erwähnt werden: Das vom Wechselkopf dem N-Fuß der Steinkarlspitze entlang in östlicher Richtung zum Rontal ziehende Tal wird nach dem vor seiner Mündung gelegenen Schotterkegel („Grieß") als „Grießgraben" bezeichnet. Das westlich des Hinteren Lärchenberges in NW-Richtung zum Rontal strebende Tälchen, dessen Einzugsgebiet im W von P 1805[5], im S vom P 1691 und im E vom P 1619 und vom Stierlegerl (1650 m) begrenzt wird, erhielt den Namen „Stierlegerlgraben". Der Tal- und Rinnenzirkus, der östlich des Hasental-Mitterlegers die Satteljoch-Südflanke zum Plumsgraben entwässert, wird „Satteljochgraben" genannt (s. Karte im Anhang).

---

[3] Nach frdl. Auskunft von Herrn Ing. grad. BLANKE, Alpenvereins-Kartograph, umfaßt das blaue Liniennetz auf den AV-Karten nur die perennierenden Gerinne.

[4] Luftbilder des Bundesamtes für Eich- und Vermessungswesen, Wien; Befliegung 1964; Maßstab ca. 1 : 22 000.

[5] Druckfehler in der AV-Karte; müßte P 1605 heißen.

2. Das Arbeitsgebiet

Das Untersuchungsgebiet, hier kurz Rißbachgebiet[6] genannt, ist das 128 km² große Niederschlagsgebiet des Rißbaches oberhalb von Hinterriß im Karwendelgebirge (Nördliche Kalkalpen).

2.1. Geologischer Überblick

Der größte Teil des Untersuchungsgebietes wurde zuletzt von AMPFERER & OHNESORGE (1912; 1 : 75 000) geologisch kartiert. Für den Randbereich östlich des Enger Tales steht eine Neuaufnahme von AMPFERER (1950; 1 : 25 000) zur Verfügung. TRUSHEIMs Karte der Mittenwalder Karwendelmulde (1930; 1 : 25 000) greift in einem schmalen Saum westlich des Rontales auf das Arbeitsgebiet über. Der folgende geologische Überblick stützt sich neben diesen Karten vor allem auf die Veröffentlichungen von AMPFERER (1903 a und b, 1928, 1931, 1942), AMPFERER & OHNESORGE (1924) und HEISSEL (1950, 1957). Abb. 1 zeigt ein geologisches Profil durch das Arbeitsgebiet vom Schönalpenjoch zur Laliderer Spitze.

Am geologischen Aufbau des Arbeitsgebietes sind zwei tektonische Einheiten beteiligt: die Lechtaldecke und die im Süden über sie geschobene Inntaldecke. Der Schichtbestand der Inntaldecke reicht im Rißbachgebiet vom Buntsandstein bis zum oberen Wettersteinkalk; die Lechtaldecke umfaßt hier Ablagerungen vom Alpinen Muschelkalk bis zum Malm.

Das Generalstreichen liegt in westöstlicher Richtung. Die Hauptrichtung der Klüfte und Störungen streicht nach NNE. Ein sekundäres Maximum liegt im N. In westöstlicher Richtung verläuft eine Reihe von meist steil S-fallenden Vertikalverwerfungen; bei den Klüften tritt diese Richtung jedoch nicht besonders hervor.

Den nördlichen Teil des Arbeitsgebietes bildet der Südflügel der Mittenwalder Karwendelmulde (Lechtaldecke). Ihr Kern liegt nördlich außerhalb der Gebietsgrenze. Der Muldensüdflügel ist überkippt, die steil S-fallenden Schichten liegen invers. Das Kluftdiagramm vom Stuhlkopf-Nordhang (Abb. 2) erläutert die tektonischen Verhältnisse in diesem Bereich.

Der Hauptdolomit nimmt als dominierendes Schichtglied die größte Fläche dieses Gebietsteiles ein. Er besitzt an der Ostflanke des Tortales eine Mächtigkeit von ca. 1500 m. Doch erreicht seine Ausstrichsbreite zwischen Fleischbank (2028 m) und Falkenstuhl (N des Kleinen Falk) drei Kilometer. Das Rißbachtal durchschneidet ihn auf der Strecke vom Ende des Enger Tales bis knapp vor Hinterriß in spitzem Winkel zum Generalstreichen. An der Nordflanke des Tales kennzeichnet eine starke, in sich gestörte Spezialfaltung die Tektonik des Hauptdolomites (s. S. 21f.). Sie führt zu erheblich vom Generalstreichen abweichender Schichtlagerung und bedingt die Breite der Ausstrichzone. Der südlich des Rißbachtales gelegene Teil des Muldenflügels streicht dagegen ziemlich konstant in ost-westlicher Richtung und fällt steil nach S ein.

In der Vorderen (Nördlichen) Karwendelkette ist die Inntaldecke auf den S-Flügel der Mittenwalder Karwendelmulde aufgeschoben[7]. Die Überschiebungsgrenze setzt sich südlich des Risser Falk, am Laliderer Falk, im Großen Totengraben und im Plums-, Sulzgraben nach E fort. In der Vorderen Karwendelkette bildet die höhere tektonische Einheit einen geschlossenen Zug; dagegen stellt sie im Anschlußbe-

---

[6] Siehe Karte im Anhang. Bezüglich der kleinen, dort aus Maßstabsgründen nicht mehr angegebenen Lokalitäten muß auf die Alpenvereinskarte „Karwendelgebirge" (Mittleres und Östliches Blatt) verwiesen werden.

[7] „Aufschiebung" bedeutet in dieser Studie immer nur Relativbewegung.

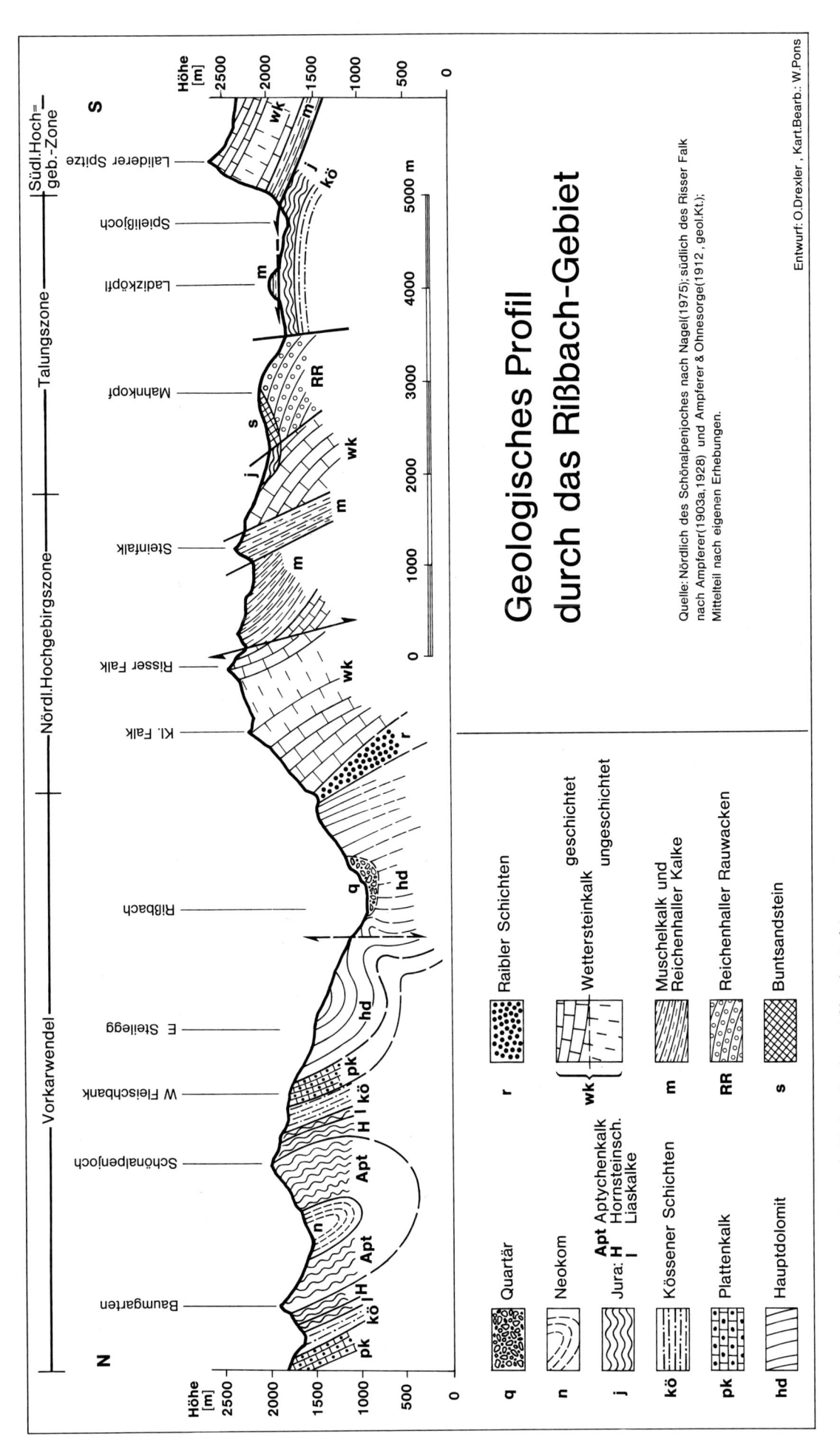

Abb.1 Geologisches Profil durch das Rißbach-Gebiet

Abb. 2 Kluftdiagramm G 95 von der Stuhlköpfl-Nordflanke (124 Klüfte; untere Lagenhalbkugel; Isolinien für Besetzungsdichten: $\geq$ 0,1 / 1,1 / 2,1 / 3,1 / 5,1 / 7,1 / 9,1 / 12,1 / 15,1 %)

Das Diagramm zeigt zwei Achsensysteme (a, b, c), wonach das Gefüge aus (mindestens) zwei Beanspruchungsphasen resultiert. Das erste System ist streng schichtungsbezogen; c_1-Achse im ss-Pol, b_1-Achse auf dem ss-Großkreis; die a_1-Achse liegt in der Richtung der gefügeformenden Hauptbewegung, die bei der starken horizontalen Einengung etwa senkrecht steht. Reißklüfte entstanden vor allem in bc- und ac-, kaum in ab-Richtung. Die Scherkluftsysteme sind asymmetrisch ausgebildet. Bei der zweiten Beanspruchungsphase wurden die Achsen in der Horizontalen um etwa 20° gegen den Uhrzeigersinn verschwenkt. Sie traf die weitgehend fertige Falte. Reißklüfte entstanden um alle drei Achsen. Bei den Scherkluftpaaren zeigt sich eine zur ersten Phase analoge Asymmetrie. Die vertikalen Spannungen lösten sich durch W-fallende 0kl- und durch N-fallende h0l-Klüfte. hk0-Klüfte für den horizontalen Spannungsausgleich entstanden nur in NNE-Streichrichtung. Sie entsprechen den „Loisach-Störungen".

reich östlich des Johannestales ein Mosaik von verschuppten Schollen und (erosiv) isolierten Teilmassen dar. Während die steil S-fallende Deckengrenze von W bis zum Laliderer Tal die Faltenstrukturen der Lechtaldecke an der stratigraphischen Basis des überkippten Muldenflügels abschneidet, tritt im Gams- und Sonnjoch-Massiv auch noch der südlich anschließende Sattel (Wettersteinkalk) zum Vorschein. Seine tektonische Überlagerung wurde zum Teil abgetragen.

Südlich der Linie Ladizjöchl – Gumpenjöchl – Binsgraben sind in einem Fenster der Inntaldecke die hangenden Partien der Lechtaldecke von den Malm-Aptychenkalken bis zum Hauptdolomit aufgeschlossen. Sie wurden östlich der Eng zu einem steilen Sattel (Arbeitsbezeichnung: Drijaggensattel) mit ca. 115° streichender B-Achse (β_{ss}) aufgestaucht. Westlich des Enger Tales lagern sie dagegen weitgehend horizontal und stoßen sowohl im N als auch an der W-Grenze des Fensters (Sauisskopfl) längs steil stehender Störungsflächen an tiefliegende Alttriasschichten der Inntaldecke. Auf den Juraschichten schwimmen noch Erosionsreste aus Reichenhaller Schichten und Muschelkalk von der einstigen Überdeckung (Ladizköpfl, Teufelskopf-Gumpenspitze, Kaisergrat).

Im Süden endet das Fenster an der erosiven Stirn der Inntaldecken-Masse. Diese höhere tektonische Einheit, die im Karwendelgebirge um fünf bis sechs Kilometer von S auf die Lechtaldecke aufgeschoben wurde (SCHMIDT-THOMÉ, 1964, S. 255), baut die Hintere Karwendelkette (Hinterautal-Vomper-Kette) auf. Die Jungschichten im Deckenfenster ziehen ungestört unter die Überschiebungsmasse hinein.

In Ergänzung zum einführenden Gesamtüberblick über die geologischen Verhältnisse des Untersuchungsgebietes soll für die Rißbachtal-Nordflanke auch die Spezialtektonik aufgezeigt werden, da sie den Verlauf vieler Erosionslinien bestimmt. Eine Spezialfaltung war bisher nur aus dem Gebiet östlich des Bockgrabens bekannt (AMPFERER & OHNESORGE 1912); der Westteil war noch nicht genau kartiert. Von den eigenen Aufnahmen werden die Ergebnisse aus rund 800 Schichtflächenmessungen im Profil auf Abb. 1 und auf der Karte in Abb. 3 dargestellt.

Im Profil von den tiefeingeschnittenen Runsen östlich des Steilegg (1564 m) bis zur Mündung des Egglgrabens in den Rißbach bildet der Hauptdolomit eine relativ weit gespannte Mulde, die mit steil nach E abtauchender Achse (β_{ss} 90/55) in einer Überschiebung am Roßkopf (1830 m; NE Hinterriß) ausstreicht (aufgeschlossen in der Grubenwand am Mitterschlaggraben, 1490 m NN). Die Schichtung streicht längs des Profils vom Rißbachtal bis in 1400 m NN grob nördlich (mit wechselnd steilem östlichem Einfallen) und schwenkt erst östlich des Steilegg in das Generalstreichen (W-E) ein.

Während dieser Muldenbau westlich des Egglgrabens von einem durchgehenden Saum W-E streichender Schichten, die in enger Faltung (β_{ss} ca. 110/55) plötzlich in die N-Richtung einschwenken, gegen die Ausräumungszone des Rißbachtales abgegrenzt wird, schneidet ihn die Talflanke im E bereits im Rißbach-Niveau an. Das nach E gerichtete Einfallen der gegen das Tal ausstreichenden Schichten dreht von der Egglgrabenmündung (ss 80/33)[8] nach Osten zu bei stetig anwachsendem Fallwinkel nach NE ein und geht nach der Überkippung 500 m E des Egglgrabens (ss 220/90) in S-Fallen über (ss am Ende des Hölzlstalgrabens 190/60). Die Mulde scheint sich längs dieser Strecke isoklinal zu schließen, denn im Profil von der Scharte zwischen Hölzlstaljoch (2210 m) und Grasbergjoch (2028 m) über die Waldegglalm (1604 m) zum Rißbachtal liegt das Schichtstreichen konstant in westöstlicher Richtung (ss-Flächenpolmaximum 171/71).

Weiter östlich stößt im untersten Teil des Weitkargrabens bei 1120 m NN die steil SSW-fallende Schichtung (ss etwa 210/60) des Muldennordflügels an steil NE-fallende Schichtung im Süden (ss ca. 45/70). Es dürfte sich hier um den zerbrochenen Muldenkern handeln. Aus den Schichtmessungen ergibt sich eine flach, etwa parallel zum Rißbachtal abtauchende Achse (β_{ss} 315/5). Östlich des Weitkargrabens dreht die Fallrichtung im N-Flügel der Spezialmulde um eine nach 220/60 abtauchende Achse (β_{ss}) über SW (ss-Flächenpolmaxima im Profil Weitkargraben 1100 m NN – Schindelböden 230/60 und 242/60) nach NW und erreicht an der W-Flanke des Wassergrabens etwa 305/60.

Westlich des Egglgrabens ist die Südflanke der Spezialmulde nur schwach ausgeprägt. Im südlich anschließenden Sattel sind die Schichten zwar scharf, aber lediglich um etwa 90° abgeknickt. Der Sattel verläuft hier im Unterhang der Rißbachtal-N-Flanke. Östlich des Egglgrabens schwingt sich mit zunehmender isoklinaler Verengung der Mulde ihr Südflügel steil auf (s. oben). Dementsprechend dürfte auch der anschließende Sattel – er verläuft hier in der (überschotterten) Ausräumungszone des Rißbachtales – enger gefaltet sein; denn die Spezialfaltung greift nirgends auf die Talsüdflanken über. Nach den Schichtlagerungsverhältnissen zu beiden Seiten des Rißbachtales muß die Schichtverbiegung im erodierten Sattel z. B. etwa 500 m W der Garberlalm mindestens 130° bis 140°, östlich davon möglicherweise noch mehr betragen haben.

---

[8] Die Lagerung von Schicht-, Kluft- und Störungsflächen wird in dieser Arbeit nicht mit Streichazimut und Fallwinkel, sondern mit Fallrichtung und Fallwinkel angegeben (s. CLAR 1954). Eine Schicht mit ss 300/50 fällt mit einem Winkel von 50° nach 300° ein. Bei Angabe von Streichen und Fallen stünde dafür ss 30/50 NW. Alle Winkel werden in Altgrad angegeben.

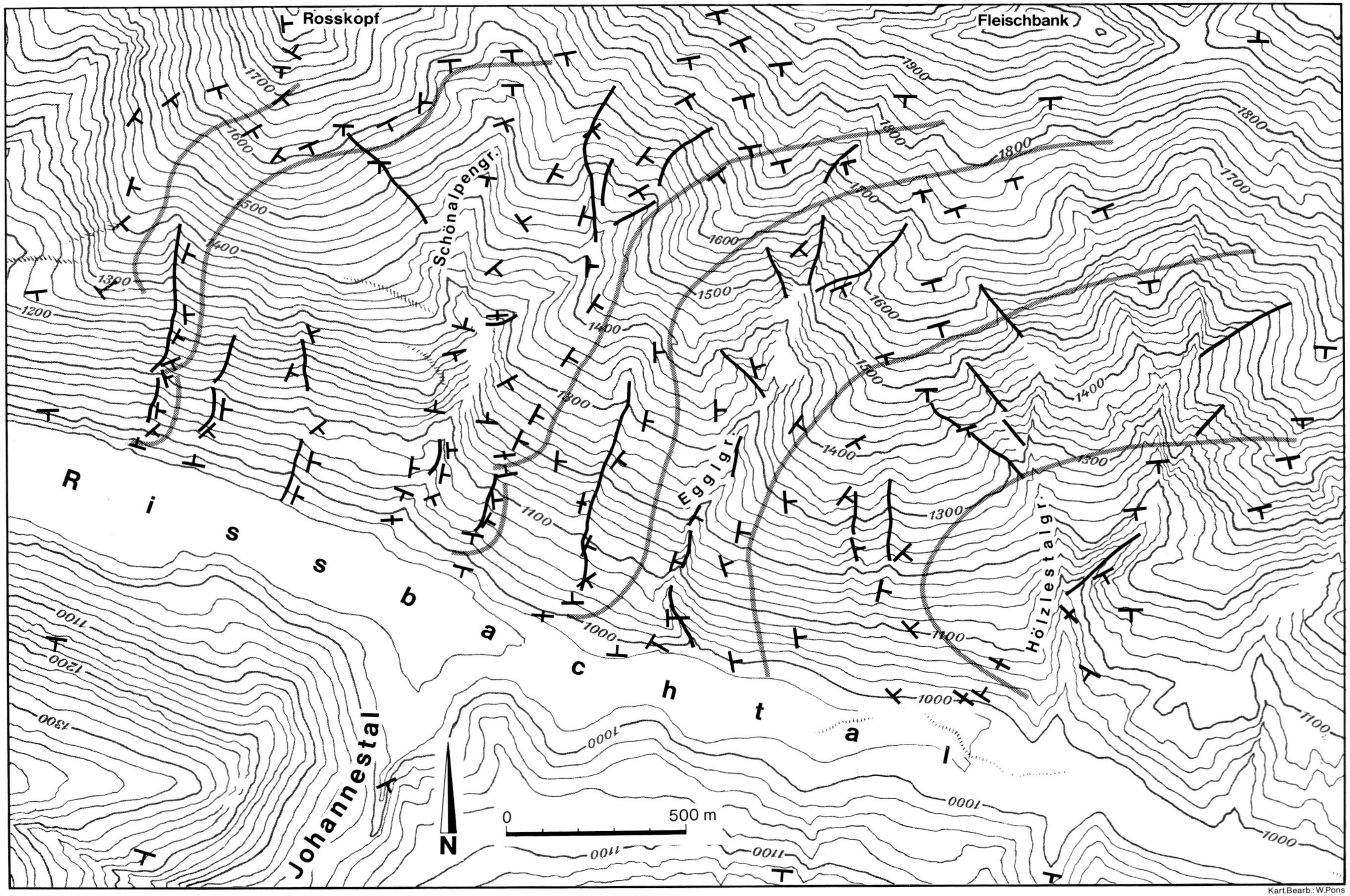

Abb. 3   Schichtlagerung im W-Teil der Rißbachtal-Nordflanke

Schichtlagerung
Einfallen: <30°, 30°–85°, >85°

Streichlinien

An Schichtausbissen angelegte Erosionslinien

Die Spezialmulde liegt im überkippten Südflügel der Karwendelmulde. Der Plattenkalk bildet das Liegende des Hauptdolomites und streicht (in W und N) in der Peripherie der Spezialmulde aus. Damit stellt diese Mulde eigentlich einen inversen (nickenden) Sattel dar. Ihre Beziehung zu der von AMPFERER (1903 a) und AMPFERER & OHNESORGE (1912) aufgenommenen Sattelstruktur im östlich anschließenden Gebiet des Kompar ist unklar. Die Nahtstelle ist im tektonisch stark strapazierten Bereich des Wassergrabens zu suchen.

2.2. Geomorphologischer Überblick

Vier grob ostwestlich verlaufende geomorphologische Zonen gliedern das Arbeitsgebiet (s. Karte im Anhang und Profil in Abb. 1). Sie stehen in engem Zusammenhang mit dem geologischen Bauplan.

Die nördlichste Zone (1) gehört noch zum Vorkarwendel. Ihr vergleichsweise sanftes, mittelgebirgsartiges Relief (s. Abb. 13, S. 81) übersteigt die 2000 m-Isohypse kaum. Sie umfaßt den kernnahen Teil des Muldenflügels (Lechtaldecke) von den Jura- bis zu den Raibler Schichten. Der stark dominierende Hauptdolomit charakterisiert mit seinen Runsen und z. T. schrofigen Felspartien dieses Gebiet.

Die stratigraphische Grenze zwischen den Raibler Schichten und dem südlich folgenden Wettersteinkalk des Muldenflügels markiert von der Westseite des Rontales bis zum Enger Tal den Übergang vom Vor- zum Hochkarwendel, dem die drei südlichen Zonen angehören. Mit einer Reihe von Nordabbrüchen (Steinkarlspitze, Tor-, Stuhlkopf, Kleiner und Totenfalk, Unterer Roßkopf) erhebt sich längs dieser Grenze eine schroffe, steil aufragende Hochgebirgszone (2) bis in Höhen von 2500 m. Östlich des Enger Tales folgt die Zonengrenze der Überschiebungslinie der Inntaldecke, die in der Schaufelspitz-Bettlerkarspitz-Gruppe bis auf den Hauptdolomit der Lechtaldecke vorgedrungen ist. Die Hochgebirgszone besteht im W aus einer geschlossenen Gipfelkette (Vordere Karwendelkette) mit nordwärts gerichteten Seitenzweigen, während sie im Ostteil bei zunehmender N-S-Ausdehnung von den weit nach S reichenden Quertälern (Johannes-, Laliderer und Enger Tal) in Einzelstöcke zerschnitten ist (Falken-, Gamsjoch- und Sonnjoch-Bettlerkarspitz-Gruppe). Sie wird von den mitteltriassischen Schichten der Lechtaldecke sowie von den Klippen (Alt- und Mitteltrias) der Inntaldecke aufgebaut. Der verkarstungsanfällige, aber morphologisch harte Wettersteinkalk prägt mit seiner hohen Mächtigkeit als Hauptgipfelbildner die Morphologie der Zone.

Im Süden folgt eine breite Talungszone (3), die vom Hochalmsattel (W) bis zum Westlichen Lamsenjoch (E) reicht. Ihr sanftes Relief bewegt sich meist zwischen etwa 1400 und 1800 m NN. In diesen Bereich fällt das Deckenfenster, das durch die weichen Formen und die feuchten Hangflächen (Almen) der mergeligen Jura- und Kössener Schichten charakterisiert wird. Außerhalb des Deckenfensters, zwischen Hochalmsattel und Ladiz-Alm, beherrschen mächtige, durchlässige Moränen- und Schotterablagerungen mit ihrem äußerst weitmaschigen Netz meist trockener Gerinnebetten das Bild.

Die südlichste Zone (4) besteht nur mehr aus den steilen Nordwänden, mit denen die Hintere Karwendelkette gegen die Talungszone abbricht, sowie aus den in sie eingebetteten Karen. Die Wände führen mit einer Höhe bis zu 1000 m (Enger Grund) direkt zu dem bis über 2700 m NN aufsteigenden Gipfelgrat; er trägt die südliche Wasserscheide des Rißbachgebietes und begrenzt das Arbeitsgebiet. Die Wettersteinkalkwände mit ihrem gebänderten Muschelkalksockel stellen die rezente (Erosions-) Stirn der Inntaldecke dar.

Der Zonenbau des Arbeitsgebietes wird südlich des Rißbachtales von annähernd quer verlaufenden, tief eingeschnittenen Nebentälern überprägt, so daß das morphologische Bild von NNE orientierten Reliefeinheiten bestimmt wird. Während im W Ron- und Tortal vom Rißbach her nur bis in die Zone 2 vordringen – sie setzen mit westwärts in das Generalstreichen abgeknickten Talanfängen am Fuß der Vorderen Karwendelkette ein –, greifen im E Johannes-, Laliderer und Enger Tal bis in die Talungszone (3) zurück und formen mit ihren glazial ausgestalteten Anfängen sogar noch den Verlauf der Nordwände der Hinteren Karwendelkette (Zone 4).

Die morphogenetische Entwicklung des Arbeitsgebietes verlief in mehreren Phasen, die sich deutlich im Relief zu erkennen geben. Sie läßt sich bis in das Miozän zurückverfolgen. Das rezente Talnetz im Rißbachgebiet war nach MALASCHOFSKY (1941) und FELS (1929) in seinen wesentlichen Zügen bereits damals angelegt:

MALASCHOFSKY (1941) konnte im Rißbachgebiet vier präpleistozäne Reliefgenerationen ausgliedern, von denen eine altersmäßig der Raxlandschaft entspricht; die anderen stuft er in das Pliozän ein (P_{1-3}). Er kommt zu dem Resultat, daß Enger, Laliderer und Johannestal bereits im Miozän die nördliche Hochgebirgszone (2) durchbrochen hatten und bis in die Talungszone (3) zurückgriffen (1941, S. 98). Das deckt sich mit den Ergebnissen von FELS, der die Entstehung der Kare im Karwendelgebirge untersucht hat. Er stellt fest, daß die Kare glazial umgestaltete Talanfänge des spätmiozänen Hochfluren-Systemes[9] sind (1929, S. 65). Lediglich das Rißbachtal wurde nach MALASCHOFSKY (1941, S. 97) erst später gebildet, da das Enger und Laliderer Tal bis einschließlich der Reliefgeneration P_2 über den Sattel des Grasberg-Hochlegers an das Eiskinigtal angeschlossen waren.

Die pleistozäne Vereisung brachte die Umgestaltung der tertiären Täler zu Karen und breiten Trögen mit übersteilten Trogwänden. Kristallines Geschiebe im Rißbachtal (MUTSCHLECHNER 1950; eigene Funde bei der Kreuzbrücke) läßt darauf schließen, daß Ferneis aus dem Inngebiet dabei in erheblichem Maße beteiligt war. Die größeren Formen des Talnetzes, vor allem die in das Eisstromnetz einbezogenen Abschnitte, wurden gegenüber den kleinen Tributären morphologisch stark überbetont, so daß sich im rezenten Tiefenliniensystem des Rißbachgebietes ein deutlicher Dualismus zeigt. Der Unterschied fällt besonders auf, wo durchlässiger Untergrund (verkarstete Kalke oder Schotter und Moränen) eine oberirdische Entwässerung unterbindet und dadurch die glazialen Formen konserviert. Dies trifft in größerem Ausmaße vor allem auf die Talungszone (3) im Bereich westlich des Kleinen Ahornbodens und die S-Flanke der Vorderen Karwendelkette zu, wo sich das alte, wenig verzweigte Talnetz mit seinen groß dimensionierten Abschnitten und dem nicht immer gleichsinnigen Gefälle morphometrisch wesentlich vom Filigran der jüngeren Erosionssysteme unterscheidet.

In den weit überwiegenden Bereichen des Arbeitsgebietes regenerierte sich das Gewässernetz im Postglazial wieder. An den abgeschliffenen Troghängen bildeten sich steile Rinnen aus, die – z. T. in geradlinigem Verlauf – die verzweigten Entwässerungssysteme der flacheren Trogschultern an die Vorfluter in den Tälern anschlossen. In Karen und Nivationsnischen entwickelten sich Runsennetze mit besonderen morphometrischen Merkmalen (s. Kap. 3.1.3.5.). In den nicht überschotterten Trogböden schnitten sich junge, polygonal verlaufende Erosionskerben in das Anstehende ein. Die Ausbildung all dieser Gerinne – in vielen Fällen handelt es sich um „Anfangsstränge des Abflusses" nach LOUIS (1975, S. 19) – steht im Zusammenhang mit der postglazialen fluvialen (Neu-) Erschließung der eisfrei gewordenen Glaziallandschaft. Subglaziale Erosionswege (TIETZE 1961) dürften beibehalten und in das neue Entwässerungssystem integriert worden sein. An ältere Anlage dieser Rinnen ist, im Gegensatz zu den Abtragungsgroßformen, deren Flanken sie gliedern, nicht zu denken.

---

[9] UHLIG (1954, S. 76) und AIGNER (1930, S. 216 f.) schränken allerdings ein, daß die Kare nicht ausschließlich auf miozäne, sondern z. T. auf jüngere Ausgangsformen zurückzuführen sind.

3. Der Einfluß der Geologie auf das Talnetz

3.1. Flußnetzanalyse

3.1.1. Bedeutung und Voraussetzung der Flußnetzanalyse

Seit der grundlegenden Arbeit von HORTON (1945) ist bekannt, daß sich Flußnetze topologisch nach gewissen Gesetzmäßigkeiten entwickeln, so daß bei „reif" (mature) entwickelten Entwässerungssystemen unter anderem die jeweilige Anzahl und Länge der Flußsegmente in einer bestimmten mathematischen Beziehung zur Flußordnung stehen. Die allgemeine Gültigkeit der sog. HORTONschen Gesetze wurde inzwischen durch zahlreiche Studien belegt. Der vorausgesetzte Entwicklungsstand der „Reife"[10] ist im wesentlichen dann gegeben, wenn die durch scharfe Wasserscheiden umgrenzten Entwässerungssysteme ihre Niederschlagsgebiete völlig erschlossen und so weit geformt haben, daß sämtliche Reste älterer Reliefgenerationen beseitigt sind.

In den HORTONschen Gesetzen und ihren späteren Ergänzungen drücken sich zufallsstatistische Gesetzmäßigkeiten aus, die bei der Anlage der Flußnetze und der von ihnen geschaffenen Talnetze steuernd wirksam sind[11]. Die Vorzeichnung von Erosionslinien durch petrographisch oder tektonisch bedingte Resistenzschwächen vermag jedoch die Wirkung des Zufalles auf die Flußnetzentwicklung mehr oder weniger einzuschränken. Daher halten nach STRAHLER (1952; 1964, S. 4–45), SHREVE (1966) u. a. geologisch kontrollierte Entwässerungssysteme diese Gesetze nicht oder weniger deutlich ein.

Das Rißbachsystem wurde auf Einhaltung des HORTONschen Flußzahlen- und Flußlängengesetzes (HORTON 1945) sowie der Flächengesetze von SCHUMM (1956) und ZĂVOIANU (1975) überprüft. Die Analyse soll zeigen, ob das Entwässerungsnetz im Rißbachgebiet nach zufallsstatistischen Gesetzmäßigkeiten oder unter maßgebendem Einfluß geologischer Vorzeichnungen angelegt ist. Dabei ist jedoch zu berücksichtigen, daß das mehrfach verjüngte Relief des Arbeitsgebietes gemäß obiger Definition nicht als „reif" eingestuft werden kann. Reste vorausgegangener Reliefgenerationen gestalten das Gebiet entscheidend mit. Dies gilt vor allem für die pleistozänen Formenelemente, die zudem nicht fluvialer, sondern glazialer Natur sind.

Geologische Einflüsse werden durch diese Untersuchungen nur über das Indiz einer eingeschränkten Wirksamkeit des Zufalles bei der Talnetzanlage angezeigt, während sie bei Vergleich der Talrichtungen mit den Streichrichtungen von Schichtung und tektonischen Bruchstrukturen direkter nachzuweisen sind (s. Kap. 3.2.). Trotzdem ist der Indizienbeweis mittels der Flußnetzgesetze nicht überflüssig; denn die Aussagen beider Untersuchungsmethoden sind nicht identisch. Der Richtungsvergleich deckt auf, in welchem Maße die Richtungen von Erosionslinien durch den Verlauf geologischer Schwächezonen vorgegeben sind. Die Überprüfung nach HORTON läßt demgegenüber erkennen, ob durch die Ausräumung vorzeichnender Resistenzschwächen die äußere Form der Einzugsgebiete und das topologische Verzweigungsmuster der Entwässerungsnetze beeinflußt wurden.

Die Einhaltung der Flußgesetze im Rißbachgebiet wurde anhand des Gewässernetzes überprüft, obwohl die linienhafte Oberflächenentwässerung in einigen Trockentalabschnitten das Tiefenliniensystem nicht vollständig abdeckt. Da Gesetze der Flußnetzgestaltung auf Talnetze übertragbar sind (GREGORY 1966), lag es zunächst nahe, das Talsystem selbst zu analysieren. Es zeigte sich jedoch, daß die glaziale Überformung im Tiefenliniennetz stärkere Anomalien bedingt als im rezenten Entwässerungssystem. Da die Abweichungen den Einfluß der Geologie auf die Anlage des Talnetzes anzeigen sollen, empfahl es sich, morphologisch bedingte Unregelmäßigkeiten soweit wie möglich auszuschließen. Daher wurde anstelle des Talnetzes das Flußnetz untersucht.

---

[10] Definitionen bei EASTERBROOK (1969, S. 168 ff.) und MELTON (1958, S. 36)

[11] SHREVE (1966); ferner u. a. LEOPOLD & LANGBEIN (1962), MILTON (1967), SMART (1968 a und 1969), SCHEIDEGGER (1970) und WERRITY (1972)

Die glazial bedingten Abweichungen des Tal- und Rinnen-Netzes hängen mit der Ausweitung fluvialer Vorformen zu Karen und Trogtälern zusammen: Größere Hohlformen wurden stark überbetont, kleinere Nebenrunsen aber zum Teil eliminiert. Soweit nicht die Permeabilität des Untergrundes eine linienhafte Oberflächenentwässerung unterbindet, bildete sich in den Karen und Trögen postglazial wieder ein verzweigtes Entwässerungsnetz mit zugehörigen Erosionsfurchen aus. Wo aber Verkarstung und starke Durchlässigkeit quartärer Ablagerungen unterirdische Entwässerung ermöglichen, wurde das glaziale Relief weitestgehend konserviert. Dies trifft in größerem Ausmaß auf den Bereich Hochalmsattel – Kleiner Ahornboden zu. Die Kare an der Nordflanke des Tales müßten bei einer Talnetzanalyse als Segmente der untersten Ordnung eingestuft werden. Aber sie unterscheiden sich morphometrisch wesentlich von den Anfangsabschnitten eines fluvial gestalteten Tiefenliniennetzes. Aufgrund fehlender Verzweigung übersteigen ihre Segmentlängen diejenigen von Hangfurchen gleicher Ordnung erheblich, was sich in abnormen Längenverhältnissen ausdrücken würde. Die trockenen Runsen, die abseits der Kare die Talflanke durchziehen, verlieren sich fast durchwegs im flacheren Unterhang, spätestens aber beim Eintritt in den breiten Akkumulationsbereich der Talsohle. Ihre fehlende Verknüpfung mit der Haupttiefenlinie müßte durch willkürliche Annahmen, die für die Bifurkationsverhältnisse von entscheidender Bedeutung wären, ersetzt werden. Dasselbe gilt für die an ihren Schuttkegeln endenden Rinnen der steileren Tal-S-Flanke. Aus diesen Gründen hätte die Berücksichtigung dieses Trockentalbereiches das Ergebnis einer Talnetzanalyse zu sehr mit Unsicherheiten und mit den morphometrischen Besonderheiten eines glazial, nicht fluvial gestalteten Reliefs belastet. Der Vorschlag KLOSTERMANNs (1970, S. 244), das Entwässerungssystem durch Einbeziehung der Trockentalabschnitte zu ergänzen, ist hier nicht anwendbar.

Bei anderen Trockentalabschnitten im Arbeitsgebiet handelt es sich durchwegs um kurze, obere Strecken von Talanfängen (meist in schuttbedeckten Karen), denen, gemessen am Umfang des gesamten Tal- und Flußnetzes, nur untergeordnete Bedeutung zukommt. Daher kann das Flußnetz noch als repräsentativ für das Talnetz gelten und das Ergebnis übertragen werden.

Bei der morphometrischen Erfassung des Gewässernetzes wurden dauernd und nur zeitweise wasserführende Abflußrinnen gleichrangig behandelt. Wesentliche morphodynamische Aktivität entwickeln auch perennierende Gewässer im allgemeinen erst, wenn infolge ergiebigerer Regenfälle oder verstärkter Schneeschmelze der Abfluß ansteigt. Dann führen auch die intermittierenden Gerinne Wassermengen, die zu Erosion und Transport fähig sind. Auch nach STRAHLER sollen ,,all intermittent and permanent flow lines" berücksichtigt werden (1964, S. 4–43). Unterscheidungskriterium gegenüber immer trockenen Rinnen- oder Talabschnitten war die Existenz eines Gerinnebettes, das sich durch das Fehlen einer Vegetation oder (im nackten Fels) aufgrund der vom Wasser mitgeführten Feststoff-Fracht durch ständig frisch gehaltene Gesteinsoberflächen im Luftbild als helle bis weiße Linie zu erkennen gibt.

Für die Untersuchung wurde das Flußordnungsschema von STRAHLER angewandt, da es sich gegenüber dem HORTONschen Konzept und jüngeren Abwandlungen (SCHEIDEGGER 1965; SHREVE 1967) wegen seiner Einfachheit stärker durchgesetzt hat und damit die Voraussetzung leichter Vergleichbarkeit der Ergebnisse bietet. Die Gültigkeit der HORTONschen Gesetze wird dadurch nicht eingeschränkt (SMITH 1958; RANALLI & SCHEIDEGGER 1968).

Nach STRAHLER (1952, S. 1120; 1964, S. 4–43) erhalten unverzweigte Quelläste die erste Ordnung. Verbinden sich zwei Segmente einer Ordnung u, entsteht ein neuer Wasserlauf der Ordnung u + 1; die Einmündung von Tributären niedrigerer Ordnung verändert die Einstufung nicht.

Die Anzahl der Segmente einer bestimmten Ordnung innerhalb eines Flußgebietes wird mit N_u (Flußzahl, stream number) bezeichnet. L_u (Segmentlänge, stream length) symbolisiert die Gesamtlänge aller Segmente einer Ordnung u. $\overline{L}_u$ steht für die mittlere Länge der Segmente der Ordnung u und ergibt sich aus $\overline{L}_u = L_u/N_u$. Analog bedeutet A_u die Gesamtfläche, $\overline{A}_u$ die Durchschnittsfläche der Niederschlagsgebiete der Ordnung u. Die Größen N_u, $\overline{L}_u$ und $\overline{A}_u$ werden in dieser Arbeit unter dem Sammelsymbol X_u zusammengefaßt, für die Bifurkations-, Längen- und Flächenverhältnisse (R_{bu}, R_{Lu}, R_{Au} bzw. R_b, R_L, R_A; Erklärung im folgenden Abschnitt) stehen dementsprechend R_{Xu} bzw. R_X. Die Flußdichte D (km^{-1})

gibt den durchschnittlich auf einen Quadratkilometer des betrachteten Niederschlagsgebietes entfallenden Teil der Gesamtflußlänge an. Die Flußhäufigkeit oder -frequenz F (km^{-2}) drückt die Anzahl der Flußsegmente pro Quadratkilometer aus.

3.1.2. Die Gesetze der Flußnetzgestaltung

Das Gesetz der Flußzahlen: Nach HORTONs erstem Gesetz bilden die in einem Flußsystem auftretenden Segmentanzahlen N_u annähernd eine zu den Ordnungsstufen inverse geometrische Reihe (HORTON 1945, S. 291). Das Bifurkationsverhältnis (bifurcation ratio) R_{bu} gibt das Verhältnis der Anzahl der Segmente einer gegebenen Ordnung u zur Flußzahl der nächsthöheren Ordnung u + 1 an:

$$(1) \qquad R_{bu} = \frac{N_u}{N_{u+1}}.$$

Nimmt man R_b (im Gegensatz zu R_{bu}) als das durchschnittliche Bifurkationsverhältnis eines Einzugsgebietes der Ordnung s (s = höchste auftretende Flußordnung), so läßt sich das Gesetz der Flußzahlen mathematisch in die Formel

$$(2) \qquad N_u = R_b^{s-u}.$$

kleiden. MAXWELL (1955) zeigte, daß Gleichung (2) die Regression von log N_u bezüglich der Ordnung u beschreibt: Sie läßt sich umformen zu

$$(2\text{ a}) \qquad \log N_u = s \log R_b + u (-\log R_b),$$

worin s log R_b und -log R_b die Glieder a und b der allgemeinen Geradengleichung y = a + bx darstellen. Der Kehrwert des Bifurkationsverhältnisses (1/R_b) ist der Antilogarithmus des Regressionskoeffizienten von N_u bezüglich der Ordnung u.

Nach STRAHLER ist das Bifurkationsverhältnis (bei reifer Entwicklung) völlig unabhängig vom Relief und variiert von Gebiet zu Gebiet und bei unterschiedlichen Gesamtbedingungen nur wenig. Die Werte für R_b können zwischen drei und fünf schwanken, liegen aber gewöhnlich bei vier. Ausnahmen treten lediglich auf, wo starke geologische Einflüsse das Gewässernetz kontrollieren (STRAHLER 1952, 1964). LEOPOLD et al. (1964, S. 138) fanden für die Flüsse der USA ein R_b von angenähert 3,5.

Das Gesetz der Flußlängen: Nach HORTONs zweitem Gesetz ergeben die mittleren Segmentlängen $\overline{L}_u$ in guter Annäherung eine zur Ordnung u direkte geometrische Reihe (HORTON 1945, S. 291). Das Längenverhältnis (R_L, length ratio), definiert durch die Beziehung

$$(3) \qquad R_{Lu} = \frac{\overline{L}_u}{\overline{L}_{u-1}},$$

stellt den Antilogarithmus des Regressionskoeffizienten von log $\overline{L}_u$ bezüglich der Ordnung u dar. Mit R_L läßt sich HORTONs zweites Gesetz mathematisch durch die Gleichung

$$(4) \qquad \overline{L}_u = \overline{L}_1 \cdot R_L^{u-1}$$

ausdrücken und daraus die Regressionsgleichung gewinnen:

$$(4\text{ a}) \qquad \log \overline{L}_u = \log \overline{L}_1 + (u - 1) \log R_L$$

(nach KLOSTERMANN 1970, S. 245, und MORISAWA 1962, S. 1029). Nach SCHEIDEGGER (1970, S. 247) liegt R_L in der Größenordnung von 2,1 bis 2,9.

Auch der Logarithmus der Gesamtlänge L_u aller Segmente einer bestimmten Ordnung ist mit der Ordnung u durch eine – hier negative – lineare Regression verbunden. Nach HORTON (1945, S. 291) gilt:

(5) $$L_u = \bar{L}_1 \cdot R_b^{s-u} \cdot R_L^{u-1} .$$

Die Flächengesetze: Nach SCHUMM (1956, S. 606) ergeben die durchschnittlichen Niederschlagsgebietsgrößen $\bar{A}_u$ der einzelnen Ordnungen stark angenähert eine direkte geometrische Reihe zu u.

Das Flächenverhältnis R_A wird definiert durch

(6) $$R_{Au} = \frac{\bar{A}_u}{\bar{A}_{u-1}} .$$

Die Regressionsgleichung entspricht jener der mittleren Segmentlängen (Gleichungen 4 und 4 a). Laut LEOPOLD et al. (1964, S. 142) beträgt R_A in den Flußsystemen der USA etwa 4,8.

Eine zur Formel (6) analoge Beziehung besteht auch zwischen den Gesamtflächen der von den aufeinanderfolgenden Ordnungen entwässerten Gebiete. ZĂVOIANU (1975, S. 201) formulierte ein Gesetz, wonach die den einzelnen Ordnungen zugehörigen Gesamtflächen A_u zu einer geometrischen Reihe tendieren, deren erstes Glied durch die Summe der Flächen 1. Ordnung gegeben ist.

3.1.3. Flußnetzanalyse des Rißbachsystemes

Das Niederschlagsgebiet des Rißbaches oberhalb Hinterriß umfaßt eine Fläche von 128 km² und stellt ein Becken 6. Ordnung dar (s. Karte im Anhang). Die Gesamtflußlänge beträgt 470 km. Die durchschnittliche Flußdichte erreicht 3,68 km^{-1} und die mittlere Flußfrequenz 10,9 km^{-2}. Da das Segment 6. Ordnung (Rißbach) die Grenze des Arbeitsgebietes überschreitet, handelt es sich um ein nicht komplettes Becken.

3.1.3.1. Flußzahlen und Bifurkationsverhältnisse

Das Flußnetz 6. Ordnung des Rißbaches oberhalb Hinterriß weist ein Bifurkationsverhältnis R_b[12] von 4,02 auf. Die R_{bu}-Werte schwanken zwar zwischen 4,98 und 3,50 (2./3. bzw. 3./4. Ordnung; s. Tab. 1), doch stellt das HORTONdiagramm von log N_u gegen u (Abb. 4) eine gut angenäherte Gerade dar. Das Gesamtsystem entspricht demnach HORTONs Gesetz der Flußzahlen.

Die Flußzahlen der vier Tributäre 5. Ordnung (Abb. 4) und der 16 Teilbecken 4. Ordnung (Abb. 5) zeigen demgegenüber eine schlechtere Annäherung an eine geometrische Reihe. Das gilt auch für die Tributäre 3. Ordnung: $R_{b\,1;\,2}$ und $R_{b\,2;\,3}$ differieren bei vielen Systemen beträchtlich (s. Tab. 4). Im Idealfall einer geometrischen Reihe wären sämtliche R_{bu}-Werte des Systems gleich groß.

Die 16 R_{bu}-Werte der vier Becken 5. Ordnung (Tab. 2) liegen zwischen 2,00 und 6,40. Sie streuen mit einem Variabilitätskoeffizienten V = 35,6 um das arithmetische Mittel $\bar{x}$ = 3,58. Dabei zeigt sich, daß die R_{bu}-Werte innerhalb der einzelnen Systeme von Ordnung zu Ordnung wesentlich stärker variieren

---

[12] Das mittlere Bifurkations- (R_b), Längen- (R_L) und Flächenverhältnis (R_A) für Flußsysteme 3. oder höherer Ordnung wird hier nach STRAHLER (1964, 1968) als Regressionskoeffizient von log N_u, $\bar{L}_u$ bzw. $\bar{A}_u$ gegen u ermittelt (s. Kap. 3.1.4.).

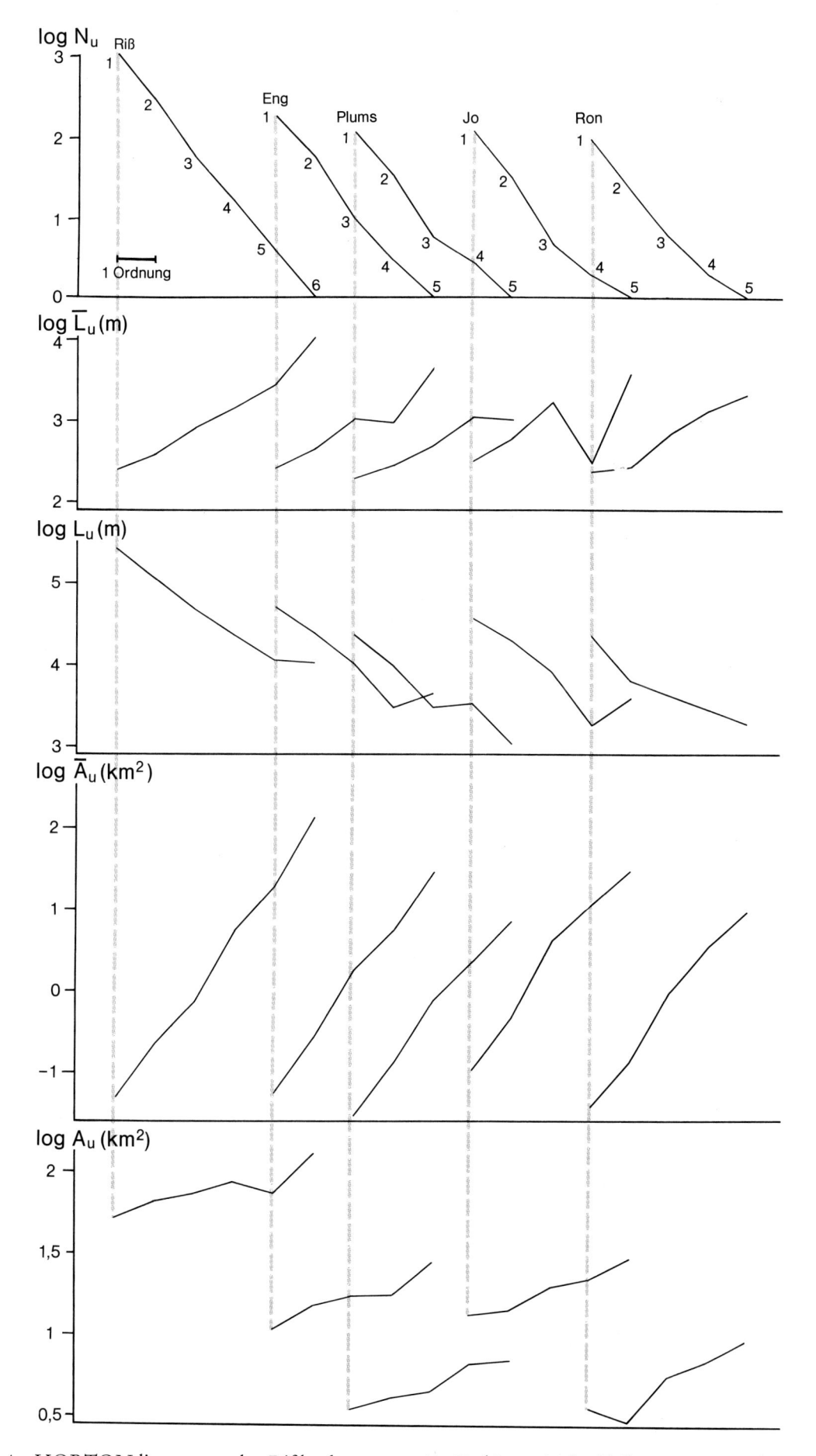

Abb. 4 HORTONdiagramme des Rißbachsystemes (6. Ord.) sowie der Teilsysteme 5. Ordnung (Eng, Plumsgraben, Johannestal, Rontal) für Flußzahlen, Längen und Flächen

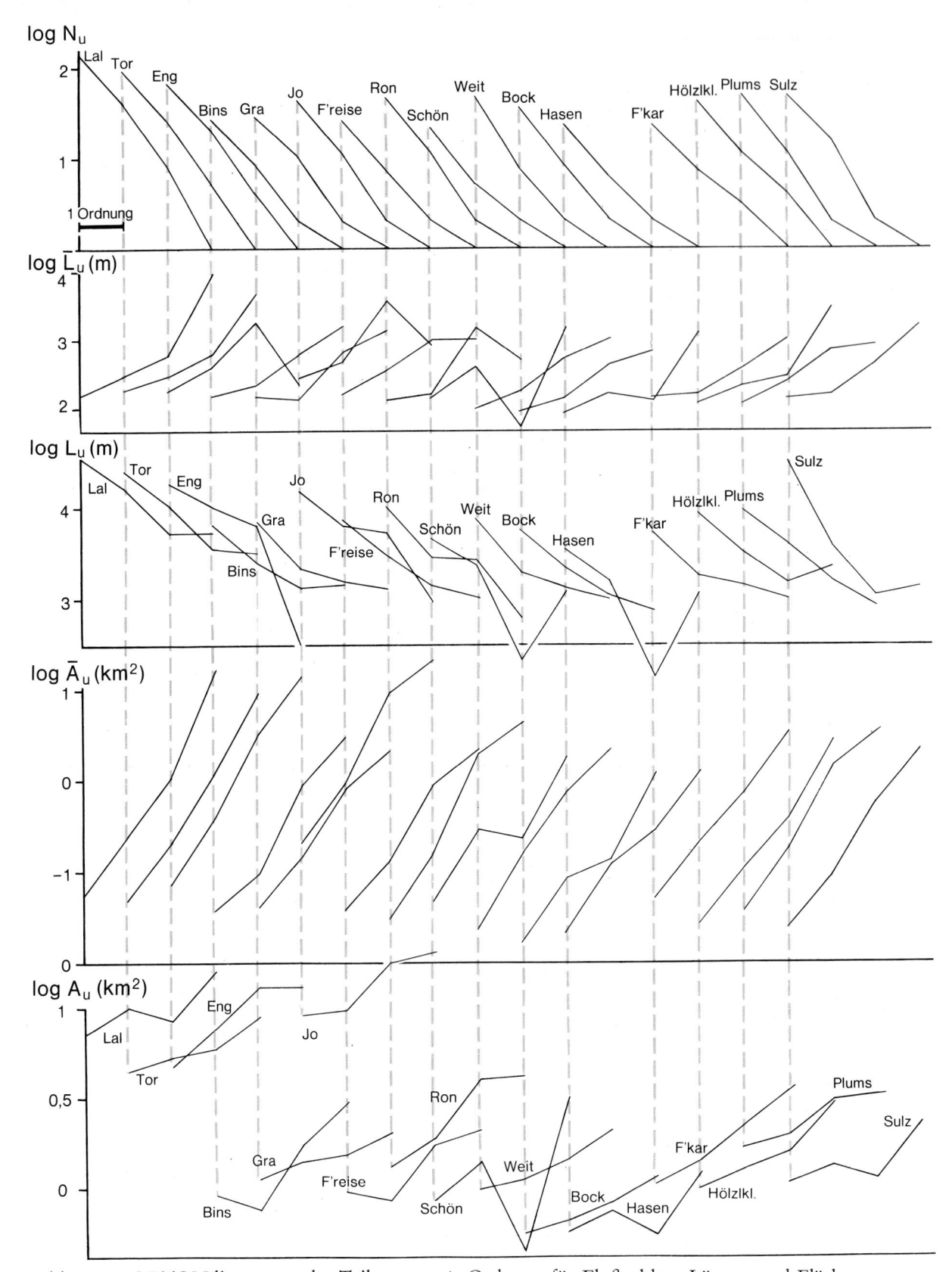

Abb. 5 HORTONdiagramme der Teilsysteme 4. Ordnung für Flußzahlen, Längen und Flächen

Lal	Laliderer Tal	Schön	Schönalpengraben
Tor	Tortalbach	Weit	Weitkargraben
Eng	Enger Bach	Bock	Bockgraben
Bins	Binsgraben	Hasen	Hasentalbach
Gra	Grameigraben	F'kar	Falkenkarbach
Jo	Johannestalbach	Hölzlkl.	Hölzlklamm
F'reise	Falkenreise	Plums	Plumsgraben
Ron	Rontalbach	Sulz	Sulzgrabenbach

(Die topographisch ungeordnete Abfolge der Systeme im Diagramm ergab sich aus dem Bemühen, unübersichtliche Kurvenüberschneidungen weitgehend zu vermeiden.)

(V im Durchschnitt = 33,7) als innerhalb der einzelnen Ordnungsstufen von System zu System (V im Mittel = 15,9). Die R_{bu}-Werte der Becken 4. Ordnung (Tab. 3) variieren noch stärker: Sie liegen zwischen 2,00 und 8,00 und streuen mit V = 39,0 um $\bar{x}$ = 3,66. Genau dieselben Variabilitäts- und Extremwerte kennzeichnen auch die R_{bu}-Verteilung der 3. Ordnungen (Tab. 4); der Mittelwert $\bar{x}$ = 3,45 liegt hier etwas niedriger.

Zunehmende Streuungstendenzen mit abnehmender Ordnung s der Teilbecken zeigen nicht nur die R_{bu}-Werte, sondern auch die Gesamt-Bifurkationsverhältnisse R_b der Teilbecken. Abbildung 6 bringt dies klar zum Ausdruck. In der Kurve der R_b-Mittelwerte spiegelt sich die besprochene Schwankung der R_{bu}-Mittelwerte wider, insbesondere das sekundäre Minimum bei den Systemen der 5. Ordnung.

Nach STRAHLER (1968) liegen die R_b-Werte gewöhnlich zwischen 3 und 5, sofern nicht geologische Einflüsse die Anlage des Gewässernetzes mitbestimmt haben. Die Streuung der R_b-Werte der Becken 4. und besonders 3. Ordnung übersteigt diese Spannweite aber deutlich (Abb. 6). Da auch R_{bu} innerhalb der Systeme gewissen Schwankungen unterworfen ist (s. oben), stellt sich die Frage, ob die Teilbecken im Rißbachgebiet noch mit dem 1. HORTONschen Gesetz in Einklang stehen, d. h. ob die Abweichungen noch als zufällig oder bereits als Ausdruck geologischer Einflüsse anzusehen sind.

Tab. 1   Gewässernetzanalyse des Rißbachsystems (6. Ordnung)

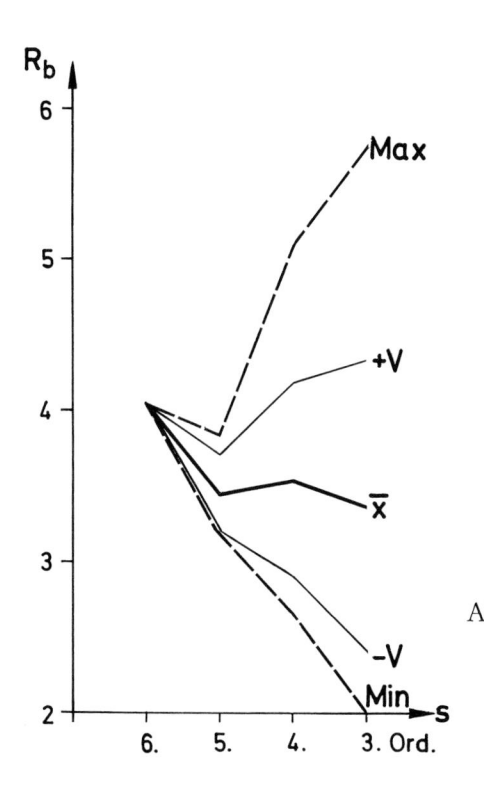

Ordnung:	1.		2.		3.		4.		5.		6.	RX
N_u	1036		279		56		16		4		1	R_b =
R_{bu}		3,71		4,98		3,50		4,00		4,00		4,02
$\bar{L}_u$ (m)	255		406		828		1474		2813		10550	R_L =
R_{Lu}		1,60		2,04		1,78		1,91		3,75		2,04
$\bar{A}_u$ (km²)	0,051		0,229		1,305		5,464		18,586		128,0	R_A =
R_{Au}		4,49		5,70		4,19		3,40		6,89		4,65

Abb. 6   Streuung der Bifurkationsverhältnisse R_b bei den Teilbecken 3. bis 5. Ordnung im Rißbachgebiet. ($\bar{x}$ = Mittelwert, V = Varianz, Max = Maximum, Min = Minimum; s = Ordnung der Becken)

Tab. 2   Gewässernetzanalyse der Becken 5. Ordnung im Rißbachgebiet[13]

	N_1 $\overline{L}_1$ (m) $\overline{A}_1$ (km²)	R_{bu} R_{Lu} R_{Au}	1;2	2;3	3;4	4;5	R_b R_L R_A
Enger Tal	191		3,411	5,600	3,333	3,000	3,831
	271		1,631	2,309	0,968	4,404	1,888
	0,056		4,861	6,461	3,385	4,717	4,721
Johannestal	124		3,875	6,400	2,500	2,000	3,460
	317		1,910	2,731	0,575	3,921	1,713
	0,108		4,231	8,807	2,777	2,640	4,228
Rontal	96		4,174	3,833	3,000	2,000	3,181
	244		1,104	2,597	2,000	1,500	1,813
	0,038		3,500	6,977	3,846	2,697	4,203
Plumsgraben	120		3,636	5,500	2,000	3,000	3,311
	195		1,492	1,740	2,230	0,952	1,611
	0,029		4,310	6,024	2,996	3,167	4,017

Die Prüfung eines Flußnetzes auf Einhaltung des 1. HORTONschen Gesetzes geschieht nach SCHEIDEGGER anhand des HORTON-Diagrammes: Liegen die gegen u aufgetragenen Werte von log N_u auf einer Geraden, so ist das Flußnetz ein „HORTON-Netz"; bei den meisten Flußsystemen trifft das zu (SCHEIDEGGER 1970, S. 246). Die Einhaltung des Flußlängen- und des Flächengesetzes wird analog geprüft (SCHEIDEGGER 1970, S. 247 u. 248). Tatsächlich aber ergibt sich aus den Flußzahlen – wie auch aus den Längen- und Flächenwerten – der wenigsten Systeme eine exakte Gerade. In den Flußnetz-Gesetzen wird auch lediglich von der Tendenz zu angenähert geometrischen Reihen gesprochen. Daher steht es völlig offen, wie stark die N_u- (und andere X_u-) Werte von einer geometrischen Reihe und die R_{bu}- (R_{Xu}-) Werte voneinander maximal abweichen dürfen, damit die Einhaltung der Gesetze noch konstatiert werden kann. Die Feststellungen in der Literatur bezüglich der Einhaltung der Gesetze beruhen ausschließlich auf der subjektiven Einschätzung der jeweiligen Autoren.

Tab. 3   Gewässernetzanalyse der Becken 4. Ordnung

Becken 4. Ordnung	N_1	R_{bu} 1;2	2;3	3;4	R_b	$\overline{L}_1$(m)	R_{Lu} 1;2	2;3	3;4	R_L	$\overline{A}_1$(km²)	R_{Au} 1;2	2;3	3;4	R_A
1. Eng	65	3,250	5,000	4,000	4,109	284	1,781	3,208	0,200	1,170	0,073	5,353	8,163	4,009	5,818
2. Binsgraben	27	3,375	4,000	2,000	3,088	244	1,300	2,128	2,093	1,827	1,030	2,510	9,211	3,371	4,607
3. Grameigraben	29	2,900	5,000	2,000	3,226	239	0,921	3,382	1,647	1,845	0,039	3,667	5,531	2,616	3,906
4. Laliderer Tal	134	3,350	5,000	8,000	5,105	256	1,596	1,622	8,018	2,607	0,055	4,589	4,243	14,786	6,319
5. Falkenkar	21	3,000	2,333	3,000	2,713	248	1,000	1,931	2,138	1,634	0,051	3,983	3,612	4,688	4,021
6. Johannestal	43	3,909	5,500	2,000	3,665	364	1,580	4,652	0,327	1,517	0,208	4,174	10,279	2,260	4,983
7. Falkenreise	25	3,571	3,500	2,000	2,977	257	1,636	2,160	1,131	1,636	0,038	3,263	6,935	2,467	4,070
8. Tortal	89	3,423	5,200	5,000	4,533	290	1,414	1,713	4,624	2,178	0,050	4,140	5,705	7,605	5,649
9. Rontal	45	4,091	5,500	2,000	3,715	219	1,142	5,326	0,451	1,599	0,030	5,470	12,507	2,111	5,699
10. Hölzlklamm	40	3,636	2,750	4,000	3,346	219	1,377	1,277	5,722	2,048	0,025	4,440	3,423	7,534	4,689
11. Schönalpengr.	19	3,800	2,500	2,000	2,651	240	2,114	0,210	11,155	1,382	0,046	6,164	0,802	7,836	2,933
12. Weitkargraben	42	6,000	3,500	2,000	3,478	176	1,503	2,365	1,600	1,836	0,024	6,750	4,438	2,921	4,439
13. Bockgraben	34	4,250	4,000	2,000	3,309	169	1,318	2,356	1,406	1,695	0,017	4,882	5,084	2,756	4,180
14. Hasental	22	3,667	3,000	2,000	2,821	163	1,577	0,829	5,412	1,756	0,026	4,808	2,224	4,406	3,441
15. Plumsgraben	48	4,364	5,500	2,000	3,788	193	1,932	2,063	1,089	1,670	0,036	4,939	7,909	2,285	4,751
16. Sulzgraben	46	3,067	7,500	2,000	3,858	217	1,146	2,157	2,605	1,888	0,024	3,708	6,247	4,115	4,713
$\overline{x}$	45,6	3,73	4,36	2,88	3,52	236	1,46	2,34	3,10	1,77	0,111	4,55	6,02	4,74	4,64
V	63,0	19,3	31,1	56,2	18,3	20,9	21,6	53,8	96,8	18,0	217,9	22,8	49,2	67,9	18,9

---

[13] Aus den in Tab. 2 bis 4 angegebenen Werten lassen sich für eventuelle Vergleiche die Segmentzahlen sowie die mittleren und Gesamtlängen bzw. -flächen der höheren Ordnungen berechnen, ferner die Flußdichten und -frequenzen. Um hierfür ausreichende Genauigkeit zu gewährleisten, wurden die Verhältniswerte bis zur 3. Dezimalstelle angegeben.

Tab. 4   Gewässernetzanalyse der Becken 3. Ordnung

Becken 3. Ordnung	N₁	R_bu 1;2	R_bu 2;3	R_b	L₁(m)	R_Lu 1;2	R_Lu 2;3	R_L	A₁(km²)	R_Au 1;2	R_Au 2;3	R_A
1. Enger Grund	24	3,000	8,000	4,899	336	2,043	4,218	2,936	0,093	4,293	15,342	8,115
2. Eng Alm-W-Fl.	7	2,333	3,000	2,646	448	0,697	3,200	1,494	0,081	3,061	4,009	3,503
3. Brantl-Boden	15	3,750	4,000	3,873	230	2,813	2,435	2,617	0,064	12,891	5,288	9,090
4. Bins-Wasserboden	10	3,333	3,000	3,162	280	0,552	6,162	1,842	0,060	1,024	23,805	12,414
5. Bins-West	9	3,000	3,000	3,000	213	1,412	1,333	1,372	0,017	4,975	3,405	4,116
6. Gumpenbach	19	3,800	5,000	4,358	199	1,091	4,657	2,254	0,052	2,246	11,292	5,036
7. Bärenwand	5	2,500	2,000	2,236	198	0,411	2,462	1,006	0,029	3,017	2,205	2,586
8. Faul-Eng	10	3,333	3,000	3,162	280	1,726	1,397	1,553	0,078	4,311	3,727	4,003
9. Grameigraben – E	18	2,571	7,000	4,243	250	0,829	4,104	1,844	0,017	4,937	16,907	9,136
10. Grameigraben – W	8	4,000	2,000	2,828	177	0,637	5,667	1,900	0,013	1,231	10,227	3,541
11. Wandgraben	5	2,500	2,000	2,236	148	1,356	3,188	2,079	0,011	4,000	4,434	4,200
12. Kotzengbraben	21	4,200	5,000	4,583	281	1,682	2,381	2,001	0,086	7,347	5,608	6,419
13. Halftergraben	8	2,667	3,000	2,828	189	0,640	7,645	2,212	0,029	1,572	9,070	3,742
14. Weiße Rinne	5	2,500	2,000	2,236	128	0,980	2,400	1,534	0,014	5,179	2,152	3,338
15. Schneeflucht	5	2,500	2,000	2,236	340	1,471	0,775	1,068	0,170	2,840	2,111	2,448
16. Schaflähner	10	3,333	3,000	3,162	160	1,667	2,156	1,896	0,019	6,118	3,708	4,763
17. Marchgraben	6	3,000	2,000	2,449	352	1,118	1,143	1,131	0,148	2,872	2,678	2,773
18. Möserkargraben	14	3,500	4,000	3,742	207	1,675	2,595	2,084	0,052	5,469	5,233	5,349
19. Äuerlwald	7	3,500	2,000	2,646	223	1,736	1,677	1,706	0,021	4,762	3,880	4,298
20. Zunterkessel	4	2,000	2,000	2,000	169	3,444	0,473	1,277	0,025	5,520	2,449	3,677
21. Ob. Falkenkar	7	3,500	2,000	2,646	346	0,613	3,588	1,484	0,080	1,887	5,920	3,332
22. Unt. Falkenkar W	6	2,000	3,000	2,449	175	1,857	1,231	1,512	0,056	6,107	3,491	4,618
23. Äuerlstuhl-W	5	2,500	2,000	2,236	158	1,071	1,630	1,321	0,013	3,692	2,479	3,026
24. Karwendelgraben	19	3,800	5,000	4,359	374	2,004	3,767	2,747	0,288	5,694	8,697	7,037
25. Ladizgraben	23	3,833	6,000	4,796	328	1,309	5,877	2,773	0,077	3,558	13,230	6,861
26. Ärzklamm	12	3,000	4,000	3,464	241	1,182	3,165	1,934	0,032	3,469	7,378	5,059
27. Hennenegg	12	4,000	3,000	3,464	273	2,198	1,522	1,829	0,059	2,441	6,382	3,947
28. Steinrinne	9	4,500	2,000	3,000	211	0,266	19,556	2,283	0,026	1,654	11,628	4,385
29. Gamskarl	15	2,500	6,000	3,873	330	0,871	5,348	2,158	0,075	4,120	8,191	5,809
30. Torwände	18	4,500	4,000	4,243	339	1,300	3,631	2,173	0,068	3,441	6,863	4,860
31. Stuhlkopf-W	6	3,000	2,000	2,449	319	0,843	0,884	0,863	0,052	2,846	2,912	2,879
32. W. Klausgraben	13	4,333	3,000	3,606	210	2,306	0,931	1,465	0,039	7,205	3,249	4,838
33. Vord. Klausgraben	8	2,667	3,000	2,828	239	0,680	4,692	1,785	0,039	1,667	6,538	3,301
34. Grießgr./Ob. Rontal	33	4,125	8,000	5,745	214	1,316	7,467	3,135	0,032	5,750	19,397	10,561
35. Hölzlklamm-W	7	3,500	2,000	2,646	134	1,820	1,026	1,366	0,008	6,625	2,717	4,243
36. Hölzlklamm-SW	9	4,500	2,000	3,000	233	0,509	3,053	1,246	0,017	5,118	3,092	3,978
37. Hölzlklamm-S	6	3,000	2,000	2,449	267	0,797	1,294	1,015	0,018	3,444	3,129	3,283
38. Stierlegerlgraben	12	4,000	3,000	3,464	233	0,714	3,378	1,553	0,023	4,435	4,716	4,573
39. Ronberg	11	3,667	3,000	3,317	273	1,711	1,393	1,544	0,046	4,478	4,432	4,455
40. Steilegg-E	6	3,000	2,000	2,449	221	1,047	0,703	0,858	0,023	4,696	2,259	3,257
41. Steilegg-W	6	3,000	2,000	2,449	127	2,311	0,170	0,627	0,012	6,500	2,731	4,213
42. Egglgraben	7	3,500	2,000	2,646	197	2,513	2,713	2,611	0,037	4,405	4,564	4,484
43. Hölzlstal	18	4,500	4,000	4,243	307	1,723	2,389	2,029	0,050	7,000	5,017	5,926
44. Birchegglgraben	25	3,571	7,000	5,000	159	1,453	8,083	3,427	0,021	4,048	13,824	7,480
45. Weitkar-W	28	7,000	4,000	5,292	164	1,508	3,494	2,296	0,017	7,235	6,049	6,615
46. Weitkar-E	10	5,000	2,000	3,162	198	1,835	1,103	1,423	0,038	6,816	2,680	4,274
47. Wassergraben	8	4,000	2,000	2,828	164	0,609	14,000	2,921	0,052	3,615	4,686	4,116
48. Karlgraben	17	4,250	4,000	4,123	155	1,914	3,663	2,648	0,022	4,636	7,902	6,053
49. Bockgraben-W	15	3,750	4,000	3,873	153	1,721	1,476	1,594	0,014	5,714	4,763	5,217
50. Bockgraben-E	18	4,500	4,000	4,243	169	1,789	2,195	1,981	0,014	6,143	5,384	5,751
51. Hasental-W	6	3,000	2,000	2,449	146	1,243	1,517	1,373	0,024	4,042	2,639	3,266
52. Hasental-E	5	2,500	2,000	2,236	160	1,094	0,857	0,968	0,033	3,606	2,521	3,015
53. Sulzgraben-N	11	2,750	4,000	3,317	225	0,667	3,667	1,563	0,023	3,391	5,372	4,268
54. Sulzgraben-S	17	3,400	5,000	4,123	215	2,224	1,099	1,564	0,017	6,471	6,309	6,389
55. Satteljochgraben	11	3,667	3,000	3,317	185	1,283	1,788	1,515	0,028	4,107	4,400	4,251
56. Plumsgraben	33	4,125	8,000	5,745	192	2,201	2,628	2,405	0,039	5,256	11,434	7,753
x̄	12,2	3,46	3,45	3,36	229	1,40	3,30	1,82	0,046	4,52	6,33	4,85
V	58,3	24,9	49,8	28,5	31,4	47,0	98,4	34,1	100,0	43,7	72,5	35,2

Vergleicht man die Bifurkationsverhältnisse aus dem Rißbachgebiet mit denen von Flußsystemen, für welche die Einhaltung des HORTONschen Flußzahlengesetzes festgestellt worden ist (z. B. GHOSE et al. 1967; KÖNIG 1971; LIST & STOCK 1969; MORISAWA 1962), so findet man für das Untersuchungsgebiet bei vergleichbaren Mittelwerten zwar eine leichte Tendenz zu größerer Variabilität der Bifurkationsverhältnisse, eine gesicherte Aussage über abnormes oder noch gesetzmäßiges Verhalten des Rißbachsystemes läßt sich hieraus aber nicht ableiten (DREXLER 1975). Im Hinblick auf die starken Anomalien bei den Flußlängen, in einzelnen Fällen auch bei den Flächen (Kap. 3.1.3.2. und 3.1.3.3.), sollte diese Frage jedoch beantwortet werden.

Eine objektive Aussage über die Einhaltung des HORTONschen Gesetzes der Flußzahlen ist auf der Basis der von SHREVE (1966) aufgezeigten zufallsstatistischen Gesetzmäßigkeiten möglich. Nach SHREVE (1966, S. 27) ist die Topologie von Flußnetzen, soweit nicht geologische Einflüsse wirksam werden, zufallsbedingt. Alle topologisch unterschiedlichen Flußnetze können mit der gleichen Wahrscheinlichkeit gebildet werden. Da der überwiegende Teil der möglichen Flußnetzmuster ein Bifurkationsverhältnis R_b um vier ergibt, bilden auch die Flußzahlen N_u natürlicher Flußnetze in den meisten Fällen angenähert geometrische Reihen mit einem R_b um vier, wie HORTON (1945) und STRAHLER (1964) bereits empirisch festgestellt haben. Im einzelnen können R_b und R_{bu} jedoch offenbar stark variieren. Berechnet man Mittelwert und Standardabweichung der bei allen theoretisch möglichen Flußnetzkombinationen auftretenden Differenzen der R_{bu}-Werte unter Berücksichtigung der jeweiligen statistischen Wahrscheinlichkeit, so erhält man Maßzahlen für die Variabilität der R_{bu}-Werte bei rein zufallsgesteuerter Flußnetzausbildung. Die Einhaltung des 1. HORTONschen Gesetzes durch ein natürliches Flußnetz kann über den Vergleich der empirisch gefundenen mit den zufallsstatistisch zu erwartenden R_{bu}-Schwankungen geprüft werden. Dies wurde für das Rißbachsystem durchgeführt. Da aus der Wahrscheinlichkeitsstatistik keine Aussagen über Einzelereignisse möglich sind, wurden anstelle des Gesamtnetzes die 56 Teilsysteme 3. Ordnung untersucht.

Ausgangspunkt waren die bei verschiedenen N_1-Werten möglichen N_u-Kombinationen (z. B. $N_1 = 6$, $N_2 = 3$, $N_3 = 1$ oder $N_1 = 6$, $N_2 = 2$, $N_3 = 1$). Die Wahrscheinlichkeit, mit der eine bestimmte N_u-Kombination bei rein zufallsbedingter Flußnetztopologie erwartet werden kann, ergibt sich über die Anzahl Z der topologisch unterschiedlichen Netze, die sich aus den N_u-Werten der Kombination bilden lassen. Die Berechnung erfolgte nach der bei SHREVE (1966, S. 29) gegebenen Formel:

(7) $$Z_{(N_1, N_2, \ldots)} = \prod_{u=1}^{s-1} 2^{(N_u - 2N_{u+1})} \binom{N_u - 2}{N_u - 2N_{u+1}}.$$

Zum Beispiel für die N_u-Kombination $N_1 = 16$, $N_2 = 4$, $N_3 = 1$:

$$\begin{aligned}Z_{(16,4,1)} &= \left[2^{(16-2\cdot 4)} \binom{16-2}{16-2\cdot 4}\right] \cdot \left[2^{(4-2\cdot 1)} \binom{4-2}{4-2\cdot 1}\right] \\ &= 2^8 \cdot \binom{14}{8} \cdot 2^2 \cdot \binom{2}{2} \\ &= 2^8 \cdot \frac{14!}{8! \cdot (14-8)!} \cdot 2^2 \cdot \frac{2!}{2! \cdot (2-2)!} = 3075072\end{aligned}$$

Entsprechend der Schwankungsbreite der N_1-Werte der Becken 3. Ordnung im Rißbachgebiet erstreckte sich die Untersuchung auf die bei N_1 von 4 bis 33 möglichen Flußnetze (s. Tab. 4). In diesem N_1-Bereich sind 1012 verschiedene N_u-Kombinationen mit Systemordnungen s von 2 bis 6 möglich. Nach der Summe der für diese N_u-Kombinationen berechneten Z-Werte (Formel 7) können sich daraus $7{,}52 \cdot 10^{16}$ topologisch unterschiedliche Netzmuster ergeben. Für Systeme der 3. Ordnung sind $1{,}204 \cdot 10^{16}$ topologisch unterschiedliche Verzweigungsmuster mit 240 N_u-Kombinationen möglich.

Die Untersuchung der Differenzen d = |$R_{b1;2} - R_{b2;3}$| bei den 240 Kombinationen zeigt, daß die Forderung einer streng linearen Regression von log N_u gegen u, wie sie sich aus HORTONs Flußzahlengesetz ergibt, nicht zu eng ausgelegt werden darf. Denn selbst bei rein zufallsbedingter Flußnetzentwicklung sind – teilweise noch mit beachtlichen Wahrscheinlichkeiten – deutliche Differenzen zwischen den R_{bu}-Werten zu erwarten. Beispielsweise treten in Becken 3. Ordnung bei N_1 = 8 mit einer Wahrscheinlichkeit p = 56,8 % Differenzen von d = 2 auf; entsprechend bei: N_1 = 9, d = 2,5, p = 47,0 %; N_1 = 10, d = 3, p = 37,1 %; N_1 = 11, d = 3,5, p = 27,6 %; N_1 = 12, d = 4, p = 19,6 %; N_1 = 15, d $\geq$ 2, p = 47,1 %. Sogar bei den N_u-Kombinationen, die sich bei gegebenem N_1 von 4 bis 33 mit der jeweils größten Wahrscheinlichkeit entwickeln (s von 3 bis 6), betragen die maximalen R_{bu}-Differenzen im Mittel noch 1,41 (V = 53). Die zu erwartende Durchschnittsdifferenz $\bar{d}$ zwischen den R_{bu}-Werten wächst bei Systemen gegebener Ordnung mit steigendem N_1. Der Regressionskoeffizient der nicht exakt linearen Regression von $\bar{d}$ gegen N_1 im Bereich von N_1 = 4 bis 33 beträgt bei Becken 3. Ordnung 0,069 ($\bar{d}$ = 0,521 + 0,069 N_1).

Die mittlere R_{bu}-Differenz $\bar{d}$ aus sämtlichen topologisch unterschiedlichen Flußnetzen 3. Ordnung (N_1 = 4 bis 33) beträgt 3,062 (V = 59). Die 56 Becken 3. Ordnung im Rißbachgebiet weisen demgegenüber nur eine durchschnittliche Differenz von $\bar{d}$ = 1,333 auf, doch streut d mit V = 88 stärker als zu erwarten. Betrachtet man die Rißbachtributäre mit jeweils bestimmten N_1-Werten, so zeigen sich unterschiedliche Tendenzen. Bei den 19 kleinen Systemen mit N_1 = 4 bis 7 stimmen die beobachteten $\bar{d}$-Werte mit den zu erwartenden überein. Für N_1 = 4 bis 6 muß das so sein, weil d hier nicht variabel ist (in Becken 3. Ordnung mit N_1 = 4 bzw. 5 bzw. 6 beträgt d immer 0 bzw. 0,5 bzw. 1). Die exakte Übereinstimmung der Systeme N_1 = 7 ($\bar{d}$ = 1,33, V = 25) mit den zufallsstatistisch zu erwartenden R_{bu}-Differenzen ist als stochastisches Ereignis anzusehen. Bei den 31 mittelgroßen Systemen mit N_1 = 8 bis 21 liegt $\bar{d}$ durchwegs unter den zufallsstatistischen Vergleichswerten; im Durchschnitt ergibt sich $\bar{d}$ = 1,16 (V = 91) gegenüber der zu erwartenden mittleren Differenz mit 1,80 (V = 70). Der Unterschied ist mit α = 1 % hochsignifikant: HORTONs 1. Gesetz wird von diesen Systemen 3. Ordnung wesentlich strikter eingehalten, als nach der Zufallsstatistik zu erwarten wäre. Die Erklärung hierfür (s. S. 40) ergibt sich zwanglos aus den Eigenschaften einer bestimmten Flußnetzvariante (Sammeltrichter; s. Kap. 3.1.3.5.). Dagegen zeichnen sich die sechs großen Becken mit N_1 = 23 bis 33 einheitlich durch überhöhte R_{bu}-Differenzen d aus. In dieser Gruppe beträgt $\bar{d}$ = 3,56 (V = 25) gegenüber der zufallsstatistischen Durchschnittsdifferenz $\bar{d}$ = 3,06 (V = 60). Trotzdem muß auch für diese Tributärsysteme die Einhaltung des Flußzahlengesetzes akzeptiert werden, denn der Unterschied ist zwar deutlich, aber auf dem 5 %-Niveau nicht mehr bedeutsam.

Nach MORISAWA (1962, S. 1029) tendiert R_b der Teilbecken dazu, innerhalb eines Entwässerungsnetzes von Ordnung zu Ordnung konstant zu bleiben. Demgegenüber zeigt Abb. 6 (S. 31), daß R_b im Rißbachgebiet mit steigender Ordnung s der Teilbecken wächst (der etwas zu geringe R_b bei den Systemen 5. Ordnung ist geologisch bedingt; s. Kap. 3.1.3.5.). Dies erklärt sich daraus, daß Segmente höherer Ordnung nicht nur eine etwa dem R_b entsprechende Anzahl von Segmenten der nächstniederen Ordnung, sondern zusätzlich auch „Extratributäre" der untersten Ordnungen aufnehmen; das schlägt sich in den entsprechenden N_u-Werten und damit im R_b nieder. Der Einfluß der Extratributäre auf das Gesamtbifurkationsverhältnis offenbart sich am klarsten, wenn R_b als geometrisches Mittel aus R_{bu}, d. h. als $\sqrt[s-1]{N_1}$ (s. Kap. 3.1.4.) berechnet wird: Im Rißbachgebiet beträgt das so ermittelte R_b bei den Tributären 3. Ordnung im Durchschnitt 3,49 und steigt bis zur 6. Ordnung auf 4,01.

Die Überprüfung der Bifurkationsverhältnisse führt zu folgenden Feststellungen:

(1) Das Gesamtbifurkationsverhältnis des Rißbachgebietes (R_b = 4,02) deckt sich mit dem von STRAHLER (1964) empirisch gefundenen und von SHREVE (1966) theoretisch bestätigten Normalwert. Die R_b-Werte der Tributärsysteme streuen zwar zum Teil erheblich (Abb. 6), aber ihre Mittelwerte zwischen drei und vier entsprechen noch gut den allgemeinen Erfahrungen. Bei den Tributären 3. Ordnung weichen gemäß der Untersuchung der R_{bu}-Differenzen die N_u-Werte nicht stärker von inversen geometrischen Reihen ab, als zufallsstatistisch zu erwarten ist. Das dürfte auch für die Teilbecken 4. und 5. Ordnung gelten, da die R_{bu}-Streuungen jene der 3. Ordnungen nicht übersteigen.

Aus diesen Feststellungen folgt, daß das Rißbachsystem HORTONs Gesetz der Flußzahlen einhält.

(2) Die Variabilität von R_b nimmt mit steigender Ordnung s ab (Abb. 6). Parallel dazu verringern sich auch die R_{bu}-Differenzen innerhalb der einzelnen Teilsysteme. Deshalb entspricht das Rißbach-Gesamtsystem dem Flußzahlen-Gesetz wesentlich besser als seine Tributärbecken (s. Abb. 4 und 5). Daraus ist zu entnehmen: Die Einhaltung des Flußzahlen-Gesetzes durch ein Flußsystem resultiert nicht nur daraus, daß bereits die einzelnen Teilbecken gemäß SHREVEs Befunden (1966) höchstwahrscheinlich HORTON-Netze mit einheitlichen Bifurkationsverhältnissen um vier ausbilden, sondern es ist darüber hinaus von Bedeutung, daß sich – wie auch STROPPE (1974) fand – die positiven und negativen Abweichungen der einzelnen Tributärsysteme im Gesamtnetz gegenseitig weitgehend aufheben.

(3) Entgegen MORISAWA (1962) wachsen im Rißbachgebiet die Bifurkationsverhältnisse R_b der Teilbecken mit aufsteigender Ordnung s an. Unter der Voraussetzung, daß MORISAWAs Feststellung allgemeine Bedeutung zukommt, ist daraus zu schließen, daß im Rißbachgebiet überdurchschnittlich viele Segmente in Flußabschnitte der übernächsten oder noch höherer Ordnung einmünden. Da die relativ hohe Zahl dieser Einmündung hierarchisch unwirksam ist, trägt die Topologie des Flußnetzes mit MELTON (1958, S. 44) „nichtkonservative" Züge.

3.1.3.2. Flußlängen und Längenverhältnisse

Die Diagramme von $\log L_u$ und $\log \bar{L}_u$ der Systeme 4. und höherer Ordnung (Abb. 4 und 5, S. 29 bzw. 30) zeigen häufig ausgeprägte Knicke und sogar rückläufige Abschnitte. Daraus folgt, daß HORTONs Gesetz der Flußlängen im Rißbachgebiet schlecht, in vielen Tributärbecken nicht eingehalten wird. Dasselbe gilt auch für die Längenverhältnisse der Becken 3. Ordnung: Die Differenz $|R_{L1;2} - R_{L2;3}|$ beträgt im Durchschnitt 2,37; sie übersteigt knapp das arithmetische Mittel aus allen R_{Lu}-Werten ($\bar{x} = 2{,}35$; V = 107). Bei 23 (41 %) der 56 Becken 3. Ordnung liegt mindestens ein R_{Lu}-Wert unter 1, so daß sich im HORTONdiagramm für $\log \bar{L}_u$ ein rückläufiger Kurvenabschnitt ergäbe. In vier Fällen (7 %) zeigt $R_L < 1$ – entgegen HORTONs 2. Gesetz – sogar eine inverse geometrische Reihe für $\bar{L}_u$ an (s. Tab. 4).

Die R_{Lu}-Werte streuen allgemein etwa doppelt so stark wie R_{bu} (R_{Lu} bei s = 3: $\bar{x} = 2{,}35$, V = 107; s = 4: $\bar{x} = 2{,}23$, V = 87; s = 5: $\bar{x} = 2{,}00$, V = 50; s = 6: $\bar{x} = 2{,}22$, V = 35). Wie bei R_{bu} verringert sich auch bei R_{Lu} die Variabilität der Werte mit steigender Ordnung s der Systeme. Der Ausgleichseffekt größerer Systeme macht sich auch hier bemerkbar. Trotzdem streuen wie bei R_{bu} die R_{Lu}-Werte innerhalb der einzelnen Becken 5. Ordnung jeweils stärker (V im Durchschnitt 42) als innerhalb der Ordnungen von Becken zu Becken (V im Mittel 35). Schrumpfende Schwankungsbreite mit steigendem s kennzeichnet auch R_L (s = 3: $\bar{x} = 1{,}82$, V = 34; s = 4: $\bar{x} = 1{,}77$, V = 18; s = 5: $\bar{x} = 1{,}76$, V = 6).

Die oben getroffene Feststellung, daß HORTONs Flußlängengesetz im Rißbachgebiet schlecht, in vielen Teilbecken nicht eingehalten wird, geschieht subjektiv. Auf der Grundlage der Flußlängen-Studie von SMART (1968 b; s. a. WERRITY 1972) wäre eine statistische Überprüfung möglich. Angesichts der objektiv zahlreich vorhandenen rückläufigen Kurvenabschnitte bei L_u und $\bar{L}_u$, die eine deutliche Abweichung von HORTONs Gesetz belegen, wurde jedoch auf die sehr aufwendige statistische Absicherung verzichtet.

Die Längenverhältnisse streuen z. T. erheblich stärker als die Bifurkationsverhältnisse. Die dargestellten Abweichungen von HORTONs 2. Gesetz lassen darauf schließen, daß starke Störeinflüsse eine rein zufallsgesteuerte Fluß- und Talnetzentwicklung im Rißbachgebiet beeinträchtigt haben. Die Einhaltung des 1. HORTONschen Gesetzes widerspricht dieser Schlußfolgerung nicht; denn offenbar wirkt sich, wie auch LIST & STOCK (1969) zeigten, tektonische oder lithologische Vorzeichnung von Erosionslinien auf die Segmentlängen sehr viel stärker aus als auf die Segmentzahlen.

3.1.3.3. Flächen und Flächenverhältnisse

SCHUMMs Gesetz der mittleren Niederschlagsgebietsflächen ist gemäß den HORTONdiagrammen (Abb. 4 und 5) im Rißbachgebiet wesentlich besser eingehalten als HORTONs Flußlängen-Gesetz. Auf das Gesetz der Gesamtflächen von ZĂVOIANU läßt sich diese Feststellung jedoch kaum übertragen. Denn häufig treten auch hier stärker geknickte und sogar rückläufige Kurvenabschnitte auf. Rückläufige Abschnitte ($A_{u+1} < A_u$ oder $\overline{A}_{u+1} < \overline{A}_u$) sind möglich, weil nicht sämtliche Becken der Ordnung $s = u$ Bestandteil der nächstgrößeren Systeme ($s = u + 1$) zu sein brauchen; sie können als Extratributäre auch direkt in das übergeordnete Segment einer Ordnung $u + 2$ oder höher einmünden. Betrifft dies eine größere Anzahl von Tributären der Ordnung $s = u$ oder einige mit übergroßen Niederschlagsgebieten, kann entgegen den Flächengesetzen A_u oder $\overline{A}_u$ die Beträge von A_{u+1} oder $\overline{A}_{u+1}$ übersteigen. Hieraus ergibt sich – im Gegensatz zu den Flußzahlen, für die immer $N_{u+1} \geq \frac{1}{2} N_u$ gilt – eine gewisse Unabhängigkeit der Größen A_{u+1} bzw. $\overline{A}_{u+1}$ von A_u bzw. $\overline{A}_u$. Diese Unabhängigkeit ist im allgemeinen jedoch eingeschränkt, da 1. die Niederschlagsgebiete der Ordnung $u + 1$ den überwiegenden Teil der Becken mit Ordnung u in sich einschließen, und da 2. die Extratributäre mit Ordnung u, welche höher als $u + 1$ eingestuften Segmenten zufließen, flächenmäßig meist mit den Tributären der Systeme $u + 1$ vergleichbar sind. Im Gegensatz zu den Flächenwerten sind die Längen L und $\overline{L}$ einer Ordnung $u + 1$ völlig unabhängig von den entsprechenden Größen der Ordnung u. Demgemäß liegen die Flächenverhältnisse bezüglich ihrer Variabilität zwischen den Bifurkations- und Längenverhältnissen.

Der interne Ausgleich der Unregelmäßigkeiten in Systemen höherer Ordnung tritt bei den Flächenverhältnissen genau so auf wie bei den Bifurkations- und Längenverhältnissen: Die Variabilität der R_{Au}-Werte schwindet mit steigender Ordnung s ($s = 3$: $\bar{x} = 5{,}42$, $V = 67$; $s = 4$: $\bar{x} = 5{,}10$, $V = 52$; $s = 5$: $\bar{x} = 4{,}46$, $V = 39$; $s = 6$: $\bar{x} = 4{,}93$, $V = 25$). Dasselbe gilt für R_A ($s = 3$: $\bar{x} = 4{,}85$, $V = 35$; $s = 4$: $\bar{x} = 4{,}64$, $V = 19$; $s = 5$: $\bar{x} = 4{,}29$, $V = 6$).

Bei den Becken 5. Ordnung streuen die R_{Au}-Werte, analog zu R_{bu} und R_{Lu}, innerhalb der Systeme von Ordnung zu Ordnung wieder stärker (V im Mittel $= 36$) als innerhalb der Ordnungen von System zu System (V im Mittel $= 16$).

SCHUMMs Gesetz der Durchschnittsflächen kann im Rißbachgebiet, abgesehen von Ausnahmen, als eingehalten gelten. Dagegen ist das von ZĂVOIANU aufgestellte Gesetz der Gesamtflächen in den meisten Teilbecken nicht oder nur schlecht realisiert. Die bereits aus den Verhältnissen bei $\overline{L}_u$ und L_u postulierten Störeinflüsse auf die Gewässernetzanlage treten hier wieder zum Vorschein. Es ist bemerkenswert, daß A_u offenbar kaum darauf anspricht. Die Feststellung von ZĂVOIANU (1975, S. 206), das Gesetz der Durchschnittsflächen werde häufig wesentlich strikter eingehalten als das Gesetz der Gesamtflächen, findet im Rißbachgebiet eine Bestätigung.

3.1.3.4. Korrelationen zwischen Bifurkations-, Längen- und Flächenverhältnissen

Die systeminternen R_{Xu}-Bewegungen verlaufen z. T. gleichsinnig. Dies wurde statistisch überprüft. Sowohl für die 16 Teilbecken 4. Ordnung als auch für die 56 Tributäre 3. Ordnung wurden Ordnung für Ordnung jeweils R_{bu}, R_{Lu} und R_{Au} miteinander korreliert (SPEARMANsche Rangkorrelationen). Tabelle 5 zeigt die Ergebnisse (s. S. 38).

Der positive statistische Zusammenhang zwischen R_{bu} und R_{Au} sowie zwischen R_{Lu} und R_{Au} ist bei beiden Beckengrößen in allen Ordnungsstufen mit einer Irrtumswahrscheinlichkeit $\alpha \leq 5\%$ signifikant. R_{bu} und R_{Lu} korrelieren in beiden Gruppen nur in der 2./3. Ordnungsstufe auf dem 5%-Niveau; bei der 1./2. und 3./4. Ordnung läßt sich die Übereinstimmung $R_{bu} - R_{Lu}$ nur mit einer Irrtumswahrscheinlichkeit von 10% feststellen.

Zwischen den innerhalb der einzelnen Becken jeweils aufeinanderfolgenden R_{Xu}-Werten besteht keine positive Korrelation. Lediglich die Wertepaare $R_{b1;2} - R_{b2;3}$ der Becken 3. Ordnung bilden eine Ausnahme; der Zusammenhang in Form gleichsinniger Veränderungstendenz ist hier bei $\alpha = 0,05$ gesichert. Die verschiedenen R_{Lu}-Werte sowie die Wertepaare $R_{A1;2} - R_{A2;3}$ und $R_{A2;3} - R_{A3;4}$ ergeben durchwegs sogar negative Korrelationskoeffizienten; bei $R_{L1;2} - R_{L2;3}$ der Becken 3. Ordnung sowie bei $R_{L2;3} - R_{L3;4}$ und $R_{A2;3} - R_{A3;4}$ der Systeme 4. Ordnung ist die gegenläufige Veränderungstendenz auf dem 0,001-Niveau (zweiseitig) hochsignifikant. Negative, aber bei $\alpha = 0,05$ nicht bedeutsame Korrelationskoeffizienten erbringt auch die Gegenüberstellung von $R_{b3;4}$ mit $R_{b1;2}$ und mit $R_{b2;3}$ (bei s = 4).

Tab. 5   Korrelationen zwischen R_{Xu}-Werten der Becken 3. und 4. Ordnung

	56 Becken 3. Ordnung		16 Becken 4. Ordnung	
	rs	α	rs	α
$R_{b1;2} - R_{L1;2}$	+ 0,1996	–	+ 0,3797	–
$R_{b1;2} - R_{A1;2}$	+ 0,3039	0,050	+ 0,6559	0,005
$R_{L1;2} - R_{A1;2}$	+ 0,6784	$1 \cdot 10^{-7}$	+ 0,4371	0,050
$R_{b2;3} - R_{L2;3}$	+ 0,4373	0,001	+ 0,5448	0,050
$R_{b2;3} - R_{A2;3}$	+ 0,7382	$1 \cdot 10^{-8}$	+ 0,7348	0,001
$R_{L2;3} - R_{A2;3}$	+ 0,7925	$1 \cdot 10^{-9}$	+ 0,7461	0,001
$R_{b3;4} - R_{L3;4}$			+ 0,3178	–
$R_{b3;4} - R_{A3;4}$			+ 0,6427	0,005
$R_{L3;4} - R_{A3;4}$			+ 0,8588	0,001
$R_{b1;2} - R_{b2;3}$	+ 0,2804	0,050	+ 0,0267	–
$R_{b1;2} - R_{b3;4}$			– 0,4126	–
$R_{b2;3} - R_{b3;4}$			– 0,1010	–
$R_{L1;2} - R_{L2;3}$	– 0,4535	0,001*	– 0,3417	–
$R_{L1;2} - R_{L3;4}$			– 0,0132	–
$R_{L2;3} - R_{L3;4}$			– 0,8447	0,001*
$R_{A1;2} - R_{A2;3}$	– 0,1701	–	– 0,1853	–
$R_{A1;2} - R_{A3;4}$			+ 0,0029	–
$R_{A2;3} - R_{A3;4}$			– 0,7265	0,001*

rs = SPEARMANscher Rangkorrelationskoeffizient
α = Irrtumswahrscheinlichkeit (bei einseitiger Fragestellung)
* = Irrtumswahrscheinlichkeit bei zweiseitiger Fragestellung

Die Korrelationsergebnisse zeigen das Ausmaß der systeminternen R_{Xu}-Schwankungen an; sie dürften mit den Flußnetz-Gesetzen kaum mehr in Einklang stehen. MARIOLAKOS et al. (1976) fanden im Alphios-Flußsystem (Peloponnes) bei der Untersuchung der 27 Teilbecken 5. Ordnung, daß die Werte sowohl der R_{bu}- als auch der R_{Lu}-Reihe jeweils bei $\alpha \leqq 0,05$ positiv korrelieren. Dieselbe Feststellung trafen DOORNKAMP & KING (1971, S. 48) bei $\alpha = 0,01$ für R_{Lu} aus 130 Becken 3. Ordnung in Uganda.

Die R_{Xu}-Schwankungen im Rißbachgebiet erfassen im allgemeinen mit gleichsinniger Tendenz alle drei Verhältnisse, wobei die Schwankungsamplitude (entsprechend dem jeweiligen Abhängigkeitsgrad eines X_u-Wertes von X_{u-1}) von R_{Lu} über R_{Au} nach R_{bu} abnimmt. Die bereits hervorgehobene systeminterne Variabilität der R_{Xu}-Werte bei den Becken 5. Ordnung vermittelt prinzipiell dasselbe Bild wie die Korrelationsbefunde bei den Systemen 3. und 4. Ordnung (s. Tab. 2, S. 32). Die enge Korrelation der R_{Xu}-Werte jeweils gleicher Ordnungsstufe deutet darauf hin, daß die Unregelmäßigkeiten bei R_{bu}, R_{Lu} und R_{Au} durch gemeinsame Ursachen aneinander gekoppelt sind. Obwohl im Rißbachgebiet das HORTONsche Gesetz der Flußzahlen und SCHUMMs Flächengesetz eingehalten werden, ist daher damit zu rechnen, daß stärkere geomorphologische oder geologische Einflüsse eine rein zufallsgesteuerte Entwicklung des Flußnetzes beeinträchtigt haben. Die Einflüsse wirken sich auf die einzelnen Verhältnisse R_{Xu} unterschiedlich stark aus, R_{Lu} reagiert offenbar besonders sensibel.

3.1.3.5. Sammeltrichter und Sammelrinnen

Kartenbild und bestimmte, häufig wiederkehrende Abweichungstendenzen von den Flußnetzgesetzen lassen im Rißbachgebiet zwei Varianten des Verzweigungsmusters erkennen, die sich durch zentripetale bzw. fischgrätenartige Segmentanordnung von der dendritischen Normalform unterscheiden. Sie seien als „Sammeltrichter" und „Sammelrinnen" bezeichnet. Jede Variante beeinflußt Bifurkations-, Längen- und Flächenverhältnisse in charakteristischer Weise. Die Unterscheidung der Typen erlaubt es, morphologisch bedingte Ungesetzmäßigkeiten bei R_{Xu} von geologisch verursachten zu trennen. Der aus den Abweichungen von den Gesetzen der Flußnetzgestaltung abzuleitende geologische Einfluß auf die Talnetzentwicklung wird damit präzisiert und abgesichert (s. S. 41 ff).

Sammeltrichter sind mehr oder minder trichterartige, offene Hohlformen mit zentripetaler Flankenentwässerung zu einer zentralen Sammelader hin. Durch die nach unten fortschreitende, allseitige Verengung des Trichters führen die meisten Mündungen zu Ordnungsänderungen, so daß Sammeltrichter mit MELTON (1958, S. 44) als „konservative" Systeme zu charakterisieren sind. Sammeltrichter bilden im Rißbachgebiet nur kleinere Systeme, die zentrale Sammelader stellt meistens ein Segment 3. Ordnung dar. Abbildung 7 zeigt ein typisches Beispiel.

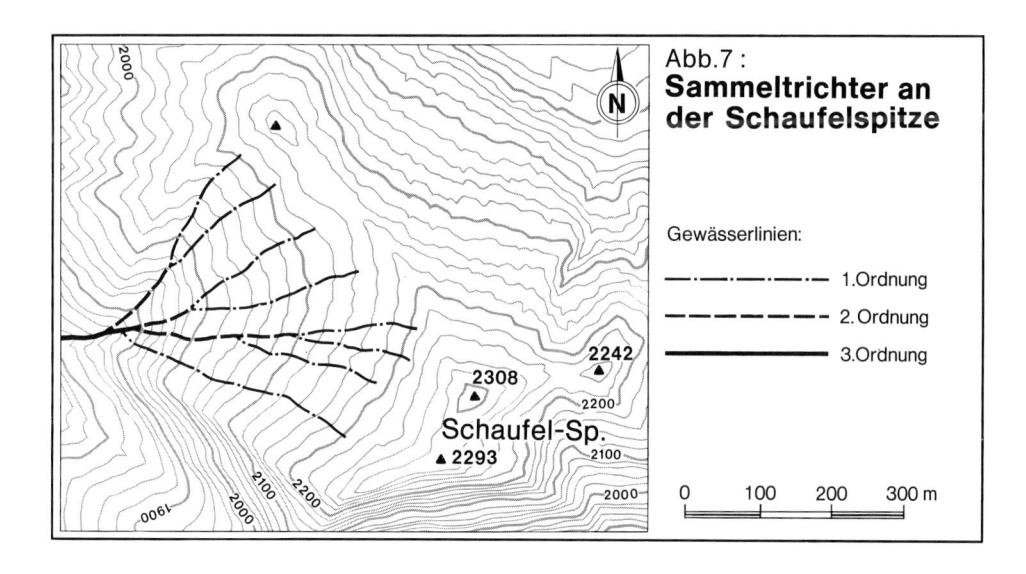

Abb. 7: **Sammeltrichter an der Schaufelspitze**

Gewässerlinien:
— · — · — 1. Ordnung
— — — — 2. Ordnung
———— 3. Ordnung

Sammeltrichter drücken sich in der Gewässernetzanalyse durch charakteristisch kombinierte Tendenzen einzelner Kenngrößen aus. Zur Veranschaulichung wurden in Tabelle 6 die gewässernetzanalytischen Durchschnittswerte der Sammeltrichter zusammengestellt; Abbildung 8 (S. 40) zeigt die danach konstruierten HORTONdiagramme des Sammeltrichter-Typs sowie einige Beispielsysteme 3. und 4. Ordnung.

Tab. 6 Gewässernetzanalytische Durchschnittswerte der Sammeltrichter und Sammelrinnen

a) *Sammeltrichter*

Ord.	N_u	R_{bu}	L_u (m)	$\overline{L}_u$ (m)	R_{Lu}	A_u (km²)	$\overline{A}_u$ (km²)	R_{Au}
1	7,0		1285	175		0,181	0,026	
		3,15			0,77			3,85
2	2,2		300	134		0,217	0,100	
		2,22			4,60			3,74
3	1		617	617		0,374	0,374	
Σ	10,2	R_b 2,65	Σ 2202		R_L 1.88			R_A 3,79

b) *Sammelrinnen*

Ord.	N_u	R_{bu}	L_u	$\bar{L}_u$	R_{Lu}	A_u	$\bar{A}_u$	R_{Au}
1	19,8		4856	251		0,915	0,046	
		4,04			1,53			4,26
2	4,9		2044	384		0,997	0,196	
		4,91			3,35			9,37
3	1		1286	1286		1,836	1,836	
	$\Sigma 25,7$	R_b 4,45	$\Sigma 8186$		R_L 2,26			R_A 6,32

Niedrige Segmentzahlen N_u kennzeichnen Sammeltrichter. Dementsprechend liegen die Bifurkationsverhältnisse meist unter drei und die Kurve von log N_u fällt mit steigender Ordnung nur flach ab. Die niedrigen Bifurkationsverhältnisse bewegen sich wegen $R_{b(u)} \geqq 2$ innerhalb einer geringen Variationsbreite. Die R_{bu}-Differenzen (s. Kap. 3.1.3.1.) bleiben zwangsweise klein. Da viele der Systeme 3. Ordnung mit kleinem und mittlerem N_1 von Sammeltrichtertendenzen geprägt sind, erklärt sich daraus, warum die mittlere R_{bu}-Differenz der Becken mit $N_1 = 8$ bis 21 den stochastisch zu erwartenden Mittelwert signifikant unterschreitet (s. S. 35). Aus der eingeschränkten R_{bu}-Variabilität dieser konservativen Systeme folgt ferner, daß Sammeltrichter HORTONs Flußzahlengesetz meist gut erfüllen, wobei aber R_b unterhalb des Normalwertes um vier bleibt.

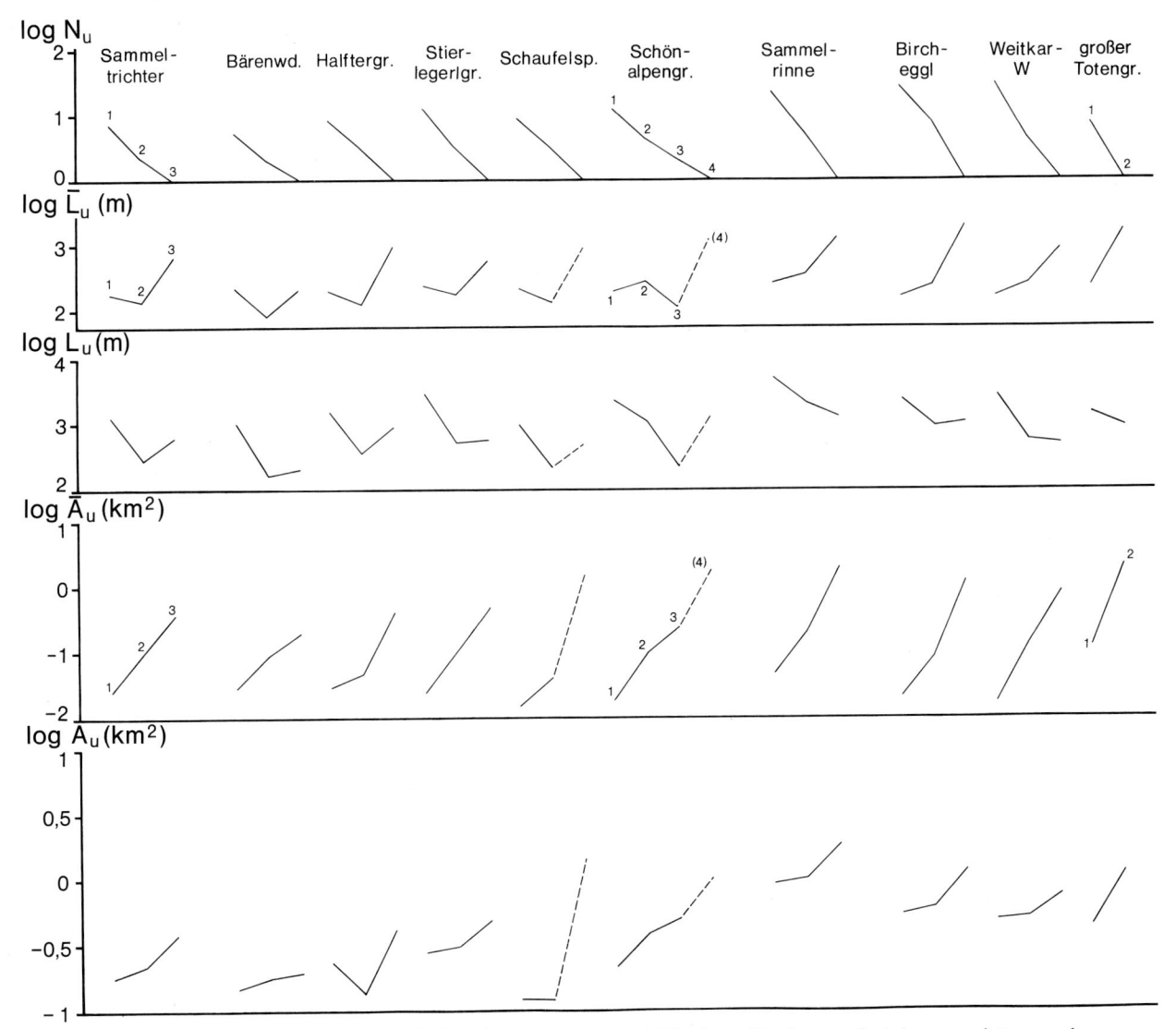

Abb. 8 HORTONdiagramme der Flußzahlen, Längen und Flächen für Sammeltrichter und Sammelrinnen

Auch die mittlere Segmentlänge $\overline{L}_u$ der im Trichter vereinigten Ordnungen liegt generell unter dem Durchschnitt (vgl. $\overline{x}$ in Tab. 4, S. 33). Bei der höchsten der sich im Trichter sammelnden Ordnungen ist $\overline{L}_u$ häufig besonders stark verkürzt, so daß entgegen dem 2. HORTONschen Gesetz $\overline{L}_2 \leqq \overline{L}_1$ werden kann. $R_{L1;2}$ sinkt bis nahe eins oder darunter, und die Kurve von log $\overline{L}_u$ steigt ungewöhnlich flach an, oder fällt sogar ab. Gleichzeitig senkt sich die Kurve der Gesamtlängen (log L_u) zwischen 1. und 2. Ordnung überdurchschnittlich steil, denn die niedrigen Werte für $\overline{L}_2$ und $R_{b1;2}$ lassen $L_2 \ll L_1$ werden. Die Diagramme (Abb. 8) sowohl für den Typ Sammeltrichter als auch der Beispiele 3. Ordnung (Becken Nr. 7 Bärenwand, Nr. 13 Halftergraben, Nr. 38 Stierlegerlgraben und der Schaufelspitz-Sammeltrichter aus dem Becken 3. Ordnung Nr. 9, Grameigraben-E) lassen diese Tendenzen deutlich erkennen. Im Schönalpengraben (4. Ordnung) ist der Sammeltrichter in einer höheren Integrationsstufe eingebaut, der Effekt zeigt sich vor allem bei den $R_{X2;3}$-Werten: Der typisch flache Verlauf der log N_u-Kurve setzt zwar bereits bei N_1 ein, aber der rückläufige Abschnitt bei log $\overline{L}_u$ und das übersteilte Kurvenstück von log L_u liegen zwischen der 2. und 3. Ordnung.

In den Diagrammen von log $\overline{A}_u$ und log A_u stellen sich Sammeltrichter weit weniger auffällig dar als bei den Längen (eingeschränkte Unabhängigkeit der Flächenwerte; s. Kap. 3.1.3.3.). Die unterdurchschnittlichen Flächengrößen der im Trichter vereinigten Tributäre und die niedrigen Flächenverhältnisse (vgl. Tab. 4 und 6, S. 33 bzw. 39) bedingen die tiefer angeordnete Lage und den flacheren Verlauf der Kurven von log $\overline{A}_{1;2}$ bzw. log $A_{1;2}$. Beim Sammeltrichter 4. Ordnung (Schönalpengraben) tritt die Verflachung jeweils zwischen der 2. und 3. Ordnung auf.

Der mehr oder weniger steile Anstieg der Längen- und Flächenkurven zur Ordnung des Sammelsegments ($R_{X2;3}$ bzw. $R_{X3;4}$) hat bezüglich des Sammeltrichtereffektes nur bedingte Aussagekraft, da die Sammelader nach Verlassen des Trichters nicht mehr von diesem beeinflußt zu sein braucht. Sind dem Sammler außerhalb des Trichters noch größere Tributärgebiete angeschlossen, kann der Sammeltrichtereffekt im Bild des Gesamtsystemes mehr oder weniger überprägt werden. Daher umfassen die Diagramme des Schönalpengrabens und des Grameigrabens-E (Schaufelspitz-Trichter) in Abbildung 8 nur den jeweiligen Trichterbereich und nicht mehr die unterhalb hinzutretenden Tributäre. In den Längen- und vor allem in den Flächendiagrammen des gesamten Schönalpengraben-Systems (Abb. 5) tritt die Sammeltrichtercharakteristik stark überbetont hervor, da durch die nicht-trichterbeeinflußten Segmente die Längen- und Flächenwerte der 1. und 2. Ordnung erhöht (normalisiert) werden und sich noch stärker von den Trichtersegmenten der 3. Ordnung abheben. In anderen Fällen können die typischen Tendenzen auch verwischt werden.

Sammeltrichter bildeten sich bei der fluvialen Ausgestaltung von Nivationsnischen und nicht zu großen Karen. Sie geben sich damit als reliefbedingte Flußnetzvarianten zu erkennen. Mag auch die Anlage der Ausgangsformen geologisch vorgezeichnet gewesen sein, so ist für die Entstehung eines Sammeltrichternetzes doch in erster Linie die Ausrundung der präexistenten Hohlformen zu einem mehr oder weniger zentrierten Trichter maßgebend. Die fluviale Erschließung solcher Formen geschieht nicht uneingeschränkt nach zufallsstatistischen Gesetzmäßigkeiten, da das pleistozäne Altrelief hier die weniger konservativen (im Sinne von MELTON 1958, S. 44) topologischen Muster weitgehend ausschließt. Der Einfluß des Altreliefs führt zu charakteristischen Abweichungstendenzen von den Flußnetzgesetzen. In großen Karen mit oft unregelmäßigeren Umrissen und breiten Karböden – zum Teil handelt es sich um Großkare – kann der Sammeltrichter-Effekt verwischt werden (Falkenkar), soweit nicht Verkarstung des Anstehenden im Karboden oder die Durchlässigkeit der Lockermaterialdecke (Moräne, Schutt, Bergsturzmaterial) die Integration der herabkommenden Rinnen zu einem Gerinnesystem überhaupt unterbinden (z. B. Hochglückkar).

Sammelrinnen sind Segmente, die auf überdurchschnittlich langen Strecken ihre Ordnung beibehalten, da die Mündungen der meist zahlreichen, aber durchwegs untergeordneten Zuflüsse keinen Ordnungssprung bedingen. Die Ursache liegt in einer starken Elongation der Becken; die Tributärsäume sind zu schmal, als daß sich die Zuflüsse zu höheren Ordnungen entwickeln könnten. Starke Eintiefung der Sammelrinnen kann diesen Effekt etwas verstärken, da ein Ausscheren der Tributärgerinne aus der Fallinie und damit ihre Vereinigung zu Systemen höherer Ordnung mit zunehmender Steilheit der Talflanken immer unwahrscheinlicher wird (s. S. 54). In der Terminologie MELTONs (1958, S. 44) sind Sammelrinnen als ausgesprochen „nicht-konservative" Systeme zu bezeichnen. Im Gegensatz zu den kleinen Sammeltrichtern können Sammelrinnen auch in höheren Ordnungen auftreten.

Tabelle 6 enthält die gewässernetzanalytischen Durchschnittswerte der Sammelrinnen 3. Ordnung im Rißbachgebiet. Die HORTON-Diagramme „Sammelrinne" in Abbildung 8 wurden danach konstruiert. Außerdem sind einige Beispiele 3. Ordnung dargestellt (Becken Nr. 44 Birchegglgraben und 45 Weitkar-W; Tab. 4). Als Beispiele höherer Ordnung seien die langen Talschläuche von Laliderer und Tortal (4. Ordnung; Tab. 3 und Abb. 5) sowie Enger und Johannestal (5. Ordnung; Tab. 2 und Abb. 4) genannt. Die Topologie dieser Systeme ist aus der Gewässernetzkarte im Anhang ersichtlich.

Sammelrinnen zeichnen sich vor allem durch unverhältnismäßig große mittlere Segmentlängen $\overline{L}_s$ aus (s ist als höchste auftretende Ordnung eines Systems zugleich die des Sammelrinnensegmentes), was sich im HORTON-Diagramm von log $\overline{L}_u$ in einem steileren Anstieg der Kurve zur sammelnden Ordnung hin widerspiegelt. $R_{Ls-1;s}$ rangiert über dem Durchschnitt und erreicht z. B. beim Laliderer Tal 8,02 (mittleres Längenverhältnis R_L des Gesamtgebietes nach Tab. 1 = 2,04). Dabei liegen die L_u-Werte – auch der unteren Ordnungen – deutlich über jenen der Sammeltrichter (s. Tab. 6). Dasselbe gilt für die Gesamtlängen. Die Kurve von log L_u, die nach HORTON mit steigender Ordnung gleichmäßig abfallen sollte, wird vor dem überhöhten L_s sehr flach oder steigt sogar wieder an. Sind die Talflanken der Sammelader sehr steil, können auch die Segmentlängen der gesammelten Ordnungen anwachsen und damit das Übergewicht von $\overline{L}_s$ und L_s mehr oder weniger ausgleichen (vgl. Kap. 3.1.3.7. bei der Besprechung der Entwässerungssysteme im Wettersteinkalk).

Ein hohes Birfurkationsverhältnis $R_{bs-1;s}$ ist zwar ein eindeutiger, aber nicht obligater Sammelrinneneffekt. Es setzt voraus, daß die Sammelrinne relativ viele Tributäre der nächstniedrigeren Ordnung aufnimmt, wie etwa im Laliderer Tal. Wo jedoch das Mißverhältnis zwischen der Ordnung der Sammelader und der Breitenausdehnung des durchflossenen Gebietes zu kraß wird, entwickeln sich die Tributäre nicht mehr bis zur Ordnung s–1. Das Bifurkationsverhältnis s–1;s kann dann, wie im Falle des Johannestales, bei 2 liegen, und der Sammelrinneneffekt erscheint nur mehr undeutlich bei den R_{bu}-Werten der niedrigeren Ordnungen. Wie die Tabellen 1 und 2 sowie u. a. die Beispiele Laliderer Tal, Tortal, Plums- und Sulzgraben in Tabelle 3 zeigen, scheint hiervon besonders $R_{b2;3}$ betroffen zu sein. Daher tendieren Sammelrinnensysteme mit ihrer großen Zahl von Extratributären, unabhängig von einem eventuell hohen N_{s-1}-Wert, allgemein zu höheren N_u- und damit zu überdurchschnittlichen R_{bu}- und R_b-Werten. Nach Tabelle 6 beträgt bei Sammelrinnen 3. Ordnung im Durchschnitt $R_{b1;2}$ = 4,04, $R_{b2;3}$ = 4,91, R_b = 4,45; die Vergleichs-Mittelwerte aus allen 56 Becken 3. Ordnung sind 3,46 bzw. 3,45 bzw. 3,36 (Tab. 4). Die Bifurkationsverhältnisse R_b und R_{bu} der Sammeltrichter bleiben dagegen meist noch unter drei. Tor- und Laliderer Tal (4. Ordnung) heben sich noch deutlicher von den Bifurkations-Mittelwerten ihrer Ordnung ab (s. Tab. 3, S. 32). In den einzelnen Systemen betrifft der sammelrinnenbedingte R_{bu}-Anstieg nicht gleichmäßig sämtliche Ordnungsstufen, wie es aus den oben gegebenen Durchschnittswerten für Sammelrinnen 3. Ordnung abgelesen werden könnte. Daraus resultieren größere R_{bu}-Differenzen (s. Kap. 3.1.3.1.). Abweichungen von HORTONs Flußzahlen-Gesetz sind daher (zumindest im Arbeitsgebiet) fast immer auf den Sammelrinneneffekt zurückzuführen.

In MELTONs Maßzahl Σ S für die „Konservativität"

$$(8) \quad \sum_{u}^{s-1} S_u = \sum_{u}^{s-1} \frac{1}{2} R_{bu;u+1} - 1$$

(MELTON, 1958, S. 44) unterscheiden sich die Sammelrinnen (ΣS = 2,475) klar sowohl vom Durchschnitt der 56 Becken 3. Ordnung (ΣS = 1,455) als auch von den Sammeltrichtern (ΣS = 0,685).

In den HORTONdiagrammen von log A_u und log $\overline{A}_u$ markiert eine oft nicht sehr auffällige Versteilung der Kurve von der Ordnung s–1 nach s die Sammelrinne. Die Tendenz drückt sich bei den Gesamtflächen A_u meist besser aus als bei den Durchschnittsflächen $\overline{A}_u$. Wie bei den Sammeltrichtern zeigt sich auch hier die geringere Sensibilität der Flächen gegenüber den Längen. Dennoch heben sich die Sammelrinnen 3. Ordnung in $R_{A2;3}$ (= 9,37) und R_A (= 6,32) deutlich von den entsprechenden Mittelwerten über alle 56 Becken 3. Ordnung (6,33 bzw. 4,85) ab. Dies gilt auch für die überdurchschnittlichen A_u-Werte

(Sammelrinnen: $A_1 = 0,915$ km²/$A_2 = 0,997$ km²/$A_3 = 1,836$ km²; Mittelwerte der 56 Becken 3. Ordnung: $A_1 = 0,599$ km², $A_2 = 0,798$ km², $A_3 = 1,305$ km²). Der Unterschied gegenüber den Sammeltrichtern (s. Tab. 6) ist markant. Die Sammelrinnen höherer Ordnung zeigen dieselben Tendenzen.

Sammelrinnen treten bereits in der 2. Ordnung auf; in den entscheidenden Kennwerten gleichen sie den größeren Analoga völlig. Dies sei am Beispiel des Großen Totengrabens (Nordteil der Engtal-W-Flanke) demonstriert: $R_{b1;2} = 7,00$; $R_{L1;2} = 6,78$; $R_{A1;2} = 18,11$ (vgl. die Mittelwerte $\bar{x}$ von $R_{X1;2}$ in Tabelle 4, S. 33). Eine Besonderheit ergibt sich bei Betrachtung der HORTON-Diagramme (Abb. 8): Da die Kurven nur zwei Ordnungen (s–1 und s) verbinden, fehlen die typischen Knicke. Andererseits stellt sich der Sammelrinneneffekt hier am reinsten dar, weil die zur Berechnung von R_{Xu} benutzten Segmente auch topologisch und nicht nur ordinal zusammengehören; Extratributäre, die statistisch mit den Segmenten der nächsthöheren Ordnung in Beziehung gesetzt werden, tatsächlich aber nicht zu deren Flußsystemen gehören, sind bei $s = 2$ nicht möglich.

In krassem Gegensatz dazu spielen solche Extratributäre und die ordinal festgelegte R_{Xu}-Ermittlung ohne Berücksichtigung der topologischen Verknüpfung bei den Sammelrinnen hoher Ordnungen eine große Rolle. Sie können zu einer Entartung des Sammelrinneneffektes im gewässernetzanalytischen Bild führen. So weisen die HORTON-Diagramme vom Enger und Johannestal, beides Sammelrinnen 5. Ordnung, Kurvenzüge auf (Abb. 4, S. 29), die gemäß der Besprechung des Schönalpengrabens (siehe oben) als Sammeltrichtereffekt interpretiert werden könnten. Tatsächlich aber handelt es sich hier nicht um Sammeltrichter, sondern um ein spezielles, teilweise in der Methode des STRAHLERschen Ordnungsschemas begründetes Erscheinungsbild von Sammelrinnen. Ihre Erklärung läßt die geomorphologische Bedeutung des Sammelrinnenphänomens noch klarer hervortreten:

Sammelrinnen wurden als langgestreckte Becken beschrieben, deren Tributärsäume zu schmal sind, als daß sich Seitenzweige zu höherer Ordnung entwickeln und einen Ordnungssprung des Vorfluters auslösen könnten. Aus diesem Grunde behält zum Beispiel der Laliderer Bach seine 4. Ordnung über eine Strecke von 5325 m bei, eine Strecke, die gemessen an den Größen L_1 bis L_3 bzw. $\bar{L}_1$ bis $\bar{L}_3$ nach HORTONs 2. Gesetz um ca. 3 km bzw. sogar 4 km zu lang ist. Die Sammelrinne nimmt neben acht Tributären 3. Ordnung noch 16 Segmente 2. Ordnung auf. Damit wachsen die Gesamtlänge L_2 und die Gesamtfläche A_2 der Gewässer 2. Ordnung so entscheidend, daß die demgemäß zu niedrigen Werte L_3 und A_3 bei log L_u ein versteiltes, bei log A_u sogar ein rückläufiges Absinken der HORTON-Kurven zwischen 2. und 3. Ordnung (Abb. 5, S. 30) bewirken. Die hohen Ordinatenwerte der Kurven lassen jedoch erkennen, daß diesen Kurvenverläufen kein Sammeltrichter zugrunde liegen kann (vgl. die tief liegende Kurve des Sammeltrichters Schönalpengraben in Abb. 5).

Bei Johannes- und Enger Tal liegen die Verhältnisse noch extremer: Im Johannestalbereich entwickelt sich ein zweites Segment 4. Ordnung, so daß der Johannesbach zur 5. Ordnung aufsteigt. Aber er nimmt, abgesehen von einem Segment 3. Ordnung, nur noch Zuflüsse 2. und 1. Ordnung auf. Das bei Sammelrinnen an sich zu erwartende überhöhte Bifurkationsverhältnis tritt daher im $R_{b2;3}$ auf, und zwar reduziert, da die zusätzlichen Segmente nicht auf 1 Sammelsegment, sondern auf die Gesamtzahl der Zweige 3. Ordnung bezogen werden. Die Tributäre 4. Ordnung (Johannestal und Falkenreise; s. Abb. 5, S. 30) sind unterentwickelt, daher auch hier die an Sammeltrichter erinnernden HORTON-Diagramme. Etwas abgeschwächt erscheint dasselbe Phänomen beim Enger Tal (5. Ordnung; Abb. 4).

Die Beispiele zeigen: Die Niederschlagsgebiete der Sammelrinnen sind zu schmal und zu dicht aneinandergedrängt, als daß sich in ihnen Flußsysteme ausbilden könnten, die den Gesetzen der zufallsgesteuerten Flußnetzgestaltung entsprechen. Die geringe Breite verhindert den Aufstieg der Tributäre zu höheren Ordnungen und führt dazu, daß die Ordnung des Vorfluters durch die einmündenden Segmente nicht verändert wird. Die Längserstreckung der schmalen Tributärsäume beeinflußt über die Länge des sammelnden Segmentes die Längenverhältnisse nach dem 2. HORTONschen Gesetz sowie die Flächenverhältnisse und über die Anzahl der Nebenflüsse die Bifurkationsverhältnisse nach HORTONs 1. Gesetz. Sofern die geringe Breitenausdehnung des Entwässerungsbeckens nicht auf eine noch unvollständige fluviale Erschließung des Niederschlagsgebietes zurückzuführen ist, sondern – wie im Rißbachgebiet – durch die längs scharfer Wasserscheiden unmittelbar anschließenden Nachbarbecken begrenzt wird, läßt sich die Form nicht aus dem Reifegrad der Fluß- bzw. Talnetzausbildung oder aus der Existenz von Resten älterer Reliefgenerationen erklären. Sie wurde bereits durch die engbenachbarte Anlage der Hauptentwässerungslinien festgelegt, wobei die netzgestaltende Wirkung zufallsstatistischer Gesetzmäßigkeiten den systematischen Einflüssen eines anderen Faktors unterlag.

Die zufallsgesteuerte Gestaltung eines Fluß- bzw. Talnetzes und die damit verbundene Einhaltung der HORTONschen u. a. Gesetze wird nach STRAHLER (1952, 1964, 1968) und SHREVE (1966) nur bei geologisch kontrollierter Anlage gestört. Wie die im Karwendel gefundenen Sammeltrichter zeigen, gibt es aber auch (alt-)reliefbedingte Abweichungstendenzen. Die Sammelrinnen können jedoch, sofern man nicht auf ein völlig hypothetisches Urrelief zurückgreifen will, nicht mit Reliefeinflüssen erklärt werden. Ihre flußnetzanalytischen Merkmale stimmen mit den R_b-Tendenzen überein, die vor allem STRAHLER (1964, 1968) schon immer auf geologische Einflüsse zurückführt. Daher lassen sich die Sammelrinnen als Effekt geologisch kontrollierter Anlage des Tiefenliniennetzes deuten. Die geologische Kontrolle besteht in der Vorzeichnung der Erosionslinien durch leichter ausräumbare Schwächezonen mit petrographisch oder tektonisch bedingter Resistenzschwäche. Diese Interpretation deckt sich mit einem entsprechenden Befund von MARIOLAKOS et al. (1975, S. 253).

Sammelrinnen unterschiedlicher Ausprägung sind im Rißbachgebiet, wie aus den gewässernetzanalytischen Daten in Tabelle 1 bis 4 und den HORTON-Diagrammen der Abbildungen 5 und 6 hervorgeht, keine Seltenheit. Auch die Anzahl der Tributäre, die nicht in Segmente der nächstfolgenden Ordnung, sondern in noch höher integrierte Zweige einmünden, läßt dies allgemein erkennen: Je ein Drittel der Segmente 1. und 2. Ordnung fließt in Gerinne 4. oder höherer Ordnung. Ein Wachsen des durchschnittlichen $R_{b2;3}$-Wertes mit ansteigender Ordnung s der Becken ist die Folge ($\bar{x}$ von $R_{b2;3}$ bei $s=3$: 3,45; $s = 4$: 4,36; $s = 5$: 5,33; $s = 6$: 4,98). Solche Phänomene schlagen sich natürlich in den jeweiligen Gesamtbifurkationsverhältnissen nieder, so daß auch R_b – entgegen MORISAWAs Befund (1962, S. 1029) – mit s wächst (s. Kap. 3.1.3.1.).

Die am stärksten ausgeprägten Sammelrinnen treten im Rißbachgebiet bei den Segmenten höherer Ordnungen auf. Hierzu gehört insbesondere auch die Reihe der großen NNE-verlaufenden Quertäler (Enger, Laliderer, Johannes-, Tortal). Beim Rontal, dem westlichsten Vertreter dieser Gruppe, kennzeichnet der Sammelrinnencharakter lediglich das Segment 3. Ordnung (Grießgraben/Ob. Rontal), das aber die NNE-gerichtete Hälfte des Talzuges bis zum Knick (in ENE-Richtung) bei der Rontalalm einnimmt. Entsprechend der Interpretation des Sammelrinnenphänomens weisen die analogen, durchgehend vorhandenen Gewässernetzanomalien auf geologische Vorzeichnung der Quertäler hin. Da diese etwa quer zum Generalstreichen verlaufen, müssen sie unter dem Einfluß tektonischer Strukturen (und nicht des Schichtbaues) angelegt sein. Dieses Ergebnis widerspricht älteren Erklärungen zur Entstehung der Quertäler, insbesondere von Enger, Laliderer und Johannestal, welche die Vordere Karwendelkette zerschneiden und bis zur Hinteren Karwendelkette ausgreifen. AMPFERER (1903 a, S. 199ff) führt diese Täler auf ein tektonisch unbeeinflußtes Gewässernetz zurück, das sich auf einer hochgelegenen Ausgangsfläche konsequent gebildet habe. MALASCHOFSKY (1941, S. 103) und KUPKE (1958, S. 58f u. 71) schließen sich dieser Erklärung prinzipiell an. Das seit HORTON empirisch wie theoretisch in zahlreichen Studien zusammengetragene Wissen über die Gesetzmäßigkeiten der topologischen Entwicklung von Gewässernetzen macht diese Vorstellung jedoch unhaltbar. Analog anomal gestaltete Gewässersysteme bei einer Reihe langgestreckter, parallellaufender Nachbartäler können nicht als Ergebnis rein zufallsgesteuerter Flußnetzanlage betrachtet, sondern nur als Ausdruck geologischer, in diesem Falle tektonischer Vorzeichnung gewertet werden.

Sammelrinnencharakter prägt auch das Segment 6. Ordnung, den Rißbach. Das zeigt sich bei den HORTONdiagrammen von $\bar{L}_u$, L_u und A_u (Abb. 4, S. 29). Dabei ist zu berücksichtigen, daß das System nicht komplett ist; das Segment 6. Ordnung überschreitet die Arbeitsgebietsgrenze mindestens um etwa fünf Kilometer (Fermesbach-Mündung). Die gut angenäherte Gerade von log N_u kommt durch den ausgleichenden Effekt großer Systeme zustande und nicht durch eine Tendenz zu einem „strukturellen HORTON-Netz" (SCHEIDEGGER 1970, S. 250). Denn neben den vier Segmenten 5. Ordnung nimmt der Rißbach noch sechs (37 %) der Tributäre 4. Ordnung direkt auf. Von den 56 Systemen 3. Ordnung gehören 30 (54 %) zu dem außerhalb der Becken 5. Ordnung liegenden, direkten Einzugsgebiet der 6. Ordnung. Mit AMPFERER (1903a, S. 240; 1903b, S. 199) könnte der Sammelrinnencharakter des Rißbaches mit seiner Lage im Schichtstreichen erklärt werden. Aber das Rißbachtal verläuft nicht im Streichen, sondern im spitzen Winkel dazu. Daher ist auch hier mit tektonischen Einflüssen zu rechnen.

Zu den wichtigsten Sammelrinnen gehört ferner der Plumsgraben. Sein oberer Teil (Segment 3. Ord., Nr. 56 in Tab. 4) sowie der Sulzgraben, ein Tributär 4. Ordnung, geben das deutlich zu erkennen.

Wie für die Quertäler, so wird auch für diese und alle anderen Sammelrinnen des Arbeitsgebietes geologische Vorzeichnung postuliert. Die geologischen Untersuchungsergebnisse (s. Kap. 3.2.) bestätigen das. Die Aussagekraft der Gewässernetzanalyse bezüglich der geologischen Vorzeichnung von Erosionslinien kann jedoch erst im Zusammenhang mit weiteren Ergebnissen endgültig beurteilt werden (s. Kap. 4.).

3.1.3.6. Interpretation von Korrelationen, Streuungen und Häufigkeitsverteilungen der morphometrischen Kennzahlen

Die Charakterisierung der Flußnetzvarianten Sammelrinnen und Sammeltrichter ermöglicht es, die Ergebnisse aus den Korrelationen der R_{Xu}-Werte zu erklären (s. Tab. 5, S. 38). MELTON (1958, S. 53) fand, daß Schwankungen der innerhalb einzelner Becken aufeinanderfolgenden R_{bu}-Werte von gleichsinnigen Schwankungen bei R_{Lu} begleitet werden. Diese allgemeine Erscheinung sei nicht auf morphogenetisch reife Becken beschränkt. Dementsprechend sollten nach MORISAWA (1962, S. 1035 ff) R_{bu}, R_{Lu} und R_{Au} auf den einzelnen Ordnungsstufen positiv miteinander korreliert sein. Empirische Bestätigungen liegen vor (s. auch DOORNKAMP & KING 1971; MARIOLAKOS et al. 1976). Abweichend hiervon zeigen $R_{b1;2}$ und $R_{L1;2}$ im Rißbachgebiet weder bei den Becken der 3. noch der 4. Ordnung eine statistisch signifikante Beziehung. Der Grund liegt vor allem bei den Extratributären 1. Ordnung. Sie erhöhen bei Sammelrinnen (s $\geq$ 3) das $R_{b1;2}$, während $R_{L1;2}$ vom Sammelrinneneffekt unbeeinflußt bleibt. Bei Sammeltrichtern stören zusätzliche Segmente 1. Ordnung, die den Sammler unterhalb des Trichters erreichen, wegen des unterdurchschnittlichen $R_{L1;2}$ noch stärker. Ein extremes Beispiel stellt die Steinrinne dar (Tributär des Johannestales; s. Tab. 4, S. 33): Dem Sammeltrichter 3. Ordnung ($N_1 = 4$; $N_2 = 2$; L_2 mit knapp 60 m sehr kurz) schließt sich eine Sammelrinne an, die noch weitere fünf Zuflüsse 1. Ordnung aufnimmt; dem dadurch relativ hohen $R_{b1;2} = 9/2$ steht ein außerordentlich kleines $R_{L1;2} = 0{,}27$ gegenüber.

Die Korrelation $R_{b2;3}$–$R_{L2;3}$ (entsprechend auch bei $R_{b3;4}$–$R_{L3;4}$) wird durch Sammelrinnen 3. Ordnung nicht gestört, da hier beide Größen dieselbe Tendenz nach oben aufweisen. Auch bei Sammeltrichtern harmoniert dieses Wertepaar im allgemeinen besser: Einem niedrigen $R_{b2;3}$ kann zwar ein hohes $R_{L2;3}$ gegenüberstehen; da aber $R_{L2;3}$ nicht nur vom verkürzten $\overline{L}_2$ abhängt, verbirgt sich hinter einem stark überdurchschnittlichen $R_{L2;3}$ meist auch ein (vom Trichter nicht mehr beeinflußtes) langes Segment 3. Ordnung; diesem können zusätzliche Tributäre 2. Ordnung zufließen. Das darin begründete Anwachsen von $R_{b2;3}$ vermindert die Diskrepanz zwischen beiden Werten auf ein korrelationsunschädliches Maß.

Die korrelationsstatistische Unabhängigkeit von $R_{b3;4}$ und $R_{L3;4}$ geht auf die schmalen Tributärsäume der Sammelrinnen zurück. Können sich die Tributäre längs einer Sammelrinne (z. B. Sulzgraben, s = 4; s. Tab. 3, S. 32) nur bis zur Ordnung s–2 entwickeln, bleibt $R_{bs-1;s}$ niedrig, während $R_{Ls-1;s}$ mit L_s stark anwächst. Ferner bieten die Tributärsäume der Quertäler 5. Ordnung sowie die N-Flanke des Rißbach-Plumsgraben-Talzuges kaum ausreichenden Raum zur Ausbildung von Tributären 4. Ordnung. Wo Nebensysteme dennoch bis s = 4 aufsteigen, geschieht dies häufig aufgrund der konservativen Topologie vorgeschalteter Sammeltrichter (z. B. Schönalpengraben, Hasental). $R_{b3;4}$ bleibt meist beim Minimum (= 2), während verkürztes $\overline{L}_3$ (Sammeltrichter) zu hohem $R_{L3;4}$ führt.

Die Korrelationen R_{bu}–R_{Au} sind bei $\alpha \leqq 5\%$ signifikant. Denn im Gegensatz zu R_{Lu} kann R_{Au} nicht beliebig klein werden, da $\overline{A}_u$ – ähnlich wie bei N_u – meist mindestens $2 \cdot \overline{A}_{u-1}$ beträgt. Störungen treten vor allem dann auf, wenn mehrere Extratributäre der Größe s–2 ein Segment der Ordnung s direkt erreichen: $R_{As-1;s-2}$ wächst dann nicht mit $R_{bs-1;s-2}$ an, weil ein Großteil der Flächen A_{s-2} nicht innerhalb der Gebiete A_{s-1} liegt. Meistens reduzieren aber gleichzeitig auftretende Zusatztributäre der Ordnung s–1 das $R_{bs-1;s-2}$, so daß sich die beiden R_{Xu}-Werte wieder nähern.

Die R_{Lu}- und R_{Au}-Werte korrelieren mit Irrtumswahrscheinlichkeiten von z. T. weit unter 5 % recht gut. Gelegentlich auftretende, netzbedingte Diskrepanzen bewegen sich in engem Rahmen. Im Gegensatz zu den bisher besprochenen Korrelationen werden hier nicht Verhältnisse aus absoluten Werten (N_u) und aus Mittelwerten ($\overline{L}_u$; $\overline{A}_u$) gegenübergestellt, sondern nur Mittelwertquotienten. Auf Extratributäre und andere topologische Besonderheiten reagieren die Mittelwerte einheitlich; das ermöglicht die engen Korrelationen von R_{Lu} und R_{Au}. Das andersartige Verhalten der Flußzahlen führt dagegen, wie mehrfach deutlich wurde, zu teilweise erheblichen Eigenbewegungen von R_{bu} gegenüber R_{Au} und insbesondere R_{Lu}. Abbildung 9 zeigt, daß aber auch $\overline{L}_u$ und $\overline{A}_u$ bei Sammelrinnen und Sammeltrichtern nicht immer in gleicher Weise mit u anwachsen; bei Einhaltung der Flußnetz-Gesetze stellt sich die Beziehung $\log \overline{L}_u / \log \overline{A}_u$ als Gerade dar (vgl. DOORNKAMP & KING 1971, S. 67).

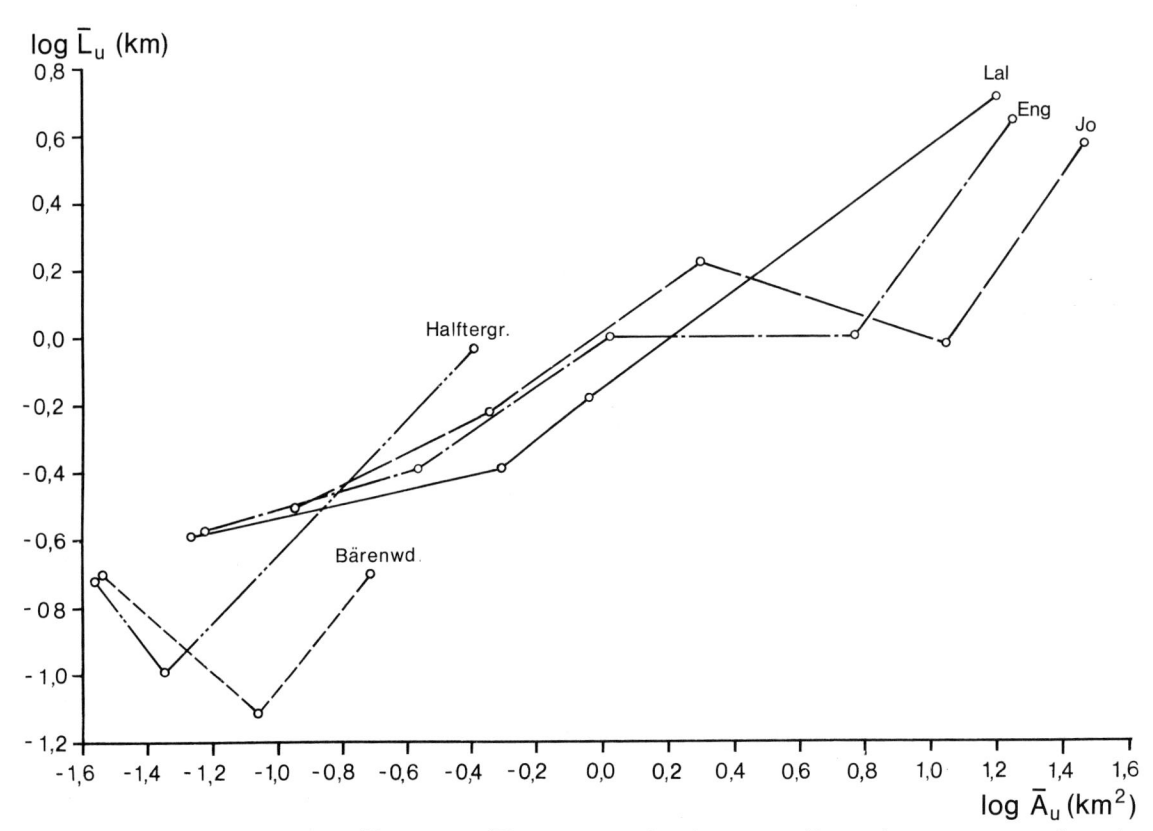

Abb. 9 Beziehung zwischen $\log \overline{L}_u$ und $\log \overline{A}_u$ bei Sammeltrichtern (Halftergraben, Bärenwand) und Sammelrinnen (Enger, Laliderer und Johannestal)

Geht man von HORTONs geometrischen Reihen aus, muß für die R_{Xu}-Folge innerhalb der einzelnen Systeme eine Reihe annähernd gleicher Beträge erwartet werden. Tendenzen zu hohem oder niedrigem R_X sollten sich gleichmäßig über alle Ordnungsstufen bei R_{Xu} widerspiegeln. Die enge Beziehung zwischen den Einzelgrößen der jeweiligen R_{Xu}-Reihen jedes Beckens manifestiert sich häufig in signifikanten, positiven Korrelationen (s. MILTON 1967; MARIOLAKOS et al. 1976, S. 238). Die Korrelationsergebnisse aus dem Rißbachgebiet demonstrieren, daß solche Beziehungen hier nicht oder höchstens in wenigen Einzelbecken realisiert sind. Es besteht im Gegenteil sogar eine unverkennbare Tendenz zu negativem

Zusammenhang, bei drei Korrelationsserien ist er mit α (zweiseitig) < 0,001 hochsignifikant. Die Ursache liegt in der besprochenen formalen Differenzierung der Sammler und Zubringer in der Integrationshierarchie der Sammeltrichter und Sammelrinnen, wie es aus den HORTON-Diagrammen hervorgeht. Die einzige signifikant (α = 5 %) positive Korrelation ergab sich zwischen $R_{b1;2}$ und $R_{b2;3}$ bei den Systemen 3. Ordnung. Die Ausnahme ist darauf zurückzuführen, daß Segmente 1. und 2. Ordnung in Sammeltrichtern dasselbe konservative Verhalten zeigen, und daß bei Sammelrinnen 3. Ordnung eine Anzahl von Zubringern 1. Ordnung den $R_{b1;2}$-Wert an das hohe $R_{b2;3}$ angleichen kann. Bei Sammelrinnen höherer Ordnung vermögen die direkt zufließenden Extratributäre 1. Ordnung die meist konservative Integration der höher organisierten Zubringer nicht mehr aufzuwiegen; daher liegt bei den Becken 4. Ordnung der Korrelationskoeffizient für $R_{b1;2}$ - $R_{b2;3}$ nur knapp über Null.

Die unterschiedlichen Tendenzen, die in Sammeltrichtern und Sammelrinnen für einzelne gewässernetzanalytische Kenngrößen aufgezeigt wurden, erklären auch die breite Streuung der Bifukations-, Längen- und Flächenverhältnise. Das Nebeneinander von Sammeltrichtern und Sammelrinnen wirkt sich bei den Becken 3. Ordnung besonders stark aus. Auch bei den Becken 4. Ordnung treten neben den Sammelrinnen noch einige Trichter sowie die raumbedingt „unterentwickelten" Zubringer der Segmente 5. Ordnung in den Quetälern auf. Im Anstieg der R_b-Werte gegenüber der 3. Ordnungen (Abb. 6, S. 31) kommt die größere Bedeutung der Sammelrinnen zum Ausdruck. Ausgeprägte Tendenzen einzelner Bekkenteile werden in den größeren Gesamtsystemen verwischt oder überlagert, wodurch sich die Streuung der Werte vermindert. Die Systeme 5. Ordnung werden alle mehr oder weniger durch Sammelrinneneffekte geprägt (s. Kap. 3.1.3.5.). Analoge funktionale Differenzierungen der Segmente in den verschiedenen Ordnungsstufen bewirken, daß die R_{Xu}-Werte innerhalb der Systeme stärker streuen als unter den Systemen. (Bei der Besprechung von R_{bu}, R_{Lu} und R_{Au} wurde jeweils besonders darauf hingewiesen.) Hier liegt eine Parallelerscheinung zu den negativen Korrelationen zwischen den Werten der R_{Xu}-Reihen innerhalb der Becken 3. und 4. Ordnung vor. Da den Sammelrinnen-Abschnitten 5. Ordnung überwiegend Tributäre der untersten Ordnungen zufließen, bleiben die $R_{b4;5}$ und $R_{b3;4}$ niedrig, so daß das mittlere Gesamtbifurkationsverhältnis R_b hinter dem der Becken 4. Ordnung zurücksteht (Abb. 6).

Die z. T. erheblichen Streuungen gaben Anlaß, die Verteilung der Daten aus den 56 Becken 3. Ordnung zu prüfen, um mögliche Effekte der beiden Flußnetzvarianten zu erfassen.

Die Prüfung erfolgte jeweils mit dem Chi-Quadrat- und dem KOLMOGOROFF-SMIRNOFF-Test, da die erste Methode auf Verteilungsirregularitäten, die zweite auf Abweichungen in der Verteilungsform sensibler reagiert (SACHS 1969). Annahme oder Ablehnung der Nullhypothese, zwischen der empirischen und der Normalverteilung bestehe kein Unterschied, erfolgten bei einer Irrtumswahrscheinlichkeit von 5 %. Die jeweils 56 Daten wurden meist in sieben Klassen gruppiert (s. BAHRENBERG & GIESE 1975, S. 17).

Die Ergebnisse der Verteilungsprüfung sind in Tabelle 7 zusammengefaßt. Ihre Interpretation stützt sich auf Vergleichsangaben in der Literatur (DOORNKAMP & KING 1971; KLOSTERMANN 1970; MAXWELL 1967; SCHUMM 1956; STRAHLER 1968).

Die Flächenwerte sind im allgemeinen lognormal verteilt. Das Rißbachgebiet fügt sich in dieses Bild. Bei den Flächen 1. Ordnung fand MAXWELL (1967) überwiegend polymodale Verteilungen, was sich auch in der Mehrgipfligkeit von log $\overline{A}_1$ im Untersuchungsgebiet widerspiegelt; die Normalität der log $\overline{A}_1$-Werte bleibt hier aber trotzdem signifikant. Die Längenwerte sollten ausnahmslos lognormal verteilt sein. Dies trifft im Rißbachgebiet für L_3 nicht zu. STRAHLER (1968) erwähnt, daß die dimensionslosen Größen, insbesondere die Verhältnisse, zu numerischer Normalverteilung tendieren. Aus den Ergebnissen des Untersuchungsgebietes läßt sich diese Gesetzmäßigkeit nicht ablesen. Für Flußdichte D und Flußhäufigkeit F sind die Vergleichsangaben in der Literatur nicht ganz eindeutig. MAXWELL (1967, S. 147) nimmt für D Lognormalverteilung an, bezüglich F meint er „may be log-normal". Das Resultat vom Rißbachgebiet widerspricht dem nicht.

Laut Tabelle 7 werden die Becken 3. Ordnung im Rißbachsystem vor allem durch folgende Besonderheiten gekennzeichnet:

○ Bei vielen Größen treten zweigipflige, in Einzelfällen auch mehrgipflige Häufigkeitskurven auf (s. Tab. 7). Sie werden bei der vorgegebenen Irrtumswahrscheinlichkeit von 5 % häufig von beiden Tests toleriert.

○ Erfahrungsgemäß normal verteilte Werte sind hier z. T. lognormal verteilt. Mehrfach vermittelt die empirische Häufigkeitsverteilung so zwischen den Alternativen, daß die Ähnlichkeit zu beiden Vergleichsverteilungen statistisch signifikant ist.

○ Eine Anzahl von Daten ist weder numerisch noch logarithmisch normalverteilt.

Tab. 7 Normalverteilungsprüfung für die Daten der 56 Becken 3. Ordnung im Rißbachgebiet

Geprüfter Wert	Test X^2	KS	Geprüfter Wert	Test X^2	KS
log N_1 *	+	+	log $R_{L1;2}$ *	−	+
log N_2 *	−	−	$R_{L1;2}$	+	+
N_2	−	−	log $R_{L2;3}$ *	+	+
log Σ N *	−	−	$R_{L2;3}$ *	−	−
Σ N	−	−	log R_L	+	+
log $R_{b1;2}$ *	+	+	R_L	+	+
$R_{b1;2}$	+	+	log A_1	+	+
($R_{b2;3}$ identisch mit N_2)			log A_2	+	+
log R_b *	+	+	log A_3 *	+	+
R_b *	−	−	log $\overline{A}_1$ *	+	+
log L_1 *	+	+	log $\overline{A}_2$	+	+
L_1 *	−	−	log $R_{A1;2}$	+	+
log L_2 *	+	+	$R_{A1;2}$	+	+
L_2 *	−	−	log $R_{A2;3}$ *	−	−
log L_3 *	−	−	$R_{A2;3}$		
L_3 *	−	−	log R_A	+	+
log ΣL_{1-3} *	+	+	R_A	−	−
log $\overline{L}_1$	+	+	log D	+	+
log $\overline{L}_2$ *	+	+	D *	+	+
			log F	+	+
			F *	−	−

„+" bedeutet Annahme, „−" Ablehnung der Nullhypothese, daß das Datenmaterial normalverteilt ist; Entscheidung bei α = 5 %.
X^2 = Chi-Quadrat-Test; KS = KOLMOGOROFF-SMIRNOFF-Test.
* Die Verteilung der Daten ist bimodal (z. T. polymodal).

Die Existenz zweier Maxima läßt sich häufig zwanglos aus dem Antagonismus von Sammeltrichtern und Sammelrinnen erklären, z. B. bei den Flußzahlen sowie bei L_2, $R_{L1;2}$, A_3 und log $R_{A2;3}$. Die Gruppe der durchwegs überdurchschnittlich großen Becken 3. Ordnung in den Anfangsabschnitten der fünf Quertäler sowie des Plumsgrabens setzt sich mehrmals mit Extremwerten in einem separaten Anstieg der Kurve von den übrigen Sammelrinnen ab, so etwa bei N_2 (= $R_{b2;3}$), L_1, L_3 und A_3. Diese Gruppe stand auch bereits bei den R_{bu}-Differenzen (s. Kap. 3.1.3.3.1.) mit Abstand an der Spitze. Die Mehrgipfligkeit von D und F kann jedoch nicht auf die beiden Flußnetzvarianten zurückgeführt werden. Zwar unterscheiden sich die Sammeltrichter mit D = 5,89 und F = 27,27 deutlich von den Sammelrinnen (D = 4,46; F = 14,00) und vom Gesamtdurchschnitt (D = 3,61; F = 12,74), doch ist hier, wie schon die Differenz zwischen den letzten beiden Wertepaaren anzeigt, mit Substrateinflüssen in Form unterschiedlicher Permeabilität zu rechnen. Auch die bimodale Verteilung von $\overline{A}_1$ weist darauf hin.

Gemäß STRAHLER (1968; s. a. MILTON 1967) tendieren dimensionslose Werte zur Normalverteilung. Nach den Ergebnissen aus dem Rißbachgebiet dürfte dies jedoch nicht für die Flußzahlen gelten. N_1 ist lognormal verteilt; bei N_2 (identisch mit $R_{b2;3}$) und ΣN_{1-3} konzentrieren sich die Häufigkeiten so stark auf kleine Werte, daß die Linksschiefe selbst durch die log-Transformation nicht ausreichend beseitigt wird; sie beträgt bei log N_2 noch 2,65, bei log ΣN_{1-3} sogar 4,62 (berechnet als „Schiefe I" nach SACHS 1969, S. 99). Zweifellos sind an diesem Phänomen die Sammeltrichter mitbeteiligt, deren Effekt sich bereits bei der Analyse der Mehrgipfligkeit der Verteilungen zeigte. Dafür spricht eine gewisse positive Schiefe bei $R_{b1;2}$, welche neben der numerischen auch noch die logarithmische Normalverteilung anzunehmen ermöglicht, und ferner die erhebliche positive Schiefe bei R_b, die selbst nach der logarithmischen Umformung noch 2,77 beträgt, so daß der KOLMOGOROFF-SMIRNOFF-Test keine Ähnlichkeit mit einer log-Normalverteilung mehr findet. Es ist hervorzuheben, daß eine Tendenz zur Normalverteilung im Rißbachgebiet sowohl für die Flußzahlen als auch für die Bifurkationsverhältnisse abgelehnt werden muß. Zieht man aber in Betracht, daß die Sammelrinnen die von Sammeltrichtern ausgehende Tendenz zur Linksschiefe wenigstens teilweise kompensieren müßten, so spricht auch dieses Ergebnis für die Existenz zusätzlicher Einflüsse auf die Anlage des Gewässernetzes. Die Längen- und Flächenverhältnisse bestätigen dies: Auch sie geben deutlich einen Trend zur Linksschiefe, d. h. zur log-Normalverteilung zu erkennen. Dies gilt auch für $R_{A2;3}$; die Abweichung von einer lognormalen Häufigkeitskurve ergibt sich nicht nur aus dem zweiten Maximum, sondern auch aus einer positiven Rest-Schiefe nach Logarithmierung.

Der postulierte Ausgleichseffekt der Sammelrinnen offenbart sich bei L_3: Die großen Längen dieser Flußnetzvariante vermindern die positive Asymmetrie (+1,56) der numerischen Verteilung so stark, daß die log-Transformation eine Rechtsschiefe (−0,65) erzeugt. Diese bewirkt, zusammen mit den polymodalen Häufigkeiten, die signifikante Abweichung von der für Längen zu erwartenden logarithmischen Normalverteilung.

Die Untersuchung der Häufigkeitsverteilungen von morphometrischen Kenngrößen aus den 56 Becken 3. Ordnung läßt erkennen, daß die funktionale Differenzierung von Segmenten (Sammler und Zubringer) bei den morphogenetisch bedingten Sammeltrichtern und den geologisch kontrollierten Sammelrinnen nicht nur topologisch unterschiedliche Flußnetzmuster hervorruft, sondern darüber hinaus zu morphometrisch-statistischen Phänomenen charakteristischer Prägung führt. Das betrifft sowohl die Tendenzen der einzelnen gewässernetzanalytischen Größen als auch ihre Beziehungen untereinander. Typische Abweichungen gegenüber rein (oder überwiegend) zufallsgesteuerten Flußnetzanlagen sind die Folge. Die Interpretation der Verteilungen deckte aber zugleich auf, daß nicht sämtliche Besonderheiten im Gewässernetz des Rißbachgebietes mit der Existenz von Sammelrinnen und Sammeltrichtern erklärt werden können. Mit weiteren Einflüssen auf die Flußnetzgestaltung muß gerechnet werden, auch wenn diese vom dominierenden Effekt der Netzvarianten überlagert werden. Sie tangieren nicht nur die Verteilung (und Streuung) von X_u- und R_{Xu}-Werten, sondern z. T. auch die Korrelationen. Die Erklärungen bezüglich der Auswirkungen der beiden Flußnetzvarianten bleiben jedoch hiervon unberührt, da sie bereits unter Berücksichtigung der anschließend zu besprechenden Faktoren erarbeitet wurden.

3.1.3.7. Gesteinsabhängige Unterschiede der Gewässernetzgestaltung

Grad und Charakter der fluvialen Erschließung von Niederschlagsgebieten im Rißbachbereich ändern sich mit den petrographischen Eigenschaften des Untergrundes. Durchlässigkeit und Erodierbarkeit sind die wichtigsten Parameter. Sie führen zu bestimmten Tendenzen insbesondere bei den Segmentlängen, Arealgrößen, Flußdichte- und Häufigkeitswerten und tragen dadurch teilweise zu den beschriebenen Korrelations- und Verteilungsanomalien bei. Entwässerungsnetze im Alpinen Muschelkalk, im Wettersteinkalk und Hauptdolomit sowie in quartären Akkumulationsbereichen wurden auf diese Zusammenhänge untersucht. Andere Gesteine haben im Arbeitsgebiet zu kleine Ausstrichsflächen, als daß sich auf ihnen selbständige Gerinnesysteme entwickeln könnten. Die oben aufgezählte Gruppierung basiert nicht auf Gesteinsarten, sondern auf den lithostratigraphischen Erhebungseinheiten, denn physikalische und chemische Resistenzeigenschaften sowie Wasserdurchlässigkeit eines Gesteins wechseln nicht nur mit der petrographischen Hauptkomponente; auch Qualität und Quantität von Beimengungen oder eingelagerten Zwischenschichten, Ausprägung und tektonische Lage der Schichtung sowie Zerklüftungsgrad sind von Bedeutung. Daher können die hier gewonnenen Ergebnisse nicht ohne weiteres als Repräsentativwerte für Kalk, Dolomit usw. ausgegeben werden.

Häufig werden die Auswirkungen der Gesteinseigenschaften im Gewässernetz von geomorphologischen Einflüssen überlagert. Durch differenziertes Vorgehen wurde versucht, die Effekte zu trennen.

Um die petrographischen Einflüsse mit gewässernetzanalytischen Methoden erfassen zu können, wurde die Studie soweit wie möglich an Becken 3. Ordnung durchgeführt. In Abhängigkeit von der Arealgröße der verschiedenen Substratbereiche stehen teilweise nur wenige Systeme zur Verfügung, so daß auf anspruchsvolle Methoden und statistische Absicherung der Ergebnisse verzichtet werden mußte. Die Gruppen werden anhand von Mittelwerten $\bar{x}$ und, soweit sinnvoll, von Variabilitätskoeffizienten V verglichen. V wurde aus der Standardabweichung der Grundgesamtheiten (σ) berechnet, da die Untersuchung auf den Gesamtheiten der jeweiligen Gruppen im Arbeitsgebiet basiert. In Tabelle 8 sind die wichtigsten Daten der Gruppen gegenübergestellt.

Tab. 8   Flußnetzanalytische Differenzierung petrographisch unterschiedlicher Niederschlagsgebiete im Rißbachbereich

	Quartäre Lockersedimente	Alpiner Muschelkalk	Wettersteinkalk	Hauptdolomit	Mittelwerte der 56 Becken 3. Ordnung „$\bar{x}_{56}$"
	$\bar{x}$ / V	Schafl./Henn.	$\bar{x}$ / V	$\bar{x}$ / V	$\bar{x}$ / V
N_1		10/12	7,45/46,0	12,76/60,4	12,18/58,3
$R_{b1;2}$	2,5*	3,33/4,00	3,02/18,7	3,79/24,1	3,46/24,9
$R_{b2;3} = N_2$		3,00/3,00	2,45/36,3	3,17/48,0	3,45/49,8
$\bar{L}_1$ (m)	501/81,0*	160/273	252/29,2	199/24,3	229/31,4
$\bar{L}_2$ (m)	1283*	267/600	313/45,4	278/43,3	312/164
L_3 (m)	1376/54,3	575/913	563/37,4	672/72,3	847/76,1
L_{1-3}		2975/5988	3185/44,1	4044/57,7	4858/68,9
V_{L1}		41,2/77,1	44,2	47,8	48,8
V_{L2}		42,2/65,4	50,8	40,6	46,4
$R_{L1;2}$	2,57*	1,67/2,20	1,27/44,4	1,45/40,7	1,40/47,0
$R_{L2;3}$	5,10/89,4	2,16/1,52	1,57/57,9	2,24/77,4	3,30/98,4
$\bar{A}_1$ (km²)		0,019/0,059	0,055/84,1	0,029/48,2	0,046/100
$\bar{A}_2$ (km²)		0,116/0,144	0,262/81,2	0,132/58,0	0,202/121
A_3 (km²)	4,045/99,3	0,431/0,919	1,051/99,0	0,692/77,0	1,305/161
V_{A1}		73,7/151	84,7	83,9	89,5
V_{A2}		56,0/48,6	56,5	42,2	54,4
$R_{A1;2}$		6,12/2,44	4,68/58,1	4,87/32,6	4,52/43,7
$R_{A2;3}$	9,86/71,8	3,71/6,38	4,12/33,1	4,88/57,2	6,33/72,5
D (km^{-1})	2,64/30,5	6,90/6,52	5,34/50,2	7,24/34,1	6,21/46,0
D_1 (km^{-1})		8,51/4,63	6,31/59,3	8,29/42,9	7,31/49,9
F (km^{-2})	8,08/41,7	32,48/17,41	20,34/65,6	32,62/44,8	26,10/64,4

* ermittelt unter Berücksichtigung von Systemen 2. Ordnung

Die quartären Ablagerungen im Rißbachgebiet zeichnen sich durch erhebliche Wasserdurchlässigkeit aus. Sie bestehen überwiegend aus unverfestigten Flußschottern, Moränen und Bergsturzmaterial. Sie bedecken die Böden der großen Täler, das weite Areal vom Kleinen Ahornboden bis zum Hochalmsattel sowie kleinere Flächen in Karen. Dazu kommen die Schutthalden längs der Wände sowie Mur- und Schwemmkegel an Mündungsstellen von Nebentälern und Hangrinnen. Gelegentlich auftretende Einschaltungen dichter Sedimentlagen (spätwürmeiszeitliche Seekreiden und verfestigte, präwürmglaziale Sedimente) können in diesem Zusammenhang vernachlässigt werden[14].

Soweit sich auf Flächen über durchlässigem Lockermaterial trotz des starken Grundwasserabflusses durchgehende Gewässersysteme ausbilden, heben sie sich durch bestimmte Tendenzen von den übrigen Becken ab. Extrem niedrige Werte für Flußdichte (D = 2,6 km^{-1}) und Flußhäufigkeit (F = 8,1 km^{-2}) sind eine auffallende, aber bekannte Erscheinung. (Die angegebenen Werte stammen aus weit auf Lockermaterial übergreifenden Becken, da es im Arbeitsgebiet kein ausschließlich auf diesem Substrat entwickeltes System 3. Ordnung gibt. Beim Karwendelgraben, dessen Niederschlagsgebiet zum größten Teil im Quartärareal Kleiner Ahornboden – Hochalmsattel liegt, beträgt D = 0,96 km^{-1} und F = 1,8 km^{-2}.)

---

[14] Zur Quartärgeschichte des Arbeitsgebietes s. SOMMERHOFF 1971 und 1977

Die Bifurkationsverhältnisse sind niedrig. Für ausschließlich im Lockermaterial gelegene Systeme 2. Ordnung ergibt sich ein mittleres $R_{b1;2}$ von 2,5.

Die Flußlänge kann nach MILTON (1967, S. 55) als Funktion der Wahrscheinlichkeit betrachtet werden, daß ein Gerinne auf ein anderes gleicher oder höherer Ordnung trifft. Unter diesem Aspekt läßt die geringe Flußhäufigkeit weit überdurchschnittliche mittlere Flußlängen $\overline{L}_u$ erwarten. Die Analyse bringt die empirische Bestätigung: L_1 übersteigt das Doppelte, L_2 sogar das Vierfache des Durchschnittes aus allen 56 Becken 3. Ordnung (s. „$\overline{x}_{56}$" in Tab. 8). Damit liegt auch $R_{L1;2}$ (2,57) deutlich über den im Arbeitsgebiet üblichen Werten. Der außerordentlich hohe Variabilitätskoeffizient für L_1 in Lockermaterialbereichen zeigt die erheblich schwankende Längenentwicklung an (vgl. „$\overline{x}_{56}$").

Überlängen im Zusammenhang mit der Quartärbedeckung treten mehrfach auch in Mündungsgebieten von Systemen bis zur 4. Ordnung auf; geomorphologische Faktoren sind dabei von erheblicher Bedeutung: Segmentverlängerungen entstehen bei verschleppten Mündungen (z. B. System Torwände, 3. Ordnung) oder bei Führung durch Moränenwälle (z. B. Ronberg-System, 3. Ordnung; Hölzlklamm, 4. Ordnung). In anderen Fällen ergeben sie sich einfach aus der Überbrückung der breiten Akkumulationskörper in den glazial ausgeweiteten Haupttälern. Dabei verlängert sich der Lauf des mündenden Segmentes, gemessen an der im eigenen Tal zurückgelegten Strecke, häufig um 100 % und mehr (z. B. Hölzlklamm 240 %, Grameigraben 100 %, Steinrinne 90 %, Karlgraben 140 %, Wassergraben 160 %).

Diese Überlängen bauen zusammen mit den Sammelrinnen ein zweites Maximum bei L_3 auf. Sie führen ferner zu teilweise stark überhöhten Längenverhältnissen $R_{Ls;s-1}$ (s. L_3 und $R_{L2;3}$ in Tab. 8), wodurch die R_{Xu}-Korrelationen belastet werden. Da diese Verlängerungsstrecken im Lockermaterial fast ausnahmslos zuflußfrei sind, bleiben die Bifurkationsverhältnisse unberührt; Diskrepanzen zu den Längenverhältnissen sind die Folge. Die überdurchschnittlichen Beträge von $\overline{L}_1$ und $\overline{L}_2$ wirken sich analog aus.

Die hohen L_u- und R_L-Werte scheinen substratspezifisch zu sein, aber für die niedrigen Bifurkationsverhältnisse darf dies nicht ohne weiteres angenommen werden, denn nach den Ergebnissen zahlreicher Studien (z. B. MILLER 1953; STRAHLER 1968; KAITANEN 1975) wird R_b von Gesteinseigenschaften nicht beeinflußt; LIST & HELMCKE (1970, S. 273) sprechen vom Bifurkationsverhältnis als einer „Art Naturkonstante". Lediglich GHOSE et al. (1967) glauben, daß ein in Sand und Alluvionen gefundenes, extrem niedriges Bifurkationsverhältnis substratspezifisch sei. Dieser Diskussionsstand verlangte es, die Aussagekraft der Ergebnisse, besonders des R_b, aus den Lockermaterialgebieten des Rißbachbereiches zu überprüfen.

In einem 78 km² großen, ebenfalls von Schottern und Moränen bedeckten Gebiet wurde eine Kontrolluntersuchung durchgeführt. Die Vergleichsfläche liegt zwischen Weilheim/Obb. und dem Riegsee und wird von Hunger- und Tiefenbach zur Ammer entwässert. Aus den beiden Systemen ergaben sich folgende durchschnittliche Segmentlängen: $\overline{L}_1$ = 424 m, $\overline{L}_2$ = 1867 m, $\overline{L}_3$ = 2294 m (R_L = 2,33). Das mittlere Gesamtbifurkationsverhältnis R_b beträgt 4,36. Folgende Schlußfolgerungen sind daraus zu ziehen:

(1) Die für das Rißbachgebiet getroffene Feststellung bezüglich der großen mittleren Segmentlängen wird bestätigt; überdurchschnittliche Flußlängen stellen offenbar ein typisches Merkmal von Flußnetzen auf durchlässigem Lockersediment dar.

(2) Die Bifurkationsverhältnisse aus den Tributärgebieten der Ammer weisen darauf hin, daß R_b tatsächlich unabhängig vom Gestein zum Normalwert um vier tendiert. Die abweichenden niedrigen Bifurkationsverhältnisse in Lockermaterialarealen des Rißbachgebietes sind daher keine gesteins-, sondern eine gebietsspezifische Erscheinung. Sie finden ihre Erklärung aus dem kombinierten Effekt der substratbedingten geringen Flußhäufigkeit und dem enggekammerten Gebirgsrelief des Karwendels: Die Lockermaterialareale sind zu klein, als daß sich bei dem überdurchschnittlichen Raumbedarf der Segmente eine für R_b um vier ausreichende Zahl von Tributären entwickeln könnte. Die „normalen" Bifurkationsverhältnisse aus dem Bereich Hochalmsattel – Kleiner Ahornboden, dem einzigen größeren Lockersediment-

areal im Arbeitsgebiet, passen zu dieser Interpretation: Der Filzgraben (2. Ordnung), dessen System vollständig innerhalb dieses Bereiches liegt, hat ein $R_{b1;2}$ von 4,0, und sein übergeordnetes Netz 3. Ordnung (Karwendelgraben; s. oben) kommt auf ein R_b von 4,36.

Derselbe kombinierte Effekt aus Substrat- und Reliefeinfluß erklärt noch ein weiteres Phänomen: In mehreren Quertälern entsteht die Integrationsstufe der 3. Ordnung nicht im sedimentbedeckten Talgrund, sondern wird von einer Talflanke herab gewissermaßen importiert. Dadurch wird nach dem STRAHLERschen Ordnungsschema der eigentliche Vorfluter (2. Ordnung) zum Tributär seines geomorphologisch untergeordneten Zubringers (z. B. Ron-, Tor-, Laliderer Tal).

Niederschlagsgebiete mit stark durchlässigem Substrat überfordern das HORTON-STRAHLERsche Analysensystem, wenn das Gerinnenetz perennierend durch zwischengeschaltete Versickerungsstrecken unterbrochen wird. Zwar empfehlen DOORNKAMP & KING (1971, S. 8), versickernde Flußläufe bei Flußnetzanalysen gedanklich in das Gesamtsystem zu integrieren und die geradlinige Entfernung zwischen Versickerungsstelle und Vorfluter zur Länge des versickernden Segmentes zu addieren. Im Karwendel zeigte sich jedoch, daß dieses Verfahren nur dann sinnvoll ist, wenn der Zufluß erst unmittelbar vor Erreichen des Vorfluters verschwindet und topologisch eindeutig zugeordnet werden kann. Bei größeren Arealen mit durchlässigem Untergrund, an dessen Rändern die ankommenden Gerinne in das Grundwasser übertreten, ist der Vorschlag nicht mehr praktikabel, da die topologische Integration der endenden Zuflüsse in ein hypothetisches, durchgehendes Gesamtnetz willkürlich angenommen werden müßte. Eine rein arithmetische Berücksichtigung der versickernden Gerinne ohne hypothetische topologische Verknüpfung führte zu unrealistisch hohen Bifurkationsverhältnissen und außerdem oftmals zu der Notwendigkeit, verschwindende Wasserläufe höherer Ordnung an Quellsegmente 1. Ordnung anzuschließen. Bei derartigen hydrologischen Verhältnissen erscheint es am zweckmäßigsten, die Analyse auf das tatsächlich durchgehende Gewässernetz und eventuelle topologisch zweifelsfrei zuordenbare Versickerungsflüsse zu beschränken. Eine Reihe von Gerinnen, die von der Vorderen und der Hinteren Karwendelkette dem Quartärbecken zwischen Hochalmsattel und Kleinem Ahornboden zufließen, konnte demgemäß bei der Gewässernetzanalyse nicht berücksichtigt werden.

Auch die Flächenanalyse innerhalb eines Lockersedimentgebietes bringt problematische Ergebnisse. Das Gesamtareal Hochalmsattel – Kleiner Ahornboden wurde entsprechend den im Relief erkennbaren „Wasserscheiden" in die Teilniederschlagsgebiete der Segmente gegliedert. Die Flächengrößen und -verhältnisse liegen erwartungsgemäß weit über dem Gebietsdurchschnitt (s. Karwendelgraben in Tabelle 4, S. 33). Diese Werte haben natürlich ihren realen Hintergrund, der jedoch in den auf das Gesamtareal bezogenen Verhältnissen der Flußdichte und -häufigkeit wesentlich sinnvoller zum Ausdruck gebracht wird. Die exakt ermittelte Größe der Flächen 1. und 2. Ordnung sowie ihre Mittelwerte $\overline{A}_1$ und $\overline{A}_2$ sind Scheingrößen; folgende Beobachtung beweist das: Am orographisch unteren Ende des Sedimentkörpers des Kleinen Ahornbodens, wo sich im Verengungsbereich des oberen Johannestales Karwendel- und Ladizgraben vereinigen, befindet sich ein Quellhorizont (Schwarze Lacke), der zwei kurze Bäche zum Hauptgerinne entsendet. Die Quellen liefern auch im Sommer Wasser, wenn der Karwendelgraben trocken liegt. Das Wasser entstammt dem Grundwasser des Sedimentkörpers. Offenbar vollzieht sich in der trockenen Jahreszeit die Entwässerung des gesamten Einzugsgebietes mit einer mutmaßlichen Größe von etwa 14 km² über diesen Quellhorizont. Nach dem z. T. von Moränenwällen bestimmten Relief werden den beiden Segmenten aber Niederschlagsgebiete von 0,019 bzw. 0,625 km² zugeordnet. Das hydrologische Konzept der Niederschlagsgebiete liefert bei dieser Analyse keine aussagekräftigen Ersatzwerte für die unbekannten Einzugsgebiete. Deshalb wurden in Tabelle 8 für $\overline{A}_1$ und $\overline{A}_2$ in Lockersedimentarealen keine Zahlen angegeben.

Aussagekräftig sind Flächenangaben dann, wenn auftretende Lockersedimentareale geschlossen innerhalb des ausgemessenen Niederschlagsgebietes liegen. Dies gilt für den in Tabelle 8 angegebenen A_3-Mittelwert. Sein weit überdurchschnittlicher Betrag zeigt das durch Einschluß unterirdisch entwässerter Areale bedingte Anwachsen der Beckengrößen 3. Ordnung; denn die Teilflächen mit durchlässigem Substrat leisten im allgemeinen keinen Beitrag zur hierarchischen Entwicklung des Flußnetzes. Die betroffenen

Systeme (z. B. Oberes Ron- und Tortal, Ladiz- und Karwendelgraben, Binsgraben-E) sind für die Mehrgipfligkeit der Häufigkeitsverteilungen von A_3 und $R_{A2;3}$ mitverantwortlich. Die überhöhten Flächenverhältnisse beeinträchtigen die Korrelation von $R_{A2;3}$ mit anderen R_{Xu}-Werten.

Für Entwässerungsnetze im Alpinen Muschelkalk gibt es im Arbeitsgebiet nur zwei Repräsentanten 3. Ordnung: Das Henneneggsystem (Johannestal-E-Flanke) und das Schaflähnersystem (Laliderer Tal-W-Flanke). Das letzte überwindet mit seinem Segment 3. Ordnung noch einen Steilabsturz im Wettersteinkalk; Gestaltung und Ausstattung des Beckens werden durch den Gesteinswechsel jedoch nicht beeinflußt.

Die Flußdichte beider Becken liegt knapp über dem Gebietsdurchschnitt (Tabelle 8). Offenbar sind die unreinen Karbonate mit ihren mergeligen Einschaltungen hier kaum verkarstet. Die Bifurkationsverhältnisse R_b und R_{bu} beider Systeme fallen in die Hauptmaxima der Häufigkeitsverteilungen.

In den Flußlängen, Flächen und davon abgeleiteten Größen unterscheiden sich die beiden Systeme teilweise erheblich voneinander. Ihre Tendenzen weisen – von den Durchschnittswerten $\bar{x}_{56}$ aus gesehen – in gegensätzliche Richtungen, da jedes Becken von einem anderen Einfluß geprägt wurde:

Das Schaflähnersystem zeigt gewisse Anklänge an Sammeltrichter; das Niederschlagsgebiet besteht aus einer Hangmulde. Der Reliefeinfluß findet seinen Ausdruck in unterdurchschnittlichen $\bar{L}_u$- und $\bar{A}_u$-Werten, wobei gemäß V_{Lu} und V_{Au}[15] (Tab. 8) sowohl die Längen als auch die Flächen der einzelnen Segmente relativ wenig streuen. Die engmaschige Integration der Segmente im Gerinnenetz wird durch die überdurchschnittliche Flußfrequenz F angezeigt (wie bei Sammeltrichtern).

Ein ganz anderer Einfluß prägt das Hennenegg-System: Die meisten Erosionslinien des Gerinnenetzes sind hier von der Schichtung des Muschelkalkes vorgezeichnet (s. S. 80. Beim Schaflähner beeinträchtigen die weniger steil lagernden Schichten die Gewässernetzanlage nur wenig.). Die Führung der Gerinne durch die Schichtköpfe bewirkt zum Teil außerordentliche Segmentlängen; das schlägt sich in überdurchschnittlichen $\bar{L}_u$- und V_{Lu}-Werten nieder. Die Flächen der 1. Ordnung ($\bar{A}_1$ und V_{A1}) zeigen dasselbe Bild. Wegen der geringen Verzweigungsintensität hebt sich das Henneneggsystem durch die niedrige Flußfrequenz (bei vergleichbarer Flußdichte) deutlich vom Vergleichsbecken am Schaflähner und vom Durchschnitt $\bar{x}_{56}$ aller Becken 3. Ordnung ab. Nach den Ausführungen in Kap. 3.1.3.5. sollte in Anbetracht der stark wirksamen geologischen Vorzeichnung der Entwässerungslinien am Hennenegg die Ausbildung einer oder mehrerer Sammelrinnen erwartet werden. Dies ist hier aber nicht möglich, da die Schichten ungefähr quer zur Hauptabdachung der entwässerten Hangpartie streichen. Ziehen die Schichtausbisse annähernd in Gefällsrichtung den Hang hinab, bilden sich auch im Muschelkalkpaket Sammelrinnen, so z. B. bei der Langen Rinne an der Eng-W-Flanke (System 2. Ordnung; $R_{b1;2} = 6{,}0$; $R_{L1;2} = 4{,}27$; $R_{A1;2} = 9{,}92$; $D = 7{,}62$; $F = 21{,}94$).

Der Wettersteinkalk besteht im Gegensatz zum Alpinen Muschelkalk aus ziemlich reinen Kalken. Der dominierende Einfluß auf Gewässernetze geht daher von der Verkarstung aus, so daß sich gewisse Parallelen zu den durchlässigen Quartärablagerungen ergeben. Unter diesem Aspekt überraschen die hohen Durchschnittswerte für D (5,34) und F (20,34). Wie jedoch die zugehörigen Variabilitätskoeffizienten zeigen (Tab. 8), streuen D und F im Wettersteinkalk stärker als in jeder anderen Gesteinsgruppe und sogar stärker als in der Gesamtheit aller 56 Becken 3. Ordnung, in welcher die gegensätzlichen Tendenzen der unterschiedlichen Milieus im Arbeitsgebiet enthalten sind. Der Grund liegt in überlagernden geomorphologischen Einflüssen.

In schwach geneigtem Wettersteinkalk-Gelände entsprechen die hydrologischen Verhältnisse durchaus den Erwartungen, die sich an ein stark verkarstetes Gebiet knüpfen. Die Wettersteinkalk-Flächen im

---

[15] V_{Lu} bzw. V_{Au} ist der Variabilitätskoeffizient aus den Längen bzw. Flächen der Segmente der Ordnung u innerhalb der einzelnen Becken.

Karboden des Hochglückkares (zwischen 2180 m und 1940 m ü. NN) tragen kein Gerinnesystem. Die Neigung beträgt etwa 18°. Dasselbe gilt auch für die zirka 23° geneigte Südflanke des Gamsjochgipfels zwischen 2450 und 2280 m ü. NN. Die beiden Areale liegen in den Niederschlagsgebieten des Brantl-Boden- bzw. Schneefluchtsystemes (jeweils 3. Ordnung) und verursachen deren geringe Flußdichten (1,75 bzw. 3,03) und Flußhäufigkeit (4,58 bzw. 7,85).

Im steilen Gelände wird auch der Wettersteinkalk durch ein dichtes Entwässerungsnetz erschlossen. Dies sei am Beispiel der bis 1200 m hohen Flanken des Laliderer Tales aufgezeigt; sie werden durch zahlreiche Gerinne 1. und 2. Ordnung entwässert. In der W-Flanke (Falkengruppe) beträgt die Flußdichte D = 3,75, die Flußhäufigkeit F = 11,03; für die E-Flanke (Gamsjochgruppe) ergeben sich sogar D = 5,10 und F = 13,60. Die Segmente 1. Ordnung haben auf beiden Talseiten jeweils ein Durchschnittsgefälle von 47°; für die Segmente 2. Ordnung wurden an der W-Flanke 46°, an der E-Flanke 42° ermittelt. Die W-Flanke ist bei vergleichbarer Neigung deutlicher getreppt als die E-Flanke. Über einer rund 200 m hohen, fast senkrechten Trogwand zieht eine etwa 300 m hohe, flacher geböschte (50° – 60°) Trogschulter als grüner Latschengürtel durch die Talflanke. Vegetationsbedeckung und geringere Neigung der Trogschulter dürften die gegenüber der Tal-E-Flanke geringere Flußdichte im wesentlichen erklären.

Die Niederschlagsgebiete $\overline{A}_1$ und $\overline{A}_2$ an beiden Talseiten ($\overline{A}_1 = 0,044$ km²; $\overline{A}_2 = 0,193$ km²) liegen etwas unter den entsprechenden Durchschnittsgrößen aller Becken 3. Ordnung. Danach hängt die Existenz linearer Abflußsysteme im Wettersteinkalk offenbar weniger davon ab, daß vergrößerte Niederschlagsgebiete die karstbedingte Verringerung des Abflußfaktors kompensieren; entscheidender scheint die Steilheit des Geländes zu sein. Sie begünstigt einen raschen Oberflächenabfluß, so daß wenigstens zeitweise der nichtversickernde Regen- oder Schmelzwasseranteil zur Ausbildung netzintegrierter Gerinnebetten genügt. Die mittleren Segmentlängen ($\overline{L}_1 = 300$ m; $\overline{L}_2 = 532$ m) liegen erheblich über den Mittelwerten $\overline{x}_{56}$ (s. Tab. 8). Ursache ist auch hier die Steilheit des Geländes; sie erschwert das Ausbrechen eines Gerinnes aus der Fallinie und damit die Vereinigung nebeneinander laufender Rinnen.

D- und F-Werte aus den Flanken des Laliderer Tales erreichen die Mittelwerte für Becken 3. Ordnung im Wettersteinkalk nicht (s. oben). Es muß daher Einflüsse geben, welche die fluviale Erschließung dieses Gesteins zusätzlich fördern. Wie die geringen Durchschnittslängen $\overline{L}_1$ (252 m) und $\overline{L}_2$ (313 m) für Wettersteinkalk-Becken 3. Ordnung erkennen lassen, hängt die weitere Erhöhung von D und F nicht einfach von noch steileren Geländeneigungen ab. Die Integration der Systeme bis zur 3. Ordnung wäre unter dieser Voraussetzung ohnehin kaum vorstellbar.

Der gesuchte zusätzliche Einfluß geht von muldenförmiger Hanggestaltung aus. Es handelt sich um den gleichen morphologischen Faktor, der die Ausbildung von Sammeltrichtern steuert. Tatsächlich stammen auch die höchsten Flußdichtewerte im Wettersteinkalk aus Systemen dieser Flußnetzvariante (z. B. Bärenwand: D = 6,96, F = 41,23; Wandgraben: D = 9,15, F = 41,24). Sammeltrichter und sammeltrichterartige Systeme bedingen die überraschend hohen Durchschnittswerte für D und F bei den Becken 3. Ordnung im Wettersteinkalk. Trennt man diese Systeme (Gruppe S) von den restlichen Wettersteinkalk-Becken (Gruppe R), so unterscheiden sich die Gruppen bei einer Reihe von gewässernetzanalytischen Kenngrößen durch deutlich verschiedene Mittelwerte bei z. T. bescheidener Streuung. Tabelle 9 zeigt die markantesten Unterschiede. Die Eigenheiten der Gruppe S stehen mit dem in Kap. 3.1.3.5. beschriebenen Sammeltrichtereffekt in Einklang. Die hohe Flußdichte dieser Gruppe ergibt sich daraus, daß sich die in den trichterförmigen Hangmulden gesammelten Segmente hangabwärts immer mehr annähern, wobei die trennenden Tributärsäume zwischen den Gerinnen kontinuierlich verschmälert werden. Die konzentrisch auf den Sammler zulaufenden Fallinien garantieren das Zusammentreffen der Segmente, ohne daß starke Ablenkungen aus der Gefällsrichtung nötig wären. Dies ermöglicht einerseits die Ausbildung von Becken 3. Ordnung innerhalb kleiner und steiler Areale und bedingt andererseits – besonders bei $\overline{L}_2$ – die relativ kurzen Segmentlängen. Große Flußhäufigkeiten sind die Folge.

Die schrittweise Aufdeckung der geomorphologischen Einflüsse durch Hangneigung und Hangform auf die Gewässernetzgestaltung im Wettersteinkalk gestattet es nun, die Auswirkungen des Gesteins selbst wenigstens in etwa zu erfassen:

Tab. 9 Morphometrische Unterschiede zwischen den Sammeltrichter- und sammeltrichterartigen Systemen (Gruppe S) sowie den restlichen Becken 3. Ordnung (Gruppe R) im Wettersteinkalk

	Gruppe S		Gruppe R	
	$\bar{x}$	V	$\bar{x}$	V
$\bar{L}_2$ (m)	150	32,5	377	25,9
$\Sigma\ L_{1-3}$ (m)	2097	29,1	3532	25,6
$R_{L1;2}$	0,78	40,7	1,35	32,8
$R_{L2;3}$	3,82	28,1	1,68	59,1
$\bar{A}_1$ (km^2)	0,019	30,5	0,088	49,0
$\bar{A}_2$ (km^2)	0,084	27,1	0,374	54,3
A_3 (km^2)	0,378	48,7	1,417	76,8
D (km^{-1})	8,38	11,0	3,44	38,1
F (km^{-2})	35,92	16,3	10,60	43,1

Bezüglich linearer Oberflächenentwässerung bietet der verkarstete Wettersteinkalk ähnliche Voraussetzungen wie die quartären Lockersedimente. Bei geringer Neigung werden im Arbeitsgebiet Wettersteinkalk-Areale bis zu 0,5 km² Fläche (Hochglückkar) mehr oder weniger ausschließlich unterirdisch entwässert. Die Existenz intermittierender Gerinnesysteme ist in verkarsteten Hochflächen offenbar an eine Mindestneigung von etwa 30° gebunden. Die nicht durch Hangmulden- bzw. Sammeltrichtereffekte geprägten Becken 3. Ordnung besitzen eine mittlere Flußdichte von 3,44 km^{-1}. Dabei ist zu berücksichtigen, daß das Vorkommen von Systemen dieser Integrationsstufe bereits ein gewisses Mindestmaß an fluvialer Erschließung voraussetzt. Diese Systeme liegen meist in größeren Karen und beziehen ihr Wasser über die in das steile Gehänge der Umrahmung vorgestreckten Segmente 1. Ordnung. Die geringe Durchdringung der Wettersteinkalkareale erzeugt – zusammen mit den Lockermaterialeinflüssen – die sekundären Maxima in den Häufigkeitsverteilungen von D und F. Bei D resultiert daraus ferner eine verminderte Linksschiefe, so daß bei einer Irrtumswahrscheinlichkeit von 5 % nicht nur logarithmische, sondern auch numerische Normalverteilung gesichert ist.

Die Becken 3. Ordnung im Wettersteinkalk zeichnen sich durch deutlich unterdurchschnittliche Flußzahlen aus. Infolgedessen sind auch die Bifurkationsverhältnisse niedrig. Soweit dafür nicht das konservative Verhalten von Sammeltrichtern verantwortlich ist, gilt auch hier die bereits bei den quartären Lockersedimenten gegebene Erklärung: Die Areale sind im allgemeinen zu klein, um angesichts der verkarstungsbedingten geringen Flußhäufigkeiten höhere N_u-Werte und damit normale Bifurkationsverhältnisse zu ermöglichen. Die geringen N_u- und R_{bu}- bzw. R_b-Werte verstärken die von den Flußnetzvarianten bedingte Mehrgipfligkeit der entsprechenden Häufigkeitsverteilungen. Auch die übermäßige Linksschiefe der Verteilung von log N_2 ($\triangleq$ log $R_{b2;3}$) geht mit auf ihr Konto.

$\bar{L}_1$ und – abgesehen von Gruppe S (Tab. 9) – $\bar{L}_2$ liegen im Wettersteinkalk etwas über dem Durchschnitt. Dies läßt sich z. T. auf den Reliefeinfluß der Hangsteilheit, z. T. aber auch (wie bei den quartären Sedimenten) auf die geringe Flußfrequenz zurückführen. Die unterdurchschnittliche Länge der Segmente 3. Ordnung hängt im allgemeinen damit zusammen, daß aufgrund der geringen Flußhäufigkeit die Integrationsstufe der 3. Ordnung erst in ziemlich tief gelegenen Bereichen des Entwässerungsbeckens erreicht wird; der Weg zum Vorfluter ist dann nicht mehr weit. Die unterdurchschnittliche Gesamtflußlänge $\Sigma\ L_{1-3}$ kann als Ausdruck der geringen fluvialen Erschließung der verkarsteten Niederschlagsgebiete betrachtet werden.

Dasselbe gilt für die übergroßen Flächen $\bar{A}_u$, insbesondere bei der Gruppe R in Tabelle 9. Das sekundäre Maximum in der Häufigkeitsverteilung von $\bar{A}_1$ geht überwiegend auf den Wettersteinkalk zurück. Die Niederschlagsgebiete der 2. oder 3. Ordnung enthalten in mehreren Fällen neben den Gebieten der nächstniedrigen Ordnung noch größere unterirdisch entwässerte Flächen. Dadurch steigt R_{Au}, während R_{bu} und R_{Lu} davon unberührt bleiben. Eine Beeinträchtigung der R_{Xu}-Korrelationen ist die Folge.

Im Hauptdolomit findet man die feinstverzweigten und dichtesten Gerinnesysteme des Arbeitsgebietes. Nach den Mittelwerten für die verschiedenen Gesteine in Tabelle 8 kommen die Segmente 1. Ordnung hier mit den kleinsten Niederschlagsgebieten aus ($\overline{A}_1 = 0{,}029$ km^2); auch $\overline{A}_2$ (0,132 km^2) liegt im Minimumbereich. $\overline{L}_1$ (199 m) und $\overline{L}_2$ (278 m) haben ebenfalls die niedrigsten Durchschnittsbeträge. Dies führt trotz der vergleichsweise hohen Flußzahlen noch zu relativ kleinen Gesamtlängen (ΣL_{1-3}). Die starke Verzweigungsintensität hat zur Folge, daß komplette Systeme 3. Ordnung im Durchschnitt der kleinsten Flächen bedürfen (A_3-Mittel: 0,692 km^2).

Unabhängig von diesen substratspezifischen Tendenzen schlagen natürlich auch hier bei einzelnen Becken die morphometrischen Eigenheiten von Sammelrinnen und -trichtern deutlich durch. Sie kommen in der Streuung der Werte zum Ausdruck.

Aus den Werten in Tabelle 8 (S. 50) läßt sich zwar ein deutlicher Unterschied der Hauptdolomitbecken zu den anderen Systemen 3. Ordnung ablesen, aber der Kontrast kommt nicht in voller Schärfe zum Ausdruck. Typisch entwickelte Hauptdolomitareale sind noch wesentlich dichter zerschnitten. Morphogenetische Differenzierungen verschleiern dies bei den Mittelwerten.

Mehrere flußnetzanalytische Werte der Systeme im Hauptdolomit sind bimodal verteilt. Dies gilt für die Größe der Niederschlagsgebiete 1. Ordnung ($\overline{A}_1$) und ihre Flußdichte (D_1) sowie für Flußdichte (D) und -häufigkeit (F) der Gesamtnetze, wobei die Gruppierung der Becken ziemlich konstant bleibt. Demgemäß wurden zwei Gruppen[16] gebildet und in ihren Daten verglichen (Tabelle 10).

Tab. 10 Gewässernetzanalytische Differenzierung der Becken 3. Ordnung im Hauptdolomit

	Gruppe 1		Gruppe 2	
	$\overline{x}$	V	$\overline{x}$	V
$\overline{A}_1$ (km^2)	0,040	22	0,020	38
$\overline{A}_2$ (km^2)	0,198	38	0,088	23
A_3 (km^2)	0,986	68	0,465	61
$\overline{L}_1$ (m)	215	26	187	23
$\overline{L}_2$ (m)	342	45	231	23
L_3 (m)	824	58	601	77
D_1 (km^{-1})	5,20	17	10,39	30
D_2 (km^{-1})	1,77	39	2,77	33
D (km^{-1})	4,88	12	8,56	23
F (km^{-2})	19,24	38	40,98	29
$R_{b1;2}$	3,79	20	3,88	27
$R_{b2;3}$	3,13	63	3,23	42
$R_{A1;2}$	4,90	26	4,95	29
$R_{A2;3}$	4,75	57	5,19	57
$R_{L1;2}$	1,62	36	1,35	40
$R_{L2;3}$	3,33	123	2,69	75

Gruppe 2 hebt sich von Gruppe 1 durch fast doppelte Flußdichte D ab; dabei fallen die geringen Streuungen auf. Die durchschnittlich nur halb so großen Niederschlagsgebiete zeigen die wesentlich feinere hydrologische Gliederung der Becken von Gruppe 2 an. Die kürzeren Segmentlängen hängen mit der größeren Verzweigungsintensität der Gerinnenetze zusammen, die besonders in der gegenüber Gruppe 1 verdoppelten Flußhäufigkeit zum Ausdruck kommt. Die engermaschige Verzweigung ermöglicht die Ausbildung kompletter Systeme 2. und 3. Ordnung auf den wesentlich kleineren Flächen; unterschiedlich konservatives Verhalten scheidet als Ursache aus, da die absoluten Flußzahlen, wie aus den Bifurkationsverhältnissen hervorgeht, für beide Gruppen praktisch identisch sind. Die R_{Xu}-Werte zeigen nur geringe Differenzen, da sie vor allem auf topologische Netzunterschiede reagieren. Ihre starke Variabilität rührt von den in beiden Gruppen enthaltenen Sammeltrichtern und -rinnen her; dies gilt auch für die Variabilität der Längen und Flächen, insbesondere für L_3 und A_3.

---

[16] Gruppe 1 enthält die Becken Nr. 39, 42, 43, 46, 47, 51, 52 und 56,
Gruppe 2 Nr. 33, 35, 36, 37, 38, 40, 41, 44, 45, 48, 49, 50 und 55 nach Tab. 4, S. 33. Die Werte in Tab. 8 entstammen der Gesamtheit dieser Systeme.

Die Becken beider Gruppen unterscheiden sich nicht nur in der Zerschneidungsdichte, sondern weitgehend auch in der Einkerbungstiefe der Gerinnebetten. Bei den Systemen der Gruppe 1 liegen die Segmente 1. und 2. Ordnung schwach eingetieft häufig gleichsam auf den glazial gestalteten Kar- und Talhängen (z. B. Ronberg-System, Weitkar-E, Wassergraben, Plumsgraben). In den Becken der Gruppe 2 haben sich die Gerinne vielfach scharf und dekametertief in die Hänge eingekerbt. Die Flanken sind steil und daher – im Gegensatz zu Gruppe 1 – oft nur schütter bewachsen oder ganz vegetationsfrei (z. B. Bockgraben-E und -W, Karlgraben sowie die Systeme der Hölzlklamm; s. Abb. 10).

Die Ursache dieser Differenzierungen könnte in unterschiedlichen Gefällsverhältnissen liegen. Das durchschnittliche Gefälle der Segmente 1. und 2. Ordnung beträgt bei Gruppe 1 (schwach eingetiefte Tributäre) 29° (1. Ordnung: 31°; 2. Ordnung: 24°), bei Gruppe 2 dagegen 35° (1. Ordnung: 37°; 2. Ordnung 30°). Auf gleicher Horizontaldistanz wird demnach in den Gerinnen der Gruppe 2 durchschnittlich um 28 % mehr potentielle Energie umgesetzt als bei Gruppe 1. Die stärkere Eintiefung würde sich daraus erklären. Nach den Ergebnissen im Wettersteinkalk (s. o.) und den Befunden von PASCHINGER (1957) paßt auch die höhere Flußdichte zum stärkeren Gefälle.

Die Untersuchung im Wettersteinkalk zeigte aber ferner, daß ein Einfluß stärkeren Gefälles eine Tendenz zu größeren Segmentlängen mit sich bringt. Demgegenüber treten im Hauptdolomit bei der Gruppe mit steilerem Gefälle die kürzeren Längen auf. Mit den Neigungsverhältnissen allein läßt sich die Differenzierung der beiden Gruppen daher nicht erklären, zumal sich die Gefälle mit Variabilitätskoeffizienten von knapp über 20 % – das entspricht etwa der Differenz zwischen den Mittelwerten – nicht sehr scharf voneinander abheben. Außerdem indizieren die kleinen Entwässerungssysteme (1. und 2. Ordnung) an den Dreieckshängen, in welche die Troghänge des Rißbachtales durch die einmündenden Nebentäler zerlegt werden, den segmentverlängernden Einfluß stärkerer Geländeneigung auch für den Hauptdolomit: Bei einem der Gruppe 2 vergleichbaren Durchschnittsgefälle von 35° übersteigt die mittlere Länge $\bar{L}_1$ mit 265 m deutlich noch $\bar{L}_1$ der Gruppe 1. ($\bar{L}_2$ aus den Dreieckshängen darf wegen der Übergänge in die Quartärakkumulationen im Bereich der flacher geböschten Unterhänge und der Rißbachtalsohle nicht zum Vergleich herangezogen werden.)

Für den Unterschied zwischen den Gruppen dürften ungleiche Entwicklungsstadien der fluvialen Erschließung mitverantwortlich sein. Einige der Flachhänge, die von MALASCHOFSKY (1941) den tertiären Altflächen zugerechnet wurden, und auf denen sich bis heute noch keine linearen Entwässerungssysteme gebildet haben (z. B. am Waldegg, am Ronberg und auf den Schindelböden), bezeugen, daß die fluviale Zerschneidung des präpleistozänen Altreliefs in den einzelnen Teilarealen nicht völlig synchron abgelaufen ist. Inwieweit differenzierte glaziale Überformung am unterschiedlichen Zustand der Becken von Gruppe 1 und 2 mitverantwortlich ist, bedürfte einer eigenen Untersuchung. Doch ist damit zu rechnen, daß z. B. bei der glazialen Ausformung des Weitkares (System Weitkargraben-E) und des in tektonisch stark beanspruchtem Hauptdolomit angelegten Wassergraben-Kares präexistente Erosionslinien weitgehend ausgelöscht worden waren, so daß das rezente, schwach eingeschnittene und weitmaschige Gewässernetz erst wieder neu integriert werden mußte. Demgegenüber weisen bei den tieferen Erosionskerben der Gruppe 2 teilweise trogförmige Ausgestaltung oder in Resten erhaltene Grundmoränenplombierung auf ein Überdauern der Entwässerungssysteme hin (z. B. Hölzlklammsysteme, Birchegglgraben). Für die genetische Interpretation des Gruppenunterschiedes spricht ferner der Vergleich mit den erwähnten Dreieckshängen: Die Entwässerung dieser bei der Trogbildung überformten Hänge gleicht sowohl bezüglich Flußdichte (D= 3,5 km^{-1}) und Flußhäufigkeit (F = 16,2 km^{-2}) als auch in den geringen Rinnentiefen auffallend den Systemen der Gruppe 1. Außerdem unterscheiden sich die beiden Gruppen erheblich in den für die Tributärgebiete 1. Ordnung ermittelten Flußdichtewerten D_1 (s. Tab. 10). Das bedeutet, daß die Niederschlagsgebiete 1. Ordnung bei Gruppe 2 von den zugehörigen Gerinnen bereits wesentlich weiter durchdrungen und erschlossen sind als bei der Gruppe 1. Dasselbe gilt auch für die Segmente 2. Ordnung (D_2).

Unter Berücksichtigung dieser Aspekte erscheint es gerechtfertigt, die morphographischen Unterschiede zwischen Gruppe 1 und 2 als Ausdruck morphogenetischer Differenzierungen zu werten. Die Becken

Abb. 10 Morphologische Differenzierung der Erosionsliniensysteme im Hauptdolomit. Als Vertreter der Gruppe 1 die Becken Weitkar-E westlich (links) und Wassergraben südlich der Grasberg-Hochleger-Alm (Bildmitte), als Repräsentanten der Gruppe 2 die Gerinnesysteme Weitkar-W (links oben im NW-Bildteil) und Karl- sowie Bockgraben im SE des Bildes. Weitere Erläuterungen im Text. (Luftbild vervielfältigt mit Genehmigung des Bundesamtes für Eich- und Vermessungswesen (Landesaufnahme) in Wien; G. Z. L61.328/78)

der Gruppe 2 befinden sich danach in einer fortgeschritteneren Entwicklungsphase als jene der Gruppe 1, wobei das stärkere Gefälle zur beschleunigten rückschreitend-erosiven Komplettierung beigetragen haben mag. Sie werden – zumindest unter den im Arbeitsgebiet gegebenen Verhältnissen des Großreliefs und der Reliefenergie – als typische Ausprägung linearer Entwässerungs- und Abtragungssysteme im Hauptdolomit betrachtet. Zur Verdeutlichung substratspezifischer Tendenzen in der Gewässernetzgestaltung eignen sie sich daher besser als die Mittelwerte aus sämtlichen Hauptdolomitbecken in Tab. 8.

Die Korrelationen der R_{Xu}-Werte werden durch den Charakter der Hauptdolomitsysteme nicht belastet. Wo Störeinflüsse auftreten, gehen sie von der Topologie der Flußnetze aus. Dagegen spiegeln sich in den unregelmäßigen Verteilungskurven der flußnetzanalytischen Kennwerte mehrfach die Besonderheiten der Hauptdolomitbecken wider. Dies gilt vor allem für die Mehrgipfligkeit von log $\overline{A}_1$ sowie D und F.

Die Tendenz zur überdurchschnittlich dichten Zerschneidung der Hauptdolomitareale resultiert aus den Eigenschaften des Gesteins. Dolomit reagiert auf tektonische Beanspruchung spröde; deshalb ist der Hauptdolomit, abgesehen von seinen gelegentlich auftretenden mergeligen, bituminösen oder kalkigen Einschaltungen, im Arbeitsgebiet allgemein stark zerklüftet. Seine Resistenz gegenüber physikalischer Verwitterung und Abtragung ist stark beeinträchtigt, so daß er günstige Voraussetzungen für ein dichtes Erosionsliniennetz bietet. Da die starke Zerklüftung andererseits aber auch eine gewisse Wasserdurchlässigkeit gewährleistet, konnten alte Verebnungsreste unzerschnitten erhalten bleiben; ihre linear-erosive Auflösung erfolgt überwiegend durch rückschreitende Erosion von den abwärts anschließenden steileren Hängen aus. Wie die geringe Flußdichte der erwähnten Dreieckshänge im Rißbachtal zeigt (D = 3,5 km^{-1}), genügen auch noch bei steileren Geländeneigungen unter geschlossener Vegetationsbedeckung relativ weitmaschige Gerinnenetze den hydrologischen Erfordernissen. Die Tendenz zur dichten Zerschneidung der Hauptdolomitareale, wie sie bei den Systemen der Gruppe 2 klar zum Ausdruck kommt, läßt sich daher nicht mit Abflußfaktoren und entsprechend notwendigen Entwässerungsdichten erklären. Die Ursache liegt vielmehr in der Erodierbarkeit des Gesteins. Aus Geländebeobachtungen ergaben sich mehrfach Indizien für folgende Prozeßkette: Rückschreitende Eintiefung versteilt Hangpartien und intensiviert die Denudation. Diese arbeitet nach Zerstörung der Vegetations- und Bodendecke selektiv, so daß aus ursprünglich glatten Hangflächen ein von schichtungs- oder tektonisch bedingten Resistenzdifferenzierungen bestimmtes Mikrorelief entsteht (s. Abb. 11). Die zunächst kleinen Rinnen übernehmen bei starken Niederschlags- oder Schneeschmelzereignissen Vorfluterfunktionen für ihre Flanken und schneiden sich dadurch über einen linear-erosiven Selbstverstärkungseffekt weiter ein. Die resistenzschwächsten Zonen werden am raschesten ausgeräumt und zehren durch die von ihnen gesteuerte Flankendenudation allmählich die weniger aktiven Nebenrinnen auf, so daß sich aus einem zerrachelten Hanganriß schließlich eine dominierende Kerbe mit mehr oder weniger zerrunsten Flanken entwickelt. Der Prozeß, der zur Ausbildung eines neuen Gerinneabschnittes führt, wurde nicht durch die Entwässerung auf der ehemaligen Hangpartie eingeleitet, sondern sie wurde von unten her durch die Hanglabilisierung im Zuge rückschreitender Erosion ausgelöst. Eigentliche Ursache der geschilderten Dynamik sind die metastabilen Verhältnisse bei einer aus stark zerklüftetem Gestein aufgebauten Geländeerhebung, denn die stabilisierenden, teils kalkigen, teils dolomitischen Kluftbestege sind in Oberflächennähe durch Sickerwasser und Bodenlösungen weitgehend gelöst, so daß sie das polygonale Stückwerk nicht mehr zusammenhalten. (Die Möglichkeit der Rinnenbildung auf den Hangflächen selbst sei, insbesondere für ehemals andere klimatische Bedingungen, durch diese Erklärung keineswegs ausgeschlossen. Die Anlage z. B. der langgestreckten, schwach eingetieften Entwässerungslinien in den Dreieckshängen läßt sich nicht allein aus rückschreitender Erosion erklären.)

Auf Ton- und Mergelgesteinen sollte man gemäß allgemeiner Erfahrung Gewässernetze mit weit überdurchschnittlicher Flußdichte und eventuell anderen charakteristischen Prägungen erwarten. Aber im Rißbachgebiet mit seiner überwiegend steilen Schichtlagerung äußern sich diese Gesteine anders: Selektiv verstärkte Abtragung formte aus ihren Ausbißstreifen Ausräumungszonen (s. Kap. 3.2.2.), die sich bei ausreichender Länge zu Sammelrinnen entwickelten. Die Tributäre kommen aus den höhergelegenen Nachbarbereichen, so daß deren Petrographie über Flußdichte und ähnliche Eigenschaften des Gesamtnetzes entscheidet. Bei nicht zu steilem Gefälle bergen die Ausräumungszonen überdies durchläs-

Abb. 11 Rückschreitend-erosive Zerrachelung von Hauptdolomithängen an der Wechselschneid

sige Akkumulationskörper, so daß die hydrologischen Verhältnisse – wie etwa im Streifen Oberes Tortal – Steinloch (Partnachschichten) – den an Ton- und Mergelgesteine geknüpften Erwartungen völlig widersprechen.

Lediglich im Bereich des Deckenfensters (Talungszone) liegen Mergelgesteine annähernd horizontal. Sie gehören dem petrographisch uneinheitlichen Verband der Kössener und Jura-Schichten an (Wechsellagerung mit Kalken und Hornsteinen), so daß die über sie hinweggreifenden Gewässernetze von anderen Substraten mitbestimmt werden: Die mittlere Flußdichte D = 5,6 und Flußhäufigkeit F = 15,4 aus den entsprechenden Hangpartien der Eng-Alm-Westflanke und des Ladizköpflbereiches liegen deutlich unter den Durchschnittswerten des Arbeitsgebietes (vgl. $\bar{x}_{56}$ in Tab. 8). Die Entwässerungssysteme können nicht als charakteristisch für undurchlässige Mergelgesteine betrachtet werden.

Geologische und geomorphologische Voraussetzungen im Rißbachgebiet bedingen, daß den flußnetzanalytischen Befunden aus Kalk-, Dolomit- und quartären Lockersedimentarealen keine Vergleichsergebnisse für die Ton- und Mergelgesteine mit ihren hydrologisch und morphologisch abweichenden Eigenschaften gegenübergestellt werden können. Dies gilt auch für andere kleinflächig anstehende Gesteine, wie etwa Rauhwacken und Hornsteine. Entsprechende Daten müßten in anderen Gebieten erhoben werden.

3.1.3.8. Synthese der Ergebnisse der Flußnetzanalyse

(1) Das Flußnetz des Rißbaches oberhalb Hinterriß stellt ein nicht komplettes System 6. Ordnung dar. Das Niederschlagsgebiet hat eine Fläche von 128 km². Die durchschnittliche Flußdichte liegt bei 3,68 km^{-1}, die mittlere Flußfrequenz beträgt 10,9 km^{-2}.

Für das Gesamtsystem können die HORTONschen Gesetze der Flußzahlen und Flußlängen sowie SCHUMMs Gesetz der mittleren und ZĂVOIANUs Gesetz der Gesamtflächen in etwa als eingehalten gelten. Für die Tributärsysteme der 5. bis 3. Ordnung gilt dies nur mehr in beschränktem Maße, da die Variabilität der R_{Xu}-Werte (R_{Xu} steht für R_{bu}, R_{Lu}, R_{Au}) innerhalb der Becken mit abnehmender Ordnung s der Teilsysteme steigt. Auch die Schwankungsbreite von R_X (= R_b, R_L, R_A) wächst mit abnehmendem s.

Das Gesetz der Flußzahlen wird trotz teilweise erheblicher Unregelmäßigkeiten im wesentlichen auch von den Tributärbecken eingehalten. Für die 56 Tributärsysteme 3. Ordnung – ihre R_b- Werte streuen zwischen 2,00 und 5,75 – wurde dies anhand der Differenzen zwischen den jeweils aufeinanderfolgenden R_{bu}-Beträgen statistisch verifiziert. Die durchschnittlich auftretende Differenz $d = |R_{b1;2} - R_{b2;3}|$ überschreitet die rein zufällig zu erwartende Abweichung nicht. Trotzdem kann die festgestellte Variabilität von R_{bu} aber nicht ausschließlich auf zufallsbedingte Streuung zurückgeführt werden, da die Topologie des Rißbach-Flußnetzes von geologischen sowie geomorphologischen Einflüssen mit jeweils bestimmten, jedoch gegenläufigen Tendenzen der Flußnetzgestaltung mitkontrolliert wird.

Die Einhaltung des Flußzahlengesetzes durch das Gesamtsystem beruht auf zwei Voraussetzungen: Die erste liegt in der bekannten Wirksamkeit zufallsstatistischer Gesetzmäßigkeiten, die primär zur Ausbildung von HORTONnetzen führt. Die zweite ergibt sich daraus, daß sich die beiden antagonistischen Einflüsse, welche die topologisch zufallsbedingte Netzgestaltung im Rißbachgebiet stören und eine Reihe von Tributärbecken charakteristisch prägen, im analytischen Bild des Gesamtnetzes wieder weitgehend aufheben (Sammelrinnen- und Sammeltrichtereffekt; s. unten). Dieser Ausgleich hat eine bei steigendem s abnehmende Variabilität von R_{bu} sowie R_b zur Folge (s ist die Ordnung von Flußsystemen), so daß die Flußzahlen des Rißbaches (6. Ordnung) ungeachtet der im einzelnen wirksamen Störfaktoren eine relativ gut angenäherte inverse geometrische Reihe mit einem völlig normalen R_b von 4,02 bilden. Auch die Längen- und Flächenverhältnisse unterliegen dem geschilderten Ausgleichseffekt.

Das Gesetz der mittleren Flußlängen ist in den Teilbecken vielfach sehr schlecht oder gar nicht realisiert. Häufig treten in den HORTON-Diagrammen von $\log \overline{L}_u$ gegen u rückläufige Kurvenabschnitte auf. Dasselbe gilt für die Gesamtlängen L_u. Bei den Systemen 3. Ordnung liegen die R_L-Werte zwischen 3,14 und 0,63. Entgegen HORTONs Gesetz treten bei den mittleren Flußlängen $\overline{L}_u$ mehrmals inverse geometrische Reihen auf. Im Gesamtnetz des Rißbaches beträgt R_L 2,04.

Das Gesetz der mittleren Flächen kann bei den Tributärbecken als eingehalten gelten. Dennoch kommen auch hier gewisse Unregelmäßigkeiten vor. Die Gesamtflächen sind davon aber in weit höherem Maße betroffen: Stark geknickte Kurven, teilweise sogar mit rückläufigen Abschnitten, kennzeichnen die Beziehung zwischen A_u und der Ordnung u, so daß die Einhaltung des Gesetzes der Gesamtflächen für die Tributärsysteme des Rißbachgebietes im wesentlichen abgelehnt werden muß. Die Flächenverhältnisse R_A aus den mittleren Flächen bewegen sich bei den Becken 3. Ordnung zwischen 2,77 und 12,41. Im Gesamtsystem ergibt sich R_A zu 4,65.

Die gewässernetzanalytischen Kennwerte streuen im Rißbachgebiet, besonders bei den Tributärbecken, ganz erheblich. Dies gilt nicht nur für die bereits angesprochenen R_X-Werte, sondern in höherem Maße noch für R_{Xu} und X_u (= N_u, $\overline{L}_u$, $\overline{A}_u$) sowie für Flußdichte D und -frequenz F. Die Verteilungen der meisten Werte für die Becken 3. Ordnung lassen erkennen, daß die breite Streuung nicht allein auf zufällige Variabilität zurückzuführen ist. Vielfach treten bi- oder polymodale Häufigkeitskurven auf. Erfahrungsgemäß normalverteilte Größen sind hier z. T. lognormal verteilt und eine Anzahl weiterer Daten ist weder normal noch lognormal verteilt. Außerdem bringen die Korrelationen zwischen den R_{Xu}-Werten der Becken 3. Ordnung und 4. Ordnung teilweise nicht die Ergebnisse, die nach Berichten über andere Flußnetze zu erwarten wären. In diesen Anomalien manifestieren sich verschiedene Tendenzen der fluvialen Erschließung des Gebietes.

(2) Das heutige Fluß- bzw. Erosionsliniennetz des Rißbachgebietes entwickelte sich unter der Einwirkung verschiedener geologischer und geomorphologischer Einflüsse. Dabei ist zu unterscheiden zwischen Einflüssen, welche die Topologie der Flußnetze bestimmen, und Einflüssen, die sich lediglich auf den Grad der fluvialen Erschließung oder die Segmentlängen auswirken.

Die topologisch wirksamen Einflüsse führen im Arbeitsgebiet zu zwei unterschiedlichen Flußnetzvarianten: „Sammelrinnen" und „Sammeltrichter". Beide bedingen charakteristisch kombinierte Abweichungen von den Gesetzen der Flußnetzgestaltung, die bei den Bifurkationsverhältnissen schwach, bei den Flächenverhältnissen deutlich und bei den Längenverhältnissen stark zum Ausdruck kommen.

„Sammelrinnen" sind Segmente, die auf überdurchschnittlich langen Strecken ihre Ordnung beibehalten, da die meist zahlreichen, aber untergeordneten, fischgrätenartig angeordneten Zuflüsse keinen Ordnungssprung herbeiführen. Die Tributärsäume der stark elongierten Becken sind zu schmal, als daß sich die Zuflüsse zu höheren Ordnungen entwickeln könnten. Sammelrinnen sind mit MELTON (1958, S. 44) als „nicht-konservative" Systeme zu bezeichnen. Ihre Bedeutung für das Rißbachgebiet und ihre große Zahl hierarchisch unwirksamer Zuflüsse bewirken, daß die Bifurkationsverhältnisse entgegen MORISAWA (1962, S. 1029) mit steigender Ordnung s wachsen. Sammelrinnen werden auf geologische Vorzeichnung von Erosionslinien durch petrographisch oder tektonisch bedingte Schwächezonen zurückgeführt. Sie entstehen am deutlichsten, wenn diese Schwächezonen über längere Strecken aushalten und zu mehreren in paralleler, eng benachbarter Lage auftreten. Ihr häufiges Vorkommen im Rißbachgebiet läßt auf starke geologische Beeinflussung des Gewässernetzes schließen.

„Sammeltrichter" sind mehr oder minder trichterartige, offene Hohlformen mit zentripetaler Flankenentwässerung zu einer zentralen Sammelader hin. Die meisten Mündungen führen zu Ordnungsänderungen, so daß Sammeltrichter mit MELTON (1958, S. 44) als „konservative" Systeme zu charakterisieren sind. Sammeltrichter sind eine reliefbedingte Flußnetzvariante; sie entstanden bei der fluvialen Erschließung von Nivationsnischen und nicht zu großen Karen.

Sammelrinnen und Sammeltrichter spiegeln entgegengesetzte Abweichungstendenzen von topologisch „normalen" HORTONnetzen mit Bifurkationsverhältnissen um vier wider. Trotz ihrer charakteristisch geprägten Längen- und Flächenverhältnisse bewegen sie sich in erster Linie auf der von MELTON (1958) eingeführten Skala der Konservativität. Mit der gebräuchlichen qualitativen Typisierung von Flußnetzen nach den Richtungsbeziehungen zwischen den Segmenten (radiale, ringförmige, gitterförmige, rechtwinklige Flußnetze usw.; s. z. B. SCHNEIDER 1974, S. 238 f) haben sie wenig gemeinsam.

Unabhängig von den topologischen Verhältnissen hängen auch andere Eigenschaften der fluvialen Erschließung von geologischen und geomorphologischen Voraussetzungen im Niederschlagsgebiet ab.

Durchlässiges Gestein (verkarsteter Wettersteinkalk und quartäre Lockersedimente) führt nicht nur zu bekanntermaßen großen Niederschlagsgebieten und damit zu geringen Flußdichten (D) und Flußhäufigkeiten (F), sondern bedingt gleichzeitig eine deutliche Tendenz zu überdurchschnittlichen mittleren Segmentlängen $\bar{L}_u$. In den Quartärsedimenten kann die Lenkung von Gewässerläufen seitens bestimmter Akkumulationsformen (Moränenwälle, langgestreckte fluviale Aufschüttungskegel) diese Tendenz unterstützen.

Starke Zerklüftung des Gesteins vermag im Hauptdolomit die unterirdische Entwässerung zu fördern und damit die fluviale Erschließung von Altflächen zu verzögern. Andererseits erhöht sie die Erosionsanfälligkeit, so daß im Hauptdolomit zugleich die am dichtesten verzweigten Gewässer- bzw. Erosionsliniennetze des Arbeitsgebietes auftreten. Sie sind durch außerordentlich hohe Flußdichte und Flußfrequenz sowie durch weit unterdurchschnittliche mittlere Segmentlängen gekennzeichnet. Die Entwicklung einer bestimmten Flußordnung bedarf hier der kleinsten Niederschlagsgebiete. Da die Zerklüftung ein aus linearen Elementen aufgebautes Muster der Resistenzdifferenzierung erzeugt, wird der Hauptdolomit nicht insgesamt ausgeräumt, sondern engmaschig zerschnitten.

Auch die Schichtung erzeugt bei ausreichender Schrägstellung linear angeordnete Resistenzinhomogenitäten. Einschaltungen toniger oder mergeliger Zwischenlagen können den Effekt bei Kalken oder Dolomiten verstärken. Da diese Strukturen aber im Gegensatz zu den tektonisch bedingten parallel verlaufen, gehen von ihnen andere Tendenzen der Flußnetzgestaltung aus. Im gut geschichteten, aber – gemessen am Hauptdolomit – weniger zerklüfteten Muschelkalk resultieren daraus deutlich vergrößerte Segmentlängen, da diese Führung der Gerinne deren Zusammentreffen nicht fördert, sondern eher erschwert. Damit ergibt sich eine Neigung zu niedrigerer Flußfrequenz. Streicht die Schichtung in Richtung der Hauptabdachung, kann sie unter Beeinflussung der Topologie sogar zur Entwicklung von Sammelrinnen führen.

Die abtragungsanfälligen Mergel- und Tongesteine treten nicht, wie aufgrund ihrer Undurchlässigkeit zu erwarten wäre, mit dichten Gewässernetzen hervor, sondern sie wurden bei der überwiegend steilen Schichtlagerung im Rißbachgebiet tief ausgeräumt und beherbergen die z. T. sammelrinnenartigen Vorfluter für ihre petrographisch anders aufgebauten Nachbargebiete.

Auf die Bifurkationsverhältnisse hat das Gestein nach den Ergebnissen im Rißbachgebiet keinen Einfluß, solange nicht erhebliche Resistenzdifferenzierungen zur Ausräumung dominierender Tiefenlinien und damit zur Ausbildung von Sammelrinnen führen. Ausnahmen sind allenfalls bei zusätzlicher Einwirkung geomorphologischer Einflüsse zu erwarten. So tendieren beispielsweise Niederschlagsgebiete über durchlässigem Substrat im Karwendel mitunter zu niedrigen R_b-Werten, da die Arealgrößen im eng gekammerten Hochgebirgsrelief angesichts der gesteinsbedingt geringen Flußdichte und Flußhäufigkeit nicht zur Entwicklung von Gerinnenetzen mit R_b um vier ausreichen. Anomalien bezüglich der Flußlängen- und Flächengesetze treten häufig auf, wenn die petrographischen Voraussetzungen – vor allem hinsichtlich der Wasserdurchlässigkeit – innerhalb eines Niederschlagsgebietes stark wechseln; dies gilt auch dann, wenn die Topologie des Flußnetzes gemäß den Flußzahlen als normal angesehen werden kann.

Das Relief des Rißbachgebietes enthält mit seinen Verebnungsresten und Glazialformen Relikte früherer morphogenetischer Phasen. Daher prägt neben geologischen Einflüssen auch die „Gesamtrelief-Influenz" (BÜDEL 1971, S. 85) das Gewässernetz. Bei den oben besprochenen Sammeltrichtern führt sie sogar zu topologischen Besonderheiten. Einflüsse quartärer Akkumulationsformen wurden ebenfalls bereits erwähnt. Daneben sind noch weitere Faktoren von Bedeutung.

Die Neigung von Hängen beeinflußt die Längen der sie entwässernden Gerinnesysteme. Mit zunehmender Steilheit wird die Ablenkung von Gerinnen aus der Abdachungsrichtung und damit ihre Vereinigung immer unwahrscheinlicher. Daher tendieren Wasserläufe an steilen Hängen, wie speziell die Untersuchung der Hauptdolomit- und Wettersteinkalk-Areale im Rißbachgebiet ergab, zu überdurchschnittlichen Segmentlängen.

Im verkarsteten Wettersteinkalk sind steile Hänge außerdem dichter entwässert als flache. Die höchsten Flußdichten treten auf diesem Gestein in sammeltrichterartigen Systemen auf; sie übersteigen sogar die mittlere Dichte der Hauptdolomitbecken.

Bei den Becken 3. Ordnung im Hauptdolomit sind einige flußnetzanalytische Kennwerte bimodal verteilt. Dies gab Anlaß, die Systeme in zwei Gruppen aufzuteilen. Die Gruppen unterscheiden sich klar in den Flußlängen $\bar{L}_u$ und Flächen $\bar{A}_u$ sowie in Flußdichte D und -häufigkeit F. Die Gruppe mit kleineren $\bar{L}_u$- und $\bar{A}_u$- sowie größeren D- und F-Werten hat im allgemeinen stärker eingetiefte Tributäre. Ausgehend u. a. davon, daß es zwischen diesen Becken noch unzerschnittene Altflächenreste gibt, welche die nicht synchrone fluviale Erschließung dieser Ausgangsflächen implizieren, werden die Gruppenunterschiede als Ausdruck verschieden weit fortgeschrittener Gerinnenetzentwicklung gewertet.

Der Entwicklungsunterschied dokumentiert sich in der Intensität der fluvialen Erschließung des Beckens. Die innere Komplettierung der Systeme führt zu folgenden Veränderungen im flußnetzanalytischen Bild: In einem Becken mit relativ geringer Flußdichte und großer mittlerer Segmentlänge entstehen zusätzliche Tributärgerinne. Damit steigt die Flußdichte. Von den bestehenden Teilniederschlagsgebieten werden jene der neuen Segmente abgetrennt, so daß $\bar{A}_u$ schrumpft. Durch die Einmündung der neuen Tributäre werden Ordnungssprünge zurückverlegt; daraus resultieren verkürzte Segmentlängen. Mit der kürzeren Segmentierung der alten Wasserläufe und dem Hinzukommen neuer Gerinne wächst die Flußhäufigkeit F. Die Bifurkations-, Flächen- und Längenverhältnisse ändern sich dabei nicht oder nur wenig.

(3) Die im Rißbachgebiet durchgeführte Untersuchung und ihre Ergebnisse zeigen, daß die Gewässernetzanalyse wesentlich mehr zu leisten vermag als nur die numerische Charakterisierung von Flußnetzen oder die Verifizierung der Flußnetzgesetze, auf die sich viele einschlägige Arbeiten beschränken.

Eine Reihe von Substrat- und Reliefeinflüssen beeinträchtigt die topologische Zufallsentwicklung der Gewässernetze nicht, so daß die Gesetze der Flußnetzgestaltung, insbesondere das Gesetz der Flußzahlen, meist im Rahmen der zufälligen Variabilität eingehalten werden. Trotzdem lassen sich diese Einflüsse erfassen, wenn die Verteilungen der flußnetzanalytischen Kennwerte hinsichtlich Mittelwert, Streuung, Schiefe und Ein- bzw. Mehrgipfligkeit untersucht und verglichen werden. Die Korrelationen zwischen diesen Werten geben zusätzliche Auskunft.

Die topologisch zufällige Entwicklung und damit die Einhaltung der Flußnetzgesetze wird im Arbeitsgebiet durch glaziale Vorformung von Entwässerungsbecken oder durch geologische Vorzeichnung von Erosionslinien eingeschränkt. Es zeigte sich, daß die Flußzahlen, Segmentlängen und Niederschlagsgebietsflächen unterschiedlich sensibel darauf reagieren. Die Erfassung der reliefbedingten Sammeltrichter erlaubte es, den topologischen Ausdruck geologischer Einflüsse zu spezifizieren (Sammelrinnen) und mit größerer Sicherheit zu diagnostizieren.

Die Untersuchung des Rißbachsystemes ergab, daß sich die verschiedenen zufälligen oder systematisch bedingten Schwankungen der flußnetzanalytischen Kennwerte innerhalb größerer Systeme in einem „Ausgleichseffekt" gegenseitig mehr oder weniger aufheben. Die Analyse eines Gesamtnetzes allein läßt daher nur wenige Rückschlüsse auf die Einflüsse zu, welche die Entwicklung des Flußnetzes im einzelnen mitbestimmt haben. Um die mitwirkenden Faktoren im wesentlichen erfassen zu können, ist es daher nötig, die Tributärsysteme der verschiedenen Ordnungsstufen einzeln zu untersuchen und miteinander zu vergleichen.

Unabhängig davon, daß jedes mehr oder weniger extrem konservative oder nicht-konservative Flußnetz auch bei rein zufälliger Entwicklung mit zwar geringer, aber doch bestimmter Wahrscheinlichkeit entstehen kann, dürfte mit topologisch anomalen Systemen allgemein dann zu rechnen sein, wenn entweder die Beckenform oder die Trassen von Hauptentwässerungslinien geologisch oder durch nicht fluvial-erosiv gesteuerte Morphodynamik latent oder real vorgegeben sind. Da die topologischen Ausdrucksmittel auf die beiden entgegengesetzten Tendenzen im Konservativitätsgrad beschränkt sind, muß mit formalen Konvergenzen der beiden Einflußkategorien gerechnet werden. Beispielsweise ist zu erwarten, daß sich in Umfließungsrinnen zwischen Moränenwällen geomorphologisch bedingte Sammelrinnen oder in abtauchenden tektonischen Mulden geologisch vorgegebene Sammeltrichter ausbilden. Daraus folgt, daß die Interpretation des Flußnetzes bereits Kenntnisse über den geologischen Bau- und den geomorphologischen Formungsstil voraussetzt oder zumindest nachträglich entsprechend überprüft werden muß. Eine Paralleluntersuchung der geologischen Einflüsse auf das Tiefenliniennetz mit anderen Methoden ist in dieser Studie vor allem auch deshalb erforderlich, weil noch nicht bekannt ist, wie vollständig geologische Vorzeichnung flußnetzanalytisch nachgewiesen werden kann. Diese Paralleluntersuchung ist Gegenstand des Kap. 3.2.

3.1.4. Zur Ermittlung der Gesamtverhältnisse R_x

Das Gesamtbifurkationsverhältnis R_b stellt eine Ausweitung des R_{bu}-Begriffes auf ganze Flußsysteme 3. und höherer Ordnung dar. Als gemittelter Ausdruck über die R_{bu}-Werte, durch welche die Beziehung zwischen N_u und u schrittweise für die einzelnen Ordnungsstufen erfaßt wird, soll R_b die durchschnittliche Veränderung der Flußzahlen über sämtliche Ordnungsstufen eines Flußnetzes angeben. Dies gilt sinngemäß auch für andere R_x-Werte, wie z. B. Längen- und Flächenverhältnisse.

Für R_x gibt es – im Gegensatz zu R_{xu} – keine als allgemein verbindliche Rechenvorschrift aufgefaßte Definitionsgleichung, obwohl es durch Gleichung (2 a) und (4 a) bedeutungsmäßig als Antilogarithmus des Regressionskoeffizienten von log X_u gegen u ausgewiesen ist (s. Kap. 3.1.2., S. 27). Daher werden die Gesamtverhältnisse von den einzelnen Autoren über verschiedene mathematische Ansätze ermittelt. Aber jede der verwendeten Formeln führt bei einer gegebenen X_u- (hier = N_u-, $\overline{L_u}$-, $\overline{A_u}$-) Sequenz zu einem anderen R_x-Wert. Die Abweichungen sind teilweise beträchtlich; sie werden um so größer, je stärker die aufeinanderfolgenden R_{Xu}-Werte unter sich differieren. Nur bei einem Idealflußnetz, dessen X_u-Daten exakt eine geometrische Reihe und damit zugleich identische R_{Xu}-Beträge ergeben, liefern die unterschiedlichen Berechnungswege übereinstimmende R_X-Werte.

Die uneinheitliche Berechnung von R_X hat zur Folge, daß Flußnetze, die von verschiedenen Autoren analysiert worden sind, häufig nicht sinnvoll anhand der angegebenen R_b-, R_L- und R_A-Verhältnisse verglichen werden können. Es wäre zweckmäßig, wenn R_X-Werte immer nach derselben Formel ermittelt würden. Eine entsprechende Empfehlung setzt jedoch die Überprüfung der Berechnungswege voraus, denn in einigen Fällen geben die R_X-Ergebnisse die tatsächlichen Verhältnisse in so schlechter Annäherung wieder, daß nicht mehr auf das untersuchte Flußsystem zurückgeschlossen werden kann. Deshalb sollen hier die einzelnen Methoden kritisch verglichen werden.

In der Literatur findet man folgende Berechnungsmodi für R_X[17]:

a) R_X als arithmetisches Mittel ($R_{X\,am}$) aus den R_{Xu}-Werten (z. B. ZĂVOIANU 1975, S. 202).

b) R_X als gewichtetes Mittel ($R_{X\,wm}$) aus den R_{Xu}-Werten. Es wurde von STRAHLER (1953) und SCHUMM (1956, S. 603) als „weighted mean bifurcation ratio" eingeführt und läßt sich nach der Musterberechnung bei SCHUMM (1956, S. 603) in folgende Formel kleiden:

(9)
$$R_b = \left[\sum_{u=1}^{s-1} \frac{N_u}{N_{u+1}} \cdot (N_u + N_{u+1})\right] : \sum_{u=1}^{s-1} N_u + N_{u+1}$$

In Abwandlung des $R_{X\,am}$ werden hier die zu mittelnden Teilbifurkationsverhältnisse R_{bu} (= N_u/N_{u+1}) jeweils mit der Summe der beiden Segmentzahlen gewichtet, aus denen sie berechnet wurden. LIST & STOCK (1969), KAITANEN (1975), DREXLER (1975) u. a. ermittelten auf diese Weise R_b; SANDRA et al. (1975) übertrugen die Methode auf das Längenverhältnis R_L.

c) R_X als geometrisches Mittel ($R_{X\,gm}$) aus R_{Xu} wurde von SHREVE (1966, S. 21) zur Ermittlung des „geometric mean bifurcation ratio" eingeführt (s. a. WERRITY 1972, S. 172):

(10)
$$R_b = \sqrt[s-1]{\prod_{u=1}^{s-1} R_{bu}}$$

Durch Kürzen vereinfacht sich der Ausdruck zu

(10 a)
$$R_b = \sqrt[s-1]{N_1}.$$

d) SHREVE (1966, S. 20f) gibt zur Berechnung des Bifurkationsverhältnisses ($R_{b\,sh}$) eine weitere Formel:

(11)
$$\log R_b = \frac{6}{s(s-1)(2s-1)} \cdot \sum_{u=1}^{s-1} (s-u) \log N_u$$

---

[17] Die im Folgenden verwendeten Indizes für R_X bedeuten: am = arithm. Mittel; wm = gewichtetes Mittel (weighted mean); gm = geometr. Mittel; sh = Berechnung nach SHREVE (1966, S. 20); sl = Berechnung über Regressionskoeffizienten (slope).

e) Häufig wird R_X gemäß Gleichung 2 a bzw. 4 a (S. 27) als Antilogarithmus des Regressionskoeffizienten b (slope) nach der allgemeinen Geradengleichung y = a + bx angegeben ($R_{X\,sl}$). Die Berechnung erfolgt über den Quotienten aus der Kovarianz von u und log N_u und der Varianz von u:

$$(12) \quad b = \frac{s_{xy}}{s_x^2}$$

$$(12\,a) \quad = \frac{\Sigma\,xy - \bar{y} \cdot \Sigma\,x}{\Sigma\,x^2 - \bar{x} \cdot \Sigma\,x}$$

(nach KREYSZIG 1970), wobei x für die Ordnung u und y für log X_u steht. Das Verfahren wird von STRAHLER (1964, S. 4–44f; 1968, S. 900) empfohlen und z. B. von SCHUMM (1956, S. 604) für R_L, von GHOSE et al. (1967, S. 150) für R_b und von MORISAWA (1962), RANALLI & SCHEIDEGGER (1968, S. 145ff), KLOSTERMANN (1970) sowie in vorliegender Studie allgemein für R_X angewendet.

Die fünf verschiedenen Berechnungsarten für R_X reagieren teilweise sehr unterschiedlich auf bestimmte Veränderungen gegebener N_u-Kombinationen. Dies sei an einigen Bifurkationsbeispielen in Tabelle 11 aufgezeigt und diskutiert:

Tab. 11 Gesamtbifurkationsverhältnisse R_b nach verschiedenen Berechnungsarten*

Beisp.-Nr.	N_1	N_2	N_3	N_4	R_b am	R_b wm	R_b gm	R_b sh	R_b sl
1	27	9	3	1	3,000	3,000	3,000	3,000	3,000
2	32	10	3	1	3,178	3,216	3,175	3,158	3,190
3	32	16	1		9,000	5,662	5,657	6,964	5,657
4	32	2	1		9,000	14,856	5,657	4,595	5,657
5	32	4	2	1	4,000	7,067	3,175	2,692	3,031
6	32	5	2	1	3,633	5,538	3,175	2,779	3,100
7	32	6	2	1	3,444	4,748	3,175	2,852	3,157
8	32	8	2	1	3,333	3,887	3,175	2,972	3,249
9	32	10	2	1	3,400	3,516	3,175	3,068	3,322
10	32	12	2	1	3,556	3,399	3,175	3,149	3,383
11	32	14	2	1	3,762	3,433	3,175	3,219	3,436
12	32	15	2	1	3,878	3,489	3,175	3,251	3,460
13	32	16	2	1	4,000	3,565	3,175	3,281	3,482
14	32	16	3	1	3,444	2,948	3,175	3,378	3,344
15	32	16	4	1	3,333	2,685	3,175	3,448	3,249
16	32	16	5	1	3,400	2,576	3,175	3,503	3,177
17	32	16	6	1	3,556	2,554	3,175	3,549	3,120
18	32	16	7	1	3,762	2,590	3,175	3,589	3,072
19	32	16	8	1	4,000	2,667	3,175	3,623	3,031

* In der Abfolge von Zeile 5 bis 19 sind die Maxima unterstrichen, die Minima unterpunktet.

Solange keine großen Differenzen zwischen den R_{bu}-Werten auftreten, führen sämtliche Methoden zu annähernd gleichen R_b-Beträgen (Tab. 11, Beisp. 2). Die Ergebnisse sind dann und nur dann identisch, wenn die Flußzahlen genau eine geometrische Reihe bilden (Beisp. 1).

Differieren die R_{bu}-Werte aber stark wie in den Systemen 3. Ordnung der Zeilen 3 ($R_{b1;2}$ = 2,00; $R_{b2;3}$ = 16) und 4 (vertauschte R_{bu}-Folge), könnte man hinter einzelnen Gesamtbifurkationsverhältnissen abweichende N_u-Kombinationen vermuten. Folgende Besonderheiten sind hervorzuheben:

○ Das arithmetische Mittel $R_{b\ am}$ ergibt viel zu hohe Beträge. Die Rückrechnung nach Formel (2), wonach $N_u = R_b^{s-u}$ (s. S. 27), führt zu $N_1 = 9^{3-1} = 81$! Die Überhöhung wächst mit steigenden R_{bu}-Differenzen. Dies trifft auch auf andere R_X-Verhältnisse zu. R_{Xu}-Sequenzen zerlegen den Quotienten X_s/X_1, bzw. beim Bifurkationsverhältnis den Quotienten $N_1/N_s = N_1$ in s-1 Faktoren. R_X läßt sich auf der Grundlage der Gleichungen 1 und 2 bzw. 3 und 4 (S. 27) als geometrisches Mittel dieser Faktoren darstellen (s. Formel 10, S. 65). Unabhängig davon, wie gut das geometrische Mittel $R_{X\ gm}$ gegebene X_u-Reihen wiederzugeben vermag, wird daraus verständlich, daß $R_{X\ am}$ bei ungleichen R_{Xu}-Werten zu überhöhten Beträgen tendiert. Denn das arithmetische Mittel aus ungleichen Summanden ist höher als das geometrische Mittel aus denselben Zahlen. Dies sei an einem Flußsystem 3. Ordnung demonstriert:

Es ist

$$R_{X\ am} = \frac{1}{2}(R_{X1;2} + R_{X2;3}) \text{ und } R_{X\ gm} = \sqrt{R_{X1;2} \cdot R_{X2;3}}.$$

Drückt man $R_{X2;3}$ durch die Summe aus $R_{X1;2}$ und die Differenz d zwischen beiden Werten aus:

$$R_{X2;3} = R_{X1;2} + d,$$

so erhält man aus

$$R_{X\ am} > R_{X\ gm}$$

folgende Ungleichung:

$$\frac{1}{2}(2R_{X1;2} + d) > \sqrt{R_{X1;2} \cdot (R_{X1;2} + d)}.$$

Durch Quadrieren wird daraus:

$$R_{X1;2}^2 + d \cdot R_{X1;2} + \frac{d^2}{4} > R_{X1;2}^2 + d \cdot R_{X1;2}.$$

Die letzte Zeile zeigt, daß z. B. bei Systemen 3. Ordnung $N_1' = R_{X\ am}^2$ immer um $1/4\ (R_{X1;2} - R_{X2;3})^2$ höher liegt als $R_{X\ gm}^2$. Deshalb sollte der zu potenzierende Durchschnittswert R_X nicht als arithmetisches Mittel aus den R_{Xu}-Werten berechnet werden.

○ Das gilt prinzipiell auch für ein gewichtetes arithmetisches Mittel ($R_{b\ wm}$). Das „weighted mean bifurcation ratio" wurde eingeführt, um bei zufälligen Unregelmäßigkeiten innerhalb der R_{bu}-Folge zu einem repräsentativeren Gesamtbifurkationsverhältnis R_b zu kommen (SCHUMM 1956, S. 603). Ausgangspunkt hierfür war gemäß dem Wichtungsprinzip offenbar die Vorstellung, daß die topologische Verknüpfung der Segmente niedrigerer Ordnungen wegen deren größerer Häufigkeit den Charakter des Gesamtnetzes stärker bestimme als die Integrationsweise der wenigen höher eingestuften Flußstrecken. Dem ist jedoch entgegenzuhalten, daß Segmente der Ordnung u+1 bei weitem nicht sämtliche im $R_{bu;u+1}$ mathematisch auf sie bezogenen Gerinne der Ordnung u aufzunehmen brauchen (Extratributäre von Segmenten höherer Ordnung). Über den Konservativitätsgrad (MELTON 1958) der Tributärsysteme der Ordnung s = u+1 gibt das $R_{bu;u+1}$ des Gesamtbeckens keine Auskunft. Ferner dürfte z. B. eine Sammelrinne 3. Ordnung mit 16 Tributären 2. Ordnung (Tab. 11, Beisp. 3) das Flußnetz etwa ebenso prägen wie der (nach den Flußzahlen topologisch nicht lokalisierbare) Sammelrinneneffekt im Flußsystem des Beispiels 4. Der außerordentliche Unterschied zwischen den $R_{b\ wm}$-Beträgen der Beispiele 3 und 4 ist daher nicht gerechtfertigt, zumal das durch die Wichtung weit überhöhte $R_{b\ wm}$ in Zeile 4 ($R_b = 14,856$) gemäß $N_u = R_b^{s-u}$ auf ein System mit $N_2 = 15$ und $N_1 = 221$ schließen läßt und die R_b-Werte von Zeile 3 und 4 im Hinblick auf N_2 eher vertauscht zu erwarten wären.

○ Auch bei $R_{b\ sh}$ kommen Sammelrinneneffekte bei den vertauschten R_{bu}-Folgen der Beispiele 3 und 4 ungleich zum Ausdruck. Aber im Gegensatz zu $R_{b\ wm}$ werden hier die R_{bu}-Werte der niedrigeren Ordnungen unterbewertet. Dies erklärt sich daraus, daß auch in SHREVEs Formel eine Art Wichtung verborgen ist: Die einzelnen R_{bu}-Werte sind in den logarithmierten N_u-Summanden unterschiedlich oft enthalten. Formt man den Summenteil in Formel 11 (S. 65) in eine Summe von log R_{bu} um (z. B. ist

$\log N_{s-2} = \log N_s + \log R_{bs-1;s} + \log R_{bs-2;s-1}$ mit $\log N_s = 0$), so erhält man bei einem Flußsystem 5. Ordnung folgenden Ausdruck:

$$\sum_{u=1}^{4} (5-u) \cdot \log N_u = 10 \log R_{b4;5} + 9 \log R_{b3;4} + 7 \log R_{b2;3} + 4 \log R_{b1;2}.$$

Er läßt die stärkere Bewertung der R_{bu}-Werte der höheren Ordnungen klar erkennen. Hierin liegt die Ursache für die gegenüber $R_{b\,wm}$ umgekehrte Tendenz in Zeile 3 und 4. Die $R_{b\,sh}$-Werte sind jedoch wesentlich niedriger und weniger verschieden als die arithmetisch berechneten $R_{b\,am}$- und $R_{b\,wm}$-Beträge.

○ Das geometrische Mittel $R_{b\,gm}$ reagiert nicht auf die Umstellung der R_{bu}-Verhältnisse in Beispiel 3 und 4. Nach Formel 10 a errechnet sich $R_{b\,gm}$ als (s-1)te Wurzel aus N_1, so daß die zwischen N_1 und N_s auftretenden Flußzahlen keinen Einfluß auf das Ergebnis ausüben.

○ Bei $R_{b\,sl}$ fällt auf, daß die Werte in Zeile 3 und 4 mit dem geometrischen Mittel identisch sind, obwohl die Berechnung einen völlig anderen Weg geht (s. oben). Auch die Gleichheit von $R_{b\,sl}$ der Beispiele 3 und 4 wäre nicht von vornherein zu erwarten. Beide Übereinstimmungen treten aber nur bei Becken 3. Ordnung auf, da hier $\log N_2$ aus dem Summenteil der Kovarianz durch Subtraktion herausfällt, so daß R_b wie beim geometrischen Mittel schließlich aus den Quotienten $N_1/N_s = N_1$ (bzw. X_s/X_1 bei anderen R_x-Werten) ermittelt wird.

In Tabelle 11 ist noch eine Reihe weiterer N_u-Kombinationen für Becken 4. Ordnung mit $N_1 = 32$ aufgeführt. Es handelt sich um zwei ineinander übergehende Gruppen: In den Zeilen 5 bis 13 wächst N_2 vom Minimal- zum Maximalwert, während die anderen Flußzahlen konstant bleiben. Von Zeile 13 bis 19 wird N_3 erhöht. Die Beispiele sollen die unterschiedliche Reaktion der verschiedenen R_x-Ausdrücke auf dieselbe Veränderungstendenz bei den N_u-Kombinationen demonstrieren. $R_{b\,am}$ durchläuft zwei durchhängende Kurven, die an drei gleichhohen Maxima ($R_{b\,am} = 4$) fixiert sind. Diese Veränderungen bei R_b spiegeln die Höhe der R_{bu}-Differenzen wider. $R_{b\,wm}$ zeigt einen ähnlichen Kurvenverlauf, der jedoch im Gegensatz zu $R_{b\,am}$ von Zeile 5 bis 19 eine klare Tendenz zu fallenden R_b-Werten erkennen läßt. Je mehr sich $R_{b1;2}$ mit dem Anwachsen von N_2 verringert, desto niedriger wird $R_{b\,wm}$. Der gleichzeitige Anstieg von $R_{b2;3}$ vermag die höhere Wichtung des abnehmenden $R_{b1;2}$ erst ab $N_2 = 13$ zu kompensieren, wobei aber das Ausgangsmaximum nicht mehr erreicht wird. Einen analogen Verlauf zeigt die Kurve von $R_{b\,wm}$ im Abschnitt von Zeile 13 bis 19. $R_{b\,gm}$ bleibt konstant (3. Wurzel aus 32). Dagegen steigt $R_{b\,sh}$ von Zeile 5 bis 19 kontinuierlich an, da mit dem Anwachsen von N_2 und N_3 das Schwergewicht bei R_{bu} zunehmend zu den in Formel (11) stärker bewerteten höheren Ordnungen verlegt wird. $R_{b\,sl}$ verhält sich bei den N_u-Veränderungen wieder anders: Es steigt mit wachsendem N_2 zu einem Maximum (Beisp. 13) an und fällt dann mit zunehmendem N_3 wieder auf das Ausgangsminimum zurück. Diese Bewegung ergibt sich daraus, daß $\log N_2$ hier mit negativem, $\log N_3$ aber (bei gleichem Koeffizienten) mit positivem Vorzeichen in b eingeht; b ist der negative Logarithmus von $R_{b\,sl}$.

Die Gegenüberstellung verdeutlicht, in welch differenzierter Weise bestimmte N_u-Kombinationen und mit ihnen die jeweils zugrunde liegende Flußnetztopologie bei verschiedener Berechnung von R_x wiedergegeben werden. Die eingeschränkte Vergleichbarkeit unterschiedlich ermittelter R_x-Werte ist evident. Auf sie gründet sich die Forderung nach einheitlichem Vorgehen. Dabei ist der Methode der Vorzug zu geben, welche die tatsächliche Beziehung zwischen X_u und u auch noch bei größerer Variabilität von R_{Xu} in guter Annäherung aufzeigt.

Welche Methode sich am besten eignet, ist nach der vorangegangenen Diskussion noch nicht gesichert. Da die Regressionsgerade nach dem Prinzip der kleinsten Quadrate berechnet wird, könnte man von ihr die geringsten Abweichungen zu den realen X_u-Werten erwarten. Doch muß bedacht werden, daß die Gerade nicht nur durch b, das zu $R_{x\,sl}$ führt, sondern zusätzlich durch den Ordinatenabschnitt a (intercept) bei x (hier u) = 0 festgelegt ist, daß aber R_x, wenn es als $R_{x\,sl}$ ermittelt wird, in der Literatur immer ohne den zugehörigen Wert a auftritt. Andererseits betont SHREVE (1966, S. 20), daß sich auch die Formel für $R_{x\,sh}$ (s. o. Formel 11) direkt von der Methode der kleinsten Quadrate herleitet.

Um die fünf Alternativen für R_X in ihrer Eignung vergleichen zu können, wurden sie empirisch als Bifurkationsverhältnisse getestet. Aus 33 Segmenten 1. Ordnung können sich Flußsysteme 3. bis 6. Ordnung mit insgesamt 100 verschiedenen N_u-Kombinationen bilden, wobei die Differenzen zwischen den in den einzelnen Systemen aufeinander folgenden R_{bu}-Werten erheblich schwanken. Für sämtliche dieser N_u-Kombinationen wurde das Gesamtbifurkationsverhältnis R_X nach den fünf Methoden ermittelt. Mit R_X wurde auf N_u zurückgerechnet und das Abweichungsquadrat zum gegebenen Ausgangswert von N_u festgestellt. Unter Berücksichtigung des durch Gleichung 2 a (S. 27) beschriebenen Zusammenhanges zwischen Ordnung und Flußzahlen wurden die Abweichungsquadrate über den Ausdruck

(13 a) $$D_1^2 = [\log N_u - (s-u) \log R_b]^2$$

berechnet. Wegen der numerischen Rückrechnung nach Gleichung 2 (S. 27) und weil R_b-Werte üblicherweise nicht in ihren Logarithmen angegeben und verglichen werden, wurden die Abweichungsquadrate außerdem für die Antilogarithmen ermittelt:

(13 b) $$D_2^2 = (N_u - R_b^{s-u})^2 .$$

Tabelle 12 enthält die durchschnittlichen Abweichungsquadrate $\overline{D}_1^2$ und $\overline{D}_2^2$, die bei der Berechnung eines bestimmten N_u- oder log N_u-Betrages auftreten können.

Tab. 12 Durchschnittliche Abweichungsquadrate für N_u bei den verschiedenen R_b-Arten

R_b	$\overline{D}_1^2$	$\overline{D}_2^2$
R_b am	0,0202	61,82
R_b wm	0,0638	702,48
R_b gm	0,0224	6,66
R_b sh	0,0122	17,09
R_b sl (a)	0,0072	8,06
R_b sl (b)	0,0165	7,80

R_b wm führt bei der Rückrechnung zu außerordentlich starken Abweichungen von den Ausgangs-N_u-Werten. Auch bei R_b am sind $\overline{D}_1^2$ und besonders $\overline{D}_2^2$ noch recht hoch. Unter Berücksichtigung der obigen Diskussion eignen sich R_X wm und R_X am daher am wenigsten zur Angabe von Gesamtbifurkations- und anderen Verhältnissen.

Für R_b sl sind in Tabelle 12 zwei Wertepaare aufgeführt. Die Abweichungsquadrate in der Zeile R_b sl (a) ergeben sich, wenn bei der Rückrechnung auf N_u der Ordinatenabschnitt a (intercept) gemäß der allgemeinen Geradengleichung y = a + b x berücksichtigt wird. Die Ausgleichsgerade geht in diesem Falle nicht durch den Punkt (s; log N_s), was aber nach MAXWELL (1960) auch nicht erforderlich ist. Da R_b sl in der Literatur üblicherweise ohne den zugehörigen Ordinatenabschnitt a angegeben wird, wurde die Rückrechnung zusätzlich wie bei den anderen R_b-Arten vom Punkt (s; log N_s bzw. s; N_s) aus durchgeführt. Daraus resultieren die Abweichungsquadrate der Zeile R_b sl (b). $\overline{D}_1^2$ zeigt für R_b sl (a) die geringste Abweichung an; der entsprechende $\overline{D}_2^2$-Betrag liegt noch in der Minimum-Gruppe. Bei R_b sl (b) sind die logarithmisch berechneten Abweichungsquadrate zwar deutlich höher, die aus den Antilogarithmen ermittelten dagegen niedriger.

R_b sh liegt bei $\overline{D}_1^2$ zwischen den beiden Werten für R_b sl, führt aber bei numerischer Rückrechnung zu spürbar stärkeren Abweichungen.

R_b gm zeigt eine überraschend gute antilogarithmische Annäherung, aber bei $\overline{D}_1^2$ übertrifft es sogar das arithmetische Mittel R_b am. Hierbei ist zu berücksichtigen, daß bei R_b gm die Abweichungen für N_1 und N_3 aufgrund der Berechnungsweise (aus N_1/N_s) immer gleich Null sind, und daß N_u-Werte, bei denen keine Abweichungen auftreten können, bei der Ermittlung von $\overline{D}^2$ nicht berücksichtigt wurden[18]. Aus den Zahlen für $R_{b\,gm}$ folgt zweierlei: (1) Wo $\overline{D}^2$-Abweichungen auftreten können, sind sie im Durchschnitt ziemlich hoch. (2) Da mit $R_{b\,gm}$ aber nur bei s-2 N_u-Werten Abweichungen möglich sind, liegt die mittlere Summe der Abweichungsquadrate pro N_u-Kombination unter der für $R_{b\,am}$ (s-1 Abweichungen), häufig sogar noch unter jener von $R_{b\,sl}$ (b).

Die $\overline{D}^2$-Vergleiche erbrachten keine gravierenden Eignungsunterschiede zwischen $R_{b\,gm}$, $R_{b\,sh}$ und $R_{b\,sl}$. Dennoch erscheint die Verwendung des $R_{b\,sl}$ (bzw. $R_{X\,sl}$) am zweckmäßigsten. Mehrere Gründe sprechen dafür: $R_{b\,sl}$ ermöglicht bei Berücksichtigung der Ordinatenabschnitte a die beste Annäherung an beliebige N_u-Kombinationen ($\overline{D}_1^2$). Aber auch bei der üblichen Betrachtung der Bifurkationsverhältnisse (Numerus und ohne Ordinatenabschnitt a) bietet $R_{b\,sl}$ ein recht brauchbares Gesamtbild über die einzelnen Flußzahlen-Verhältnisse [$R_{b\,sl}$ (b); $\overline{D}_2^2$]. Dies gilt besonders im Vergleich mit $R_{b\,sh}$. Das $R_{b\,gm}$ bringt bei $\overline{D}_2^2$ zwar geringere Abweichungen, doch ist gemäß $\overline{D}_1^2$ eine danach für ein HORTON-Diagramm gezeichnete Funktionsgerade von log N_u bezüglich u im allgemeinen schlechter angepaßt als bei $R_{b\,sl}$, denn die zwischen N_1 und N_s liegenden N_u-Werte haben keinen Einfluß auf $R_{b\,gm}$, obwohl sie genauso zufallsabhängig und deshalb gleichbedeutend für das Gesamtbifurkationsverhältnis sind wie N_1 und s, die Ausgangsgrößen für $R_{b\,gm}$ (s. MAXWELL 1967, S. 135f). Demgegenüber berücksichtigt $R_{b\,sl}$ bei geradzahligem s sämtliche N_u-Werte; bei ungeradem s fällt die mittlere Ordnungsstufe weg, so daß das Ergebnis noch von s-1N_u-Werten abhängt. Die Absolutbeträge der Koeffizienten, mit denen die log N_u-Werte in die Berechnung eingehen, steigen symmetrisch vom Mittelwert der Ordnungen u in Richtung N_1 und N_s an, wodurch die Flußzahlen der niedrigen und der hohen Ordnungen gleich bewertet werden. Das bedeutet wiederum einen gewissen Vorteil gegenüber $R_{b\,sh}$ und ganz besonders gegenüber $R_{b\,wm}$.

Auch bei der Anwendung auf andere Verhältnisse (z. B. R_L, R_A) erweist sich $R_{X\,sl}$ als die bessere Methode. Da für R_{Lu} und R_{Au} kein fester Minimalwert existiert (im Gegensatz zu $R_{bu} \geq 2$), können diese Werte von Ordnungsstufe zu Ordnungsstufe eines Systemes breiter variieren als R_{bu}. Dies führt vielfach zu noch stärkeren Überhöhungen der arithmetisch gemittelten $R_{X\,ar}$- und $R_{X\,wm}$-Werte als bei R_b. Die gewichteten und ungewichteten arithmetischen Mittelwerte sind daher auch hier nicht zu empfehlen. Aus den gleichen Gründen bringt auch $R_{X\,gm}$ bei den Flächen- und insbesondere bei den Längenverhältnissen teilweise sehr schlechte Annäherungen, denn der neben dem Mittelwert $\overline{L}_1$ zur Berechnung benutzte Einzelwert L_s braucht wegen seiner völlig unabhängigen Variabilität die allgemeine Tendenz der Längen $\overline{L}_1$ bis $\overline{L}_{s-1}$ keineswegs widerzuspiegeln. Die Annäherung an die tatsächlichen Längenverhältnisse leidet bei $R_{X\,gm}$ sehr darunter, daß die zwischen $\overline{L}_1$ und L_s gelegenen $\overline{L}_u$-Beträge unberücksichtigt bleiben. Die durchschnittlichen Abweichungsquadrate für $\overline{L}_u$ in Tabelle 13 demonstrieren das deutlich. (Sie wurden in analoger Weise wie die Daten von Tabelle 12 ermittelt; Ausgangsmaterial sind die 16 Becken 4. Ordnung im Rißbachgebiet.)

Tab. 13 Durchschnittliche Abweichungsquadrate für $\overline{L}_u$ (m) bei verschiedenen R_L-Arten

R_L	$\overline{D}_1^2$	$\overline{D}_2^2$
R_L gm	0,094	321 311
R_L sh	0,048	308 930
R_L sl (a)	0,030	193 147
R_L sl (b)	0,051	201 132

$R_{X\,sl}$ (a) bietet auch bei den Längenverhältnissen die beste Annäherung. Selbst bei Vernachlässigung des Ordinatenabschnittes a, also bei $R_{L\,sl}$ (b) liegt $\overline{D}_1^2$ (logarithmisch berechnet nach Gleichung 13 a) nur unwesentlich über $R_{L\,sh}$, während sich $\overline{D}_2^2$ kaum verschlechtert. $R_{L\,sh}$ fällt vor allem bei $\overline{D}_2^2$ erheblich ab.

---

[18] Für die anderen R_b-Arten außer R_b sl (a) betrifft dies nur N_s, denn bei ihnen verläuft die Funktionsgerade von log N_u durch N_s, so daß auch die Rückrechnung von $N_s = 1$ bzw. von log $N_s = 0$ ausgeht.

Bei Übertragung von $R_{b\,sh}$ auf andere R_X-Verhältnisse muß Formel (11) etwas verändert werden, weil im Gegensatz zu den Flußzahlen nicht mehr X_s ($N_s = 1$) sondern X_1 ($\bar{L}_1$, $\bar{A}_1$) die Basiseinheit der geometrischen Reihe darstellt; für die Längenverhältnisse (analog für die Flächenverhältnisse) lautet die Gleichung:

$$(11\text{ a}) \qquad \log R_{L\,sh} = \frac{6}{s(s-1)(2s-1)} \cdot \sum_{u=2}^{s} (u-1) \cdot \log \bar{L}_u/\bar{L}_1$$

Wie die Vergleiche anhand der Tabellen 11 und 13 zeigten, bietet $R_{X\,sl}$ sowohl bei R_b als auch bei anderen Verhältnissen gut angenäherte Werte für die Veränderungen von X_u über die gesamte Ordnungsabfolge von Flußsystemen. Deshalb empfiehlt sich die Berechnung von R_X als $R_{X\,sl}$. Aber auch praktische Gründe sprechen für ein solches Vorgehen. Erstens liegen in der Literatur bereits vielfach Bifurkations-, Längen- und Flächenverhältnisse nach dieser Methode vor, so daß einwandfreie Vergleiche von Flußnetzen weitgehend ohne zeitraubende Umrechnungen möglich sind. Dies gilt vor allem gegenüber $R_{X\,gm}$ und $R_{X\,sh}$, die zudem für Bifurkationsverhältnisse eingeführt sind und daher auch auf andere Verhältnisse kaum oder gar nicht angewendet wurden. Außerdem erfordert die Berechnung von $R_{X\,sl}$ angesichts der Verbreitung hoch entwickelter elektronischer Taschenrechner nicht mehr Aufwand als die anderen Methoden, abgesehen vielleicht vom geometrischen Mittel.

Wenn $R_{X\,sl}$ als gut geeigneter Ausdruck für Bifurkations-, Längen-, Flächenverhältnisse im Hinblick auf die Vergleichbarkeit der Ergebnisse allgemein zur Anwendung empfohlen wird, so darf nicht übergangen werden, daß bereits Einwände gegen dieses Vorgehen erhoben worden sind (z. B. MELTON 1958, S. 44; MAXWELL 1967, S. 135), weil dabei mit Ordinalskalen (Ordnung u) Regressionen berechnet werden.

Nun ist aber seit HORTON (1945) bekannt, daß die Variablen X_u offenbar von der Variablen u abhängen. Mathematisch heißt das, daß sich X_u als Funktion von u darstellt: $X_u = f(u)$, und statistisch bedeutet dies, daß es eine Regression von X_u nach u gibt. Die Funktion f ist auf empirischen Wegen bekannt geworden: Die Zahlenfolgen innerhalb der einzelnen X_u-Serien bilden geometrische Reihen. Dies führte zur Formulierung der Gleichungen (2), (4) und analoger Ausdrücke für weitere Variablen X_u (s. Kap. 3.1.2.). Durch Logarithmieren erhält man daraus $\log X_u$ als lineare Funktion von u. Die Gültigkeit dieser in den HORTONschen und weiteren „Gesetzen" festgestellten Beziehungen wurde vielfach empirisch bestätigt, und die Existenz der Beziehungen konnte als Ausdruck zufallsstatistischer Gesetzmäßigkeiten theoretisch erklärt werden.

Damit steht fest: $\log X_u$ ist eine Funktion von u, und der statistische Zusammenhang ist durch eine lineare Regression von $\log X_u$ gegen u gegeben. Weil die Regression von $\log X_u$ gegen u aber die Beziehung zwischen Werten einer Rationalskala (X_u) und einer Ordinalskala (u) beschreibt, darf sie offenbar nicht mit den adäquaten Mitteln der Regressionsanalyse untersucht werden. Das ist nicht logisch. Die Notlösung, mit der MAXWELL das Dilemma zu umgehen versucht, kann als Demonstrationsbeispiel für den darin enthaltenen Widerspruch gelten; er erklärt: „In this study, bifurcation ratio, B (B entspricht dem hier gebrauchten Symbol R_b), is defined as the antilog of the slope of a straight line fitted by inspection equally to all points of a scatter diagram of the logarithm of numbers of channels of each order plotted against order number. This definition avoids the computation of linear regressions and least-squares lines which is impermissible with ordinal measurements" (MAXWELL 1967, S. 135). MAXWELL ermittelt zwar den Regressionskoeffizienten (slope), um aber keine verbotenen Rechenoperationen durchführen zu müssen, konstruiert er ihn graphisch über die Ausgleichsgerade. Damit löst er das Problem aber nur scheinbar, denn beim Verbot, mit Ordinalwerten Regressionen zu berechnen, liegt die Betonung nicht auf „berechnen", sondern auf „Regressionen". Die Schwierigkeit, die zum Verbot führt, hat er mit der Konstruktion der HORTON-Diagramme stillschweigend übergangen, indem er, gemäß der eingeführten Praxis, die Ordnungen in gleichbleibenden Abständen auf der Abszisse auftrug.

Auf der Basis von Rang- oder Ordinalwerten läßt sich im gegebenen Fall ohne weiteres die Aussage formulieren: Je größer X_2, desto größer X_1 (mit X_2 als unabhängiger und X_1 als abhängiger Variablen). „Die lineare Funktion ist insofern jedoch eine speziellere, eingeschränkte Fassung des allgemeinen Jedesto-Satzes, als bei ihr größeren Werten in X_2 nicht nur größere Werte in X_1 korrespondieren, sondern darüber hinaus gleichen Differenzen in X_2 gleiche Differenzen in X_1 zugeordnet sind" (GAENSSLEN & SCHUBÖ 1973, S. 19). Die Forderung der gleichen Differenzen ist aber mit Ordinal- oder Rangskalen nicht zu erfüllen, weil die Abstände auf der Rangskala nicht die Realabstände der in die Rangskala übertragenen Ausgangswerte repräsentieren. Deshalb soll mit Ordinalskalen keine Regressionsanalyse durchgeführt werden. Diese Vorschrift betrifft aber nicht den Ermittlungsweg, sondern das Ermittlungsziel, denn „regressions- und korrelationsanalytische Aussagen sind für das zu Messende nur dann bedeutungsvoll, wenn die zu messende Größe sich in der Messung linear abbildet, d. h. wenn die Messung eine lineare Funktion des zu Messenden ist" (GAENSSLEN & SCHUBÖ 1973, S. 35f). Weil Ordinalskalen die Realabstände der Ausgangsgrößen verwischen, sind sie auch keine lineare Funktion „des zu Messenden". Deshalb führen Regressionsanalysen mit Rangplätzen zu bedeutungslosen Ergebnissen.

Soweit die statistische Theorie. Für die flußnetzanalytische Praxis ergibt sich daraus nicht die Frage, *wie* ermittelt man R_X, sondern: Soll R_X, ein möglicherweise bedeutungsloser Ausdruck, überhaupt ermittelt werden? Denn R_X ist nichts anderes als der delogarithmierte Regressionskoeffizient von log X_u gegen u, und zwar unabhängig davon, auf welchem Weg und mit welcher Exaktheit es gewonnen wurde. Und da R_X in den von u abgeleiteten Potenzen die geometrischen Reihen von X_u beschreibt (s. Gleichung 2 und 4), muß man konsequenterweise weiter fragen: Durften die HORTONschen und anderen Flußnetz-„Gesetze" lege artis überhaupt formuliert werden, oder handelt es sich um sinnlose Postulate, die sich über statistische Elementarforderungen hinwegsetzen?

Die Ausagen der „Gesetze" der Flußnetzgestaltung erwiesen sich in einer Flut wissenschaftlicher Arbeiten empirisch wie theoretisch als durchaus sinnvolle Beschreibung zufallsstatistischer Gesetzmäßigkeiten. Die lineare Regression liefert offenbar einen recht brauchbaren Ausdruck für die Beziehung zwischen log X_u und u. Der vom Standpunkt der Statistik aus erhobene Einwand, die Regressionsanalyse führe bei Ordinalzahlen zu bedeutungslosen Ergebnissen, ist damit für den Fall der Flußordnungen (nach dem HORTONschen und dem STRAHLERschen Ordnungsschema) gegenstandslos geworden. Daraus läßt sich induktiv die Rechtjertigung sowohl für die Benützung als auch für die regressionsanalytische Bestimmung der R_X-Verhältnisse ableiten. Die oben gegebene Empfehlung, R_X als $R_{X\,sl}$ zu berechnen, stützt sich auf dieses Ergebnis. Unter Berücksichtigung der Vergleichsresultate bezüglich der Anpassungsgüte im ersten Teil dieses Abschnittes läßt sich die Empfehlung auch so formulieren, daß R_X als das ermittelt werden soll, was es tatsächlich darstellt, nämlich als Antilogarithmus des Regressionskoeffizienten von log X_u gegen u.

Wenn die regressionsanalytische Bearbeitung der Flußnetze trotz des Rangplatzcharakters von u zu sinnvollen und untereinander vergleichbaren Ergebnissen führt, dann müssen offenbar spezielle Eigenschaften der Flußordnungen die Voraussetzungen bieten. In Umkehrung der zitierten Aussagen von GAENSSLEN & SCHUBÖ (1973, S. 35f) könnte man daraus folgern, daß die Zahlenreihe der aufeinander folgenden Ordnungen u beim HORTONschen und STRAHLERschen Ordnungsschema die „zu messende" Größe der Ordnungen angenähert linear abbildet. Das eigentliche Wesen der Flußordnungen, das durch u ausgedrückt wird, kann hier nicht diskutiert werden. Doch seien einige Aspekte aufgezeigt, in welchen sich die Flußordnungen von anderen Rangplatzzuteilungen, wie etwa nach Alter oder Einkommen, unterscheiden. Die Ordnungen stehen für diskrete topologisch-hierarchische Verknüpfungsstufen. Die Grenzbedingungen für eine Ordnung u ($N_{u-1} \geqq 2$; $N_u = 1$) binden deren Existenz an quantitative und topologische Voraussetzungen bei der nächst niedrigen Ordnung u-1. Diese Voraussetzungen gelten ohne Unterschied für jede Ordnungsstufe u = i außer i = 1. Eine gegebene Ordnung u repräsentiert ein nicht variables topologisches Grundgerüst, in dem die Beziehungen zwischen den Ordnungen und vermutlich auch die quantitativ nicht ohne weiteres faßbaren Realabstände zwischen den Zustandsstufen, denen die Ordnungen zugemessen werden, einheitlich festgelegt sind. Damit hat u = i unabhängig vom jeweiligen Charakter (Konservativität) des betrachteten Flußnetzes immer dieselbe Bedeutung. Gleichzeitig besagt die in einem System auftretende höchste Ordnung s nicht nur, daß es s rangverschiedene Zustandsstufen gibt, sondern sie deckt zudem das gesamte hierarchisch effektive topologische Grundgerüst über sämtliche niedrigeren Rangstufen von u = 1 bis u = s auf. Im Gegensatz dazu kann bei anderen Rangplatzzuteilungen weder aus der Rangplatzziffer noch aus dem zugehörigen Realwert auf den exakten Bedeutungsgehalt der niedrigeren Rangstufen geschlossen werden, weil die geordneten Variablen voneinander unabhängige Größen darstellen. Da die Ordnungen durch Abzählen bestimmter topologischer Ereignisse ermittelt werden, tragen sie möglicherweise mehr den Charakter von Kardinalzahlen als den von Rangzahlen.

Zusammenfassung:

Die Gesamtverhältnisse R_X (R_b, R_L, R_A) über ganze Flußsysteme werden bisher über verschiedene mathematische Ansätze berechnet. Da die R_X-Beträge bei gleichen Ausgangsdaten nach den einzelnen Rechenwegen teilweise beträchtlich differieren, können analysierte Flußnetze vielfach nicht sinnvoll anhand ihrer R_X-Verhältnisse verglichen werden. Der Einfluß der Rechenwege auf das Ergebnis wird aufgezeigt und erklärt. Bei einzelnen Formeln, insbesondere beim gewichteten und ungewichteten arithmetischen Mittel aus R_{X_u}, gibt R_X die reale Ausgangsbeziehung zwischen X_u (N_u, $\overline{L}_u$, $\overline{A}_u$) und der Ordnung u in teilweise sehr schlechter Annäherung wieder, was sich im empirischen Vergleich verifizieren läßt.

Es wird empfohlen, die Gesamtverhältnisse R_X als Antilogarithmus des Regressionskoeffizienten von X_u gegen u zu berechnen,

○ weil R_X nach dieser Methode eine gute Beschreibung der Beziehung zwischen X_u und u liefert,

○ weil ein einheitliches Vorgehen die Vergleichbarkeit der Ergebnisse garantiert,

○ weil die Literatur bereits zahlreiche Vergleichsergebnisse nach diesem Berechnungsmodus bietet, und

○ weil der Rechenaufwand bei den heutigen Hilfsmitteln gering ist.

Die Methode kann als statistisch unbedenklich gelten, weil sich der Einwand, mit Ordinalzahlen solle keine Regressionsanalyse durchgeführt werden, nicht auf den Berechnungsmodus des Regressionskoeffizienten bezieht, sondern auf die Anwendung der Analyse. R_X hat auch dann die Bedeutung des delogarithmierten Regressionskoeffizienten von log X_u gegen u, wenn es – eventuell unter Inkaufnahme einer schlechteren Annäherung – auf anderem Wege als nach dem Prinzip der kleinsten Abweichungsquadrate ermittelt wurde. Die regressionsanalytische Betrachtung von Flußnetzen aber hat sich trotz des Einwandes bewährt.

3.2. Geologische Vorzeichnung von Erosionslinien

„Erosionslinien" steht hier als Oberbegriff für Täler und Rinnen, also für linearerosive Hohlformen unterschiedlicher Größe und Ausprägung. Geologisch vorgezeichnete Erosionslinien sind solche, die sich aufgrund selektiv verstärkter Abtragung in präexistente Schwächezonen des Gesteins eingetieft haben. Als vorzeichnende Schwächezonen kommen Gesteinspartien in Frage, die gegenüber den jeweils herrschenden, klimabestimmten Verwitterungs- und Abtragungsmechanismen geringere Resistenz aufweisen als ihre Umgebung.

Drei verschiedene geologische Erscheinungen kommen in dem aus Sedimenten aufgebauten Karwendelgebirge für die Vorzeichnung von Ausräumungszonen in Betracht:

1. resistenzschwächere lithostratigraphische Horizonte innerhalb petrographisch unterschiedlich aufgebauter Sedimentserien,
2. Schichtfugen und
3. tektonische Trennflächen (Klüfte, Störungen) mit ihren Begleiterscheinungen (tektonische Brekzien, Mylonite).

3.2.1. Zusammenhang zwischen Erosionslinienrichtung und der Streichrichtung einer vorzeichnenden Struktur

Folgen Erosionslinien geologischen Strukturen, so müssen sie deswegen nicht unbedingt auch in deren Streichrichtung liegen. Nur in zwei Extremfällen stimmen die Richtungen völlig überein: Entweder die Erosionsform verläuft exakt horizontal, oder die vorzeichnende Struktur steht senkrecht. In allen anderen Fällen treten Richtungsdivergenzen auf, die mit flacher werdendem Einfallen der Schwächezone und mit zunehmender Neigung der ihr folgenden Erosionslinie (bzw. der Ausstrichslinie) bis maximal 90° anwachsen können. Das Diagramm in Abbildung 12 verdeutlicht die gegenseitige Abhängigkeit der drei Größen und läßt sich zur Ermittlung des Divergenzwinkels verwenden.

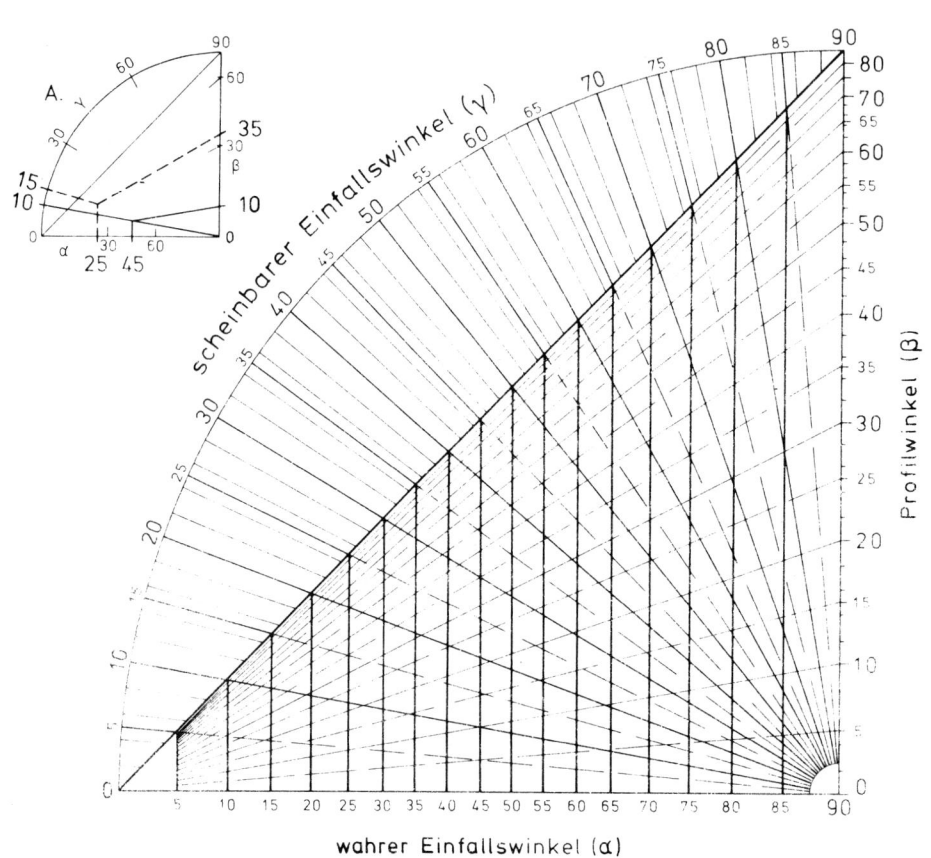

Abb. 12 Diagramm zur Bestimmung des Divergenzwinkels zwischen der Streichrichtung geologischer Strukturen und dem Azimut der durch sie vorgezeichneten Erosionslinien. (Das Diagramm – entworfen von SMITH 1925 – dient bei der Konstruktion geologischer Profile zur Ermittlung des scheinbaren Einfallswinkels. Nachdruck aus FLICK et al. 1972, Clausthaler Tektonische Hefte, Heft 12, S. 32, mit freundlicher Genehmigung des Verlages E. Pilger.)
Erläuterung:
α = Einfallswinkel der vorzeichnenden Struktur
β = Divergenzwinkel
γ = Gefällswinkel der vorgezeichneten Erosionslinie (Rinne, Tal)
Bestimmung des Divergenzwinkels β aus α und γ: Die Vertikallinie von α wird mit dem Strahl von γ zum Schnitt gebracht. Der vom Punkt α und $\gamma = 0$ aus durch diesen Schnittpunkt verlaufende Strahl gibt den Divergenzwinkel β an.

Die Variabilität und die mögliche Größe des Divergenzwinkels könnten Zweifel daran aufkommen lassen, ob geologisch vorgezeichnete Täler noch so an die Streichrichtung gebunden sind, daß der Zusammenhang durch den seit langem praktizierten Richtungsvergleich erfaßt werden kann. Aber Abbildung 12 zeigt, daß dies dennoch weitgehend möglich ist: Die großen Täler im Arbeitsgebiet weisen Gefällswerte von durchschnittlich etwa 5° auf; daher übersteigt die Richtungsdivergenz selbst bei Einfallswinkeln bis 25° hinab den Betrag von 10° nicht. Mit abnehmendem Gefälle schrumpfen die Divergenzwinkel. Die Runsen an den zum Teil sehr steilen Talflanken im Arbeitsgebiet erreichen jedoch Gefällswinkel bis 50° und darüber. Hier sind theoretisch beachtliche Divergenzwinkel möglich, doch halten sie sich in der Natur nach Geländebeobachtungen in Grenzen. Denn je steiler der Hang, desto schwieriger wird es offenbar, ein Rinnsal aus der Fallinie abzulenken, so daß schließlich nur noch sehr steil bis saiger stehende Schwächezonen morphologisch genutzt werden. Dennoch können in Einzelfällen größere Richtungsdivergenzen die Zusammenhänge zwischen geologischen Strukturen und den Talabschnitten verschleiern. Die Übereinstimmung ist dann nur im SCHMIDTschen Netz (s. Abb. 14 und 22) nachzuweisen. Abbildung 3 (S. 22), welche neben den Lagerungsverhältnissen des Hauptdolomit im westlichen Teil der Rißbachtal-N-Flanke auch durch Schichtung vorgezeichnete Tal- und Rinnenabschnitte zeigt, vermittelt eine Vorstellung über die in mäßig steilem Gelände auftretenden Divergenzen zwischen dem Streichen der vorzeichnenden Schichtung und dem Azimut der darauf angelegten Erosionslinien.

Werden die tektonischen Daten – wie etwa bei LIST (1969f) – aus den Azimuten der in den Luftbildern verfolgbaren Ausbißlinien gewonnen, tritt das Problem der Richtungsdivergenzen nicht auf.

3.2.2. Petrographische Vorzeichnung

Petrographisch vorgezeichnete Tiefenlinien entstehen durch selektiv verstärkte Abtragung weniger widerstandsfähiger Schichten in einem petrographisch differenzierten Gesteinspaket. Täler dieser Art werden nach DAVIS (1899) als subsequente Täler bezeichnet.

Die durch fazielle Unterschiede in der Sedimentfolge vorgezeichneten Tal- und Rinnenabschnitte im Rißbachgebiet wurden nach den geologischen Karten von AMPFERER & OHNESORGE (1912) und AMPFERER (1950) sowie durch eigene Geländebegehungen ermittelt. Sie werden in der stratigraphischen Abfolge der Schichtglieder, denen sie folgen, beschrieben[19].

Der Sulzgraben, der die Abflüsse aus dem Bettlerkargebiet dem Plumsgraben zuführt, hat sich in seinem unteren Abschnitt von etwa 1270 m NN bis zur Mündung in den Plumsgraben (ca. 1190 m NN) auf eine Länge von 500 m in das feinsandige, stark ton- und glimmerhaltige Gestein des Haselgebirges (AMPFERER 1942, S. 18f; HEISSEL 1950, S. 9 u. 27) eingegraben. Das gleiche gilt für den Plumsgraben in den ersten hundert Metern nach der Sulzgrabenmündung. Dieses Sediment liegt als älteste stratigraphische Einheit des Karwendelgebirges an der Basis der Inntaldecke und wurde bei der Deckenbewegung nachhaltig beansprucht. Nach S einfallend lagert es dem überschobenen Hauptdolomit der Lechtaldecke auf. An dieser Grenze hat sich der Sulzgraben eingetieft, so daß an der Nordflanke des Tales der Hauptdolomit, an der Südflanke das Haselgebirge ansteht. Erosionsreste von Haselgebirge an der Nordflanke lassen aber erkennen, daß die (überschotterte) Sohle des Sulzgrabens in ihrer ganzen Breite in dieses, gegenüber dem Hauptdolomit erosionsanfällige Gestein eingesenkt ist. In dem südostwärts an diese Talstrecke anschließenden oberen Abschnitt überdecken Hangschutt und Lokalmoräne auf etwa 500 m die Basis der Inntaldecke. Die Tiefenlinie des Sulzgrabens verläuft im Hauptdolomit. Weiter südostwärts tritt die Deckengrenze wieder an die Oberfläche, liegt jedoch anfangs ca. 60 m über der Bachsohle, so daß der Sockel der steilen Südflanke immer noch vom Hauptdolomit gebildet wird. Erst oberhalb 1420 m NN folgt die Tiefenlinie wieder auf 250 m dem Haselgebirge, bis sie von 1500 m NN an durch Moräne und Schutt ausgekleidet wird. Sie begleitet aber weiterhin auf einer Strecke von rd. 800 m bis in ca. 1870 m Höhe hinauf, wo sie ihr oberes Ende findet, den Fuß der rezenten Inntaldeckenstirn (NW-Flanke der Bettlerkarspitze). Von hier ostwärts geht die steile NW-Flanke der Inntaldecke direkt in die zum Plumsgraben hinabziehenden Hauptdolomit-Hänge über; zugleich mit der Rinne läuft auch der in sie

---

[19] Bezüglich der geologischen Verhältnisse sei auf die angeführten Geologischen Karten hingewiesen. Zur Orientierung wird neben der Gewässerkarte im Anhang die Benützung der größermaßstäbigen Alpenvereinskarte 1 : 25 000 (Karwendel, Blatt Mitte und Blatt Ost) empfohlen.

eingelagerte Schuttstreifen aus und läßt die Fortsetzung der Deckenbasis mit dem hier wesentlich geringer mächtigen (streckenweise auskeilenden) Haselgebirge wieder zum Vorschein kommen. Daraus ist zu schließen, daß diese Rinne wohl zum größten Teil durch Erosion des heute überschotterten Haselgebirgsbandes entstanden ist. Lediglich im obersten Stück der Rinne trat möglicherweise der Ausbiß der Überschiebungsfläche mit ihren Begleiterscheinungen als Erosionsanlaß an die Stelle der hier mehr oder weniger ausgedünnten Lage des Haselgebirges, wie das in AMPFERERs Karte (1950) zum Ausdruck gebracht ist. Nach dieser Kartierung kann die Ausräumungszone von Sulz- (und Plums-)Graben auf mindestens 1200 m Länge unmittelbar auf das resistenzschwächere Haselgebirge zurückgeführt werden. Sehr wahrscheinlich wird darüber hinaus auch das heute im Hauptdolomit verlaufende Mittelstück des Sulzgrabens ursprünglich auf diese Weise vorgezeichnet gewesen sein. Die mit der Bewegung der Inntaldecke verbundene Beanspruchung der an der Überschiebungsbahn gelegenen Gesteinszone dürfte die petrographisch bedingte Resistenzschwäche in ihrer morphologischen Wirkung verstärkt haben.

Der Große Totengraben und der Graben des Gumpenbaches, sie ziehen beide mit einer Länge von je ca. 750 m von der Gamsjoch-Gruppe nach E zum Enger Tal hinab, entstanden durch Ausräumung von Reichenhaller Rauhwacken. Die leichte Verwitterbarkeit und Erodierbarkeit dieses Gesteins sind auf das besondere Gefüge und die Einschaltung toniger Zwischenlagen zurückzuführen (vgl. AMPFERER 1903a, S. 217, u. 1942, S. 38; HEISSEL 1950, S. 10).

Die 4,75 km lange Talungszone, welche vom Steinloch über die Torscharte und das obere Tortal bis zur Stuhlscharte reicht, hängt mit dem dortigen Auftreten der Partnachschichten zusammen. Der Ausräumungsstreifen bildet die größte Subsequenzzone im Arbeitsgebiet, auch wenn sie durch die Wasserscheide der Torscharte an zwei verschiedene Vorfluter (Tortal- und Rontalbach) aufgeteilt wird. Die Partnachschichten gehören dem Verband des überkippten Südflügels der Karwendelmulde an, so daß sie im N dem Wettersteinkalk aufliegen, während der ältere Muschelkalk im S das (tektonisch) Hangende bildet. An der Torscharte, wo der Schichtverband mit etwa 50° ziemlich genau nach S einfällt, erreichen die Partnachschichten mit 50 bis 100 m (AMPFERER & OHNESORGE 1924, S. 26) ihre größte Mächtigkeit. Gegen W und E zu keilen sie allmählich aus. Nach E erstrecken sie sich bis zur Stuhlscharte. Ihr westliches Ende war bisher unbekannt, da sie am Fuß der Torscharte von Schuttmassen überlagert werden (s. KUPKE 1958, S. 56). Nach eigenen Untersuchungen im Gelände sind sie im westlichen Teil des Steinloches in der Halde am Südfuß der Steinkarlspitze unter dünner Schuttdecke weiterzuverfolgen. Auch in der äußersten NW-Ecke dieses Kares konnten sie, stark eingequetscht zwischen Wettersteinkalk und einer angepreßten Partnachkalk-Scholle, noch einmal aufgefunden werden. Damit läßt sich die Ausräumungszone in ihrer gesamten Erstreckung mit dem Auftreten dieser aus grauschwarzen Schiefertonen und grauen Tonmergeln bestehenden ladinischen Beckenfazies in Beziehung bringen.

Im tektonisch Liegenden der Partnachschichten folgen in dem invers gelagerten Südflügel der Karwendelmulde gegen N nach dem Wettersteinkalk die Raibler Schichten. Ihre Sedimentation erfolgte unter starkem, aber im einzelnen wechselndem terrigenem Einfluß, woraus ihre vielfältige fazielle Differenzierung (Sandsteine, Schiefertone, Mergel, Kalke, Dolomite, Rauhwacken und Evaporite) und die erheblichen Mächtigkeitsschwankungen der einzelnen Teilserien wie auch der Gesamtfolge abzuleiten sind (JERZ 1966). Nach JERZ (1966, S. 6) wurden die Raibler Schichten konkordant über dem Wettersteinkalk abgelagert. (Ausnahmen betreffen nicht das Arbeitsgebiet). Die trotzdem häufig zu beobachtenden Diskordanzen (z. B. Äuerlstuhl-W-, Tortal-E- und Steinkarlspitz-N-Flanke) sind demnach tektonischen Ursprungs. Die fazienbedingten Resistenzschwächen der Schiefertone, Sandsteine und Mergel wurden durch tektonische Beanspruchungen, die teilweise zur Reduzierung des Schichtbestandes führten, verstärkt (s. a. AMPFERER 1903a, S. 233, JERZ & ULRICH 1966, S. 29, u. TRUSHEIM 1930, S. 11).

Die westlichste dieser Erosionszonen, die des Grießgrabens nördlich der Steinkarlspitze, ist nicht sehr typisch. Die Tiefenlinie folgt einer streichenden Störung im Grenzbereich zum Hauptdolomit. Dennoch dürften die weniger widerständigen Schichtglieder der Raibler-Serie im Bereich der Südflanke des Tales dessen Ausräumung und vor allem die Freilegung des Steinkarlspitz-N-Abbruches (Wettersteinkalk; nach AMPFERER & OHNESORGE 1912) erleichtert haben. Hinweise dafür bietet der vom Wandfuß zum

Grießgraben-Bach hinabführende Hang. Er wird – besonders deutlich in der Osthälfte – durch eine Rippe aus Raibler Kalk in einen steilen, nach unten flacher auslaufenden tieferen Teil, in dem Raibler Schichten anstehen, und in einen oberen, schuttbedeckten, weniger steilen Teil gegliedert. Die Rinnsale, die von der Steinkarl-N-Flanke herabkommen, haben sich im Oberhang zum Teil mehrere Meter tief eingegraben, ohne die Basis der Schuttdecke zu erreichen. Das läßt unter Berücksichtigung der gesamten Hangform darauf schließen, daß die verdeckte Oberfläche des Anstehenden zumindest geringeres Gefälle aufweist als der Unterhang, was auf verstärkte Abtragung der nach der stratigraphischen Abfolge hier zu erwartenden Schiefertone zurückzuführen wäre.

Der zum Tortal entwässernde Mitterkargraben, die vom Geiernest (N des Stuhlkopfes) ins Johannestal hinabziehende Rinne sowie die Runse an der Westseite des Äuerlstuhles (zum Falkenkarbach) können eindeutig auf die Ausräumung mergeliger und toniger Horizonte der Raibler Schichten zurückgeführt werden. Auch an den übrigen Flanken der Quertäler (Ron- und Tortal-E-Flanke, Falkenstuhl-E- und W-Seite, Laliderer Tal-W-Flanke) kommt die geringere Widerständigkeit dieser Schichten mehr oder weniger ausgeprägt morphologisch zur Geltung. Aber in das rezente Entwässerungsnetz einbezogene, durchgehende Tiefenlinien bildeten sich hier nicht aus, da die Schichten – vor allem in Relation zur Neigung der Quertalhänge – zu flach liegen. Deutlich zeigt sich dies an der Ostseite des Tortales (ss^{20} im Mittel etwa 190/45°; Hangneigung ca. 40 – 45°; Exposition 290°), wo der in die Raibler Schichten eingetiefte Entwässerungsgraben auf etwa halber Hanghöhe plötzlich aus seinem hangdiagonalen Verlauf ausbricht und in die Fallinie der Talflankenböschung einschwenkt. Kleinere Störungen haben durch geringfügige Versetzung der Kalkschichten im (tektonisch) Liegenden diese Anzapfung erleichtert. Der untere Teil der angezapften Rinne entwässert separat zum Haupttal. An der Johannestal-E-Seite wirkt sich bei noch flacherer Lagerung der Raibler Schichten (ca. 35 – 40°) die unterschiedliche Abtragungsresistenz nur mehr in herauspräparierten Kalkrippen aus; dasselbe gilt für die Hänge am Fuß des Unteren Roßkopfes (zwischen Laliderer und Enger Tal). Ungeachtet der durch Reliefeinfluß modifizierten Tendenz zur Rinnenbildung in den Raibler Tonen und Mergeln zeichnet sich die Grenze gegen den invers auflagernden Wettersteinkalk in allen Fällen morphologisch sehr deutlich durch einen konkaven Knick der Hangneigungen ab: Aus den sanft bis mittelsteil geböschten Geländeformen in den Raiblern steigen plötzlich die steilen bis überhängenden Abstürze des Wettersteinkalkes auf (Grenze zwischen den morphologischen Einheiten „Vorkarwendel" und „Nördliche Hochgebirgszone", s. S. 23f.).

Nördlich vom Mitterkar entsendet das Ochsenkar ein kurzes, aber relativ breites Tal zum Tortal. Am Übergang dieses im Schichtstreichen gelegenen Einschnittes zum flachen Hang des Ochsenkares[21] stehen Raibler Rauhwacken an, die vermutlich Anlaß zur Talbildung waren. Wegen der Auskleidung mit Lockermaterial läßt sich ein Aushalten der Rauhwacken längs des Tales aber weder nachweisen noch ausschließen.

Die durch Teilserien der Raibler Schichten petrographisch vorgezeichneten Graben- und Talstrecken erreichen eine Gesamtlänge von 3,6 km.

Der untere Teil des Mitterschlaggrabens (1430 m bis 1040 m ü. NN; NE von Hinterriß) bildete sich zunächst durch Abtragung der mergelig ausgebildeten Kössener Schichten zwischen den resistenteren Plattenkalken im (tektonisch) Hangenden und den Liasbasis- sowie Knollenkalken im Liegenden. Während der pleistozänen Vereisung wurde die entstandene Hohlform fast vollständig mit Moränenmaterial aufgefüllt. Seither schuf die postglaziale Erosion eine relativ bescheidene Rinne, die die Sohle der ursprünglichen, plombierten Hohlform nirgends aufschließt. Die ausgeräumten Kössener Schichten lassen sich dennoch in einzelnen Erosionsresten nachweisen, die an den Mulden der Querfaltung (b_2 etwa senkrecht zu b_1) und an kleineren Störungen stellenweise noch an den Liaskalken haften. Der rezente Mitterschlaggraben ist eigentlich das Ergebnis der leichteren Erodierbarkeit des Moränenmaterials gegenüber

---

[20] s. Anm. 8, S. 21

[21] Das Ochsenkar ist morphologisch gesehen kein Kar, sondern ein zum Klausgraben entwässerndes Tal. Seine flache Südflanke, in welche sich obiges Tal von E her einschneidet, dürfte einen Altflächenrest darstellen.

den stabilen Liaskalken, an deren Grenze er meistenteils entlangläuft, während die größere, primäre Hohlform durch die Kössener Schichten vorgezeichnet war. Oberhalb 1430 m NN lassen sich die Mergel bis zum Sattel (1770 m NN) nördlich des Roßkopfes morphologisch in Form einer wechselnd ausgeprägten Depressionszone weiterverfolgen, welche jedoch nicht in das rezente Entwässerungssystem einbezogen ist. Östlich des Sattels setzen sich die Kössener Schichten quer durch das Kar der Schönalpe fort.

Auch der Binsgraben (von E zur Eng hinab) wurde längs des Ausstreichens von Kössener Schichten angelegt, welche hier dem steilen NNE-Flügel des „Drijaggen-Sattels"[22] angehören. Eindeutig nachweisbar ist der subsequente Charakter dieses Tales von der Einmündung des Grameigrabens (ca. 1600 m NN) bis zum Ende des Binsgrabens. Hangschutt und Moränen gewähren im oberen Talabschnitt nicht den nötigen Einblick in die geologischen Verhältnisse; diese können sich östlich des Grameigrabens aufgrund einer kräftigen Störung, welche – diesen Graben vorzeichnend – von NE in den moränenbedeckten Bereich des Binsgrabens hereinstreicht, ändern. Erst in der langgestreckten, vom Westlichen Lamsenjoch (1935 m) herabziehenden Quellmulde des Tales stehen Jura- und Kössener Schichten wieder an. Die petrographische Bedingtheit der Oberflächengestaltung ist evident. Ob die gesamte Talanlage als eine durchgehende Subsequenzzone betrachtet werden darf, ist unsicher.

Die Gesamtlänge der einwandfrei auf die selektive Ausräumung der Kössener Schichten zurückführbaren Talabschnitte beträgt ziemlich genau 3 km.

Juraschichten haben für das Talnetz im Untersuchungsgebiet praktisch keine Bedeutung. Im Bereich des Deckenfensters liegen sie zu flach, um der Tiefenerosion Wege vorzuzeichnen, und im S-Flügel der Karwendelmulde, wo ihre Schichtstellung entsprechende morphologische Wirksamkeit ermöglichte, überschreiten sie die Grenze des bearbeiteten Gebietes nur bei Hinterriß in einem verhältnismäßig kurzen Streifen. Lediglich der etwa 250 m lange nördliche Quellast des Inneren Kapellengrabens (1580–1460 m NN) kann als Ergebnis selektiver Erosion der Bunten Mergel gelten. Zwar hält sich auch der Innere Kapellengraben selbst streckenweise streng an das Schichtstreichen, aber es handelt sich hier nicht um eine petrographische, sondern um eine tektonische Anlage, denn längs des Grabens treffen stark spezialgefaltete Partien der Malm-Aptychenkalke (Graben-S-Flanke) auf die glatten Plattenschüsse desselben Gesteins an der gegenüberliegenden Seite. Besonders deutlich zeigen das die Aufschlüsse der neuen Forststraße, welche bei etwa 1200 m NN vom Mitterschlag bis in den Graben hinein geführt wurde.

Petrographische Vorzeichnung von Tälern und Rinnen wirkt im Rißbachgebiet nur in sehr beschränktem Umfange an der Gestaltung des Talnetzes mit. Die Gesamtlänge der Ausräumungszonen, die durch selektiv verstärkte Erosion weniger resistenter Gesteine geschaffen wurden, beträgt 14,3 km, das sind 3,0 % der Tiefenlinien des Rißbachsystemes. In Tabelle 14 sind die Längen der auf die einzelnen petrographischen Einheiten entfallenden Tal- und Rinnenabschnitte zusammengestellt. Die prädestinierten Erosionslinien folgen weit überwiegend (85 %) tonhaltigen Gesteinen (Mergel, Tone), die sich nach LOUIS (1968, S. 72) in allen klimageomorphologischen Milieus durch relativ geringe Widerständigkeit auszeichnen dürften. Daneben beteiligen sich noch Rauhwacken in geringem Maße (15 %) an der Vorzeichnung.

Tab. 14 Gesamtlängen der petrographisch vorgezeichneten Tal- und Rinnenabschnitte

Haselgebirge	1,2 km
Reichenhaller Rauhwacken	1,5 km
Partnachschichten	4,75 km
Raibler Schichten	3,6 km
Kössener Schichten	3,0 km
Bunte Mergel (Jura)	0,25 km
Summe	14,3 km

---

[22] s. S. 20

Der geringe Einfluß, den die fazielle Differenzierung der Sedimente auf die Talnetzgestaltung im Rißbachgebiet ausübt, darf nicht als der Effekt einer gegenüber Gesteinsunterschieden indifferenten Morphodynamik gewertet werden, sondern er ergibt sich aus den beschränkten Vorkommen der Tone, Mergel und Rauhwacken im Arbeitsgebiet. Wo diese Gesteine anstehen, bilden sich fast überall Geländeeinschnitte. Ausnahmen treten nur bei zu flacher Lagerung auf; daher folgen den Ausbißlinien der Jura- und Kössener Mergel im westlich der Eng gelegenen Bereich des Deckenfensters keine Tiefenlinien. Einen absoluten Grenzwinkel des Schichtfallens, von dem an eine resistenzschwache Schicht aufgrund selektiv verstärkter Erosion Rinnen- oder Talbildung bedingen kann, gibt es nicht. Im flach geböschten Gelände würde ein Fallwinkel von ca. 45° sicher genügen, damit sich längs des Ausbisses einer erosionsanfälligeren Schicht eine Runse eingräbt. Aber an der steilen E-Flanke des Tortales vermögen die mit 45° einfallenden Raibler Tone und Mergel keine durchgehende Tiefenlinie mehr auszubilden (s. oben). Der jeweils maßgebende Grenzwinkel ergibt sich aus der Neigung der Geländepartie, in der die betreffende Schicht ausstreicht, und aus dem scheinbaren Einfallswinkel, in welchem die Geländeoberfläche die anstehende Schicht anschneidet. Der scheinbare Einfallswinkel hängt vom wahren Fallwinkel sowie vom Winkel zwischen Isohypsenverlauf und Streichrichtung ab, so daß der Grenzwinkel eine Funktion von Streichen und Fallen der Schicht sowie Exposition und Neigung der Geländeoberfläche darstellt. Damit unterliegt die Wirksamkeit der Petrovarianz gegebenenfalls der Kontrolle der „Gesamtreliefinfluenz" (BÜDEL 1971). Darüber hinaus sind der Grad der relativen Resistenzschwäche einer Schicht gegenüber dem Nachbargestein und die Mächtigkeit von Bedeutung.

Die Richtung der petrographisch vorgezeichneten Rinnen und Täler liegt im allgemeinen etwa im Schichtstreichen. Wo gefällsstarke Runsen nicht sehr steil lagernde Schichten erodieren, schwenken sie mehr oder weniger stark in Richtung des Schichtfallens von der Streichrichtung ab.

Soweit die petrographisch bedingten Erosionszonen groß genug sind, um mit einer Anzahl von Tributärformen ein Entwässerungsnetz auszubilden, tragen sie häufig Sammelrinnencharakter. Die HORTON-Diagramme von Bins- und Sulzgraben (Abb. 5, S. 30) sowie des großen Totengrabens (Abb. 8, S. 40) lassen dies erkennen.

3.2.3. Schichtungsbedingte Vorzeichnung

Neben den durch resistenzschwache lithostratigraphische Horizonte vorgezeichneten Tälern und Rinnen gibt es auch Erosionslinien, die innerhalb morphologisch härterer Schichtserien den Ausbißlinien der Schichtung folgen. Die reliefwirksame Resistenzschwäche geht hier – im Gegensatz zur petrographischen Vorzeichnung – nicht von der Konsistenz des Gesteins aus, sondern sie ist strukturbedingt. Die Schichtfugen zerlegen den Sedimentkörper in einzelne Schichten und leisten dadurch den morphodynamischen Prozessen der Verwitterung und Abtragung Vorschub.

Der Resistenzeinfluß der Schichtung ist durch fließende Grenzen sowohl mit petrographisch als auch mit tektonisch bedingter Resistenzschwäche verbunden. In den Schichtfugen eines Sedimentes äußern sich kurzzeitige, meist reversible Milieuveränderungen des Ablagerungsraumes. Solche Milieuveränderungen können aber auch vorübergehende Sedimentation eines anderen Materials verursachen, etwa im Falle dünner mergeliger oder toniger Zwischenlagen in Kalk- oder Dolomitserien. Der von der Schichtung ausgehende Resistenzeinfluß wird dadurch entscheidend verstärkt. Mit wachsender Mächtigkeit resistenzschwacher Zwischenlagen ergibt sich ein gleitender Übergang zur petrographischen Vorzeichnung. Man wird im allgemeinen von schichtungsbedingter Vorzeichnung dann sprechen, wenn die Abtragung eines widerständigen, petrographisch einigermaßen einheitlichen Sedimentsgesteines von den Leitlinien der einzelnen schichtungsbedingten Schwächezonen (mit oder ohne unterstützenden Einfluß von Zwischenlagen) ausgeht, während mit petrographischer Vorzeichnung die Ausräumung eines ganzen lithostratigraphischen Horizontes gemeint ist, der sich petrographisch von den widerständigeren Nachbargesteinen unterscheidet. Innerhalb solcher morphologisch weicheren Partien bewirken Schicht- oder tektonische Fugen meist keine entscheidenden, reliefwirksamen Resistenzdifferenzierungen mehr. Deshalb treten schichtungs- (und tektonisch) bedingte Vorzeichnungen im Arbeitsgebiet nur in den widerständigen Kalken und Dolomiten auf, nicht aber in den zur petrographischen Vorzeichnung von Ausräumungszonen geeigneten Ton- und Mergelgesteinen.

Da Schichtflächen bei schichtparalleler Gleitung (s. z. B. PLESSMANN 1957) im Zuge der Faltung häufig die Funktion tektonischer Bewegungsflächen übernehmen, besteht ferner ein fließender Übergang zwischen schichtungsbedingter und tektonischer Vorzeichnung. Die tektonische Überprägung der Schichtflächen und die in den aneinander grenzenden Schichten auftretenden Beanspruchungsfolgen verstärken die längs der Schichtfugen ohnehin erhöhte Anfgreifbarkeit des Gesteins.

Die schichtungsbedingten Erosionsformen wurden im Gelände erfaßt. Sie können im Gegensatz zu den Ausräumungszonen ganzer lithostratigraphischer Horizonte häufig nicht mit Hilfe geologischer Karten, sondern nur im Gelände oder bei günstigen Vegetationsverhältnissen im Luftbild ermittelt werden. Denn während es sich bei den letzteren meist um größere Rinnen oder Täler handelt, die sich leicht mit den kartierten Ausbißstreifen entsprechender Gesteine in Beziehung bringen lassen, ist die Vorzeichnung der meist kleinen schichtungsbedingten Runsen wegen der möglichen Divergenzwinkel zwischen Runsen- und Streichrichtung nur bei genauer Kenntnis des Streichens *und* Fallens nachzuweisen; selbst kleinräumige Veränderungen müssen bekannt sein. Die vorhandenen geologischen Karten vermitteln aber nur ein unzureichendes Bild von den Lagerungsverhältnissen, da die oft spärlich verteilten Lagerungssignaturen das Streichen in repräsentativen Richtungen, nicht aber in seinen lokalen Abweichungen, und die Fallwinkel nur in einer groben Klasseneinteilung wiedergeben.

Im Muschelkalk tritt eine Reihe von schichtungsbedingten Erosionsrinnen auf. Sie gehören verschiedenen Vorkommen dieses Gesteins an: im Torschartenbereich, am Talelekirchkar-Hennenegg (südlich des Risser Falk; s. Abb. 14, S. 82) und südöstlich des Gamsjoches (Enger Tal-W-Flanke). Im Gebiet des Schaflähner (Laliderer Tal-W-Flanke) folgen nur wenige Rinnenabschnitte der Schichtung. Die Rinnen sind fast durchwegs klein und unbenannt. Bei den übrigen Muschelkalkvorkommen schließen hangparalleles Streichen (S-Flanke der Vorderen Karwendelkette) oder zu flache Lagerung eine schichtungsbedingte Anlage von Erosionsfurchen aus.

Der Wettersteinkalk zeigt nur in seinen obersten und untersten Partien deutliche Schichtung, an der Runsen angelegt werden können. Am besten ausgeprägt sind solche Rinnen an der E- und W-Flanke des Stuhlkopfes. In der Furche, die von der Scharte zwischen Stuhlkopf und P 2016 nach SW zum P 1698 hinabführt, weisen tektonische Brekzien darauf hin, daß Bewegung auf den Schichtflächen (Aufschiebung?) die morphologische Wirksamkeit der sedimentären Strukturen verstärkt hat. Die Rinne, die zwischen P 2002 und P 2098 (Möserkar-W-Umrahmung) zum Laliderer Tal hinabzieht, sowie ihr kleineres Pendant auf der Karseite folgen ebenfalls der Schichtung. Sie liegen – wie die Runsen am Stuhlkopf – im Unteren Wettersteinkalk, der hier zu einem engen Sattel (Sattelkern am P 2002) gefaltet wurde. Eine Mitwirkung der tektonischen Beanspruchung ist daher auch bei der Entstehung dieser Formen anzunehmen. Nördlich des Totenfalkes zeichnen einige Hangfurchen an der W-Flanke des Laliderer Tales die Schichtung des Oberen Wettersteinkalkes nach.

Am stärksten kommt die Schichtung im Hauptdolomit zur Geltung, insbesondere an der Rißbachtal-Nordflanke (s. Abb. 3, S. 22), sowie ferner im Ron- und Tortalbereich. Die schönsten Beispiele finden sich im Hölzlklammsystem (W der Rontal-Alm), wo Schichtflächen mitunter auf einige Dekameter Länge wie Kanalwände die Gerinnebetten begrenzen (s. Abb. 13).

Im Hauptdolomit sind sehr häufig Striemungen auf den Schichtflächen festzustellen. Sie zeigen an, daß in vielen Fällen tektonische Bewegungen die primäre morphologische Wirkung der Schichtung verstärkt haben. Darüber hinaus dürften auch geringfügige petrographische Differenzierungen zwischen benachbarten Bänken von Bedeutung sein, die sich makroskopisch oft nur im unterschiedlichen Zerklüftungsgrad zu erkennen geben (Mg-Gehalt). Darauf lassen auch die nur im Hauptdolomit beobachteten kanalartigen Erosionsformen schließen, bei denen einige Schichten metertief vollständig ausgeräumt wurden, während die angrenzenden Partien mit nahezu unversehrten Schichtflächen erhalten blieben (s. Abb. 13). Am Hang nördlich des Alpenhofes (ca. 1,5 km östl. Hinterriß) streicht oberhalb 1150 m NN im Grenzbereich Hauptdolomit-Plattenkalk eine Wechselfolge von jeweils etwa bis zehn Meter mächtigen Kalk- und Dolomitpaketen aus, der sich die Hangrinnenbildung angepaßt hat. Aufschlüsse in den Rinnen zeigen zerklüfteten Dolomit, während auf den trennenden Rücken die weniger zerklüfteten Kalke (teilweise mit Karren) die Boden- und Vegetationsdecke durchragen.

Abb. 13   Kanalartig ausgeräumte Hauptdolomitschichten in der Hölzlklamm (System Hölzlklamm-W, ca. 1600 m NN). Im Hintergrund die weich geformte Landschaft des Vorkarwendels (Blick nach E).

Die schichtungsbedingten Tiefenlinienabschnitte konnten im Rahmen der geleisteten Geländearbeiten nur für Teile des Untersuchungsgebietes quantitativ erfaßt werden. Es wurde der Ron- und Tortalbereich sowie das Hauptdolomit-Terrain der W-Hälfte der Rißbachtal-Nordflanke gewählt, da hier diese Art der Vorzeichnung aufgrund besonders günstiger Voraussetzungen überdurchschnittliche Bedeutung erlangt.

Im Niederschlagsgebiet des Rontales folgen rund 14 % (5,7 km) der Abschnitte des Tal- und Rinnennetzes der Schichtung. Im Tortalbereich sind es 17 % (7,9 km). In dem nur im Hauptdolomit gelegenen Hölzlklamm-System kann fast ein Fünftel (19 %; 1,8 km) aller Tiefenlinien auf schichtungsbedingte Anlage zurückgeführt werden. Nimmt man die im vorigen Abschnitt behandelten Subsequenzzonen hinzu, so sind im Gebiet des Rontales 19 % (7,7 km), im Tortalbereich 27 % (12,8 km) der Erosionslinien durch Ausräumung sedimentationsbedingter Schwächezonen entstanden. In dem auf Abbildung 3 (S. 22) dargestellten Westteil der Rißbachtal-Nordflanke folgen 26 % (6,7 km) der insgesamt 26 km langen Tal- und Rinnenstrecken der Vorzeichnung durch die Schichtung des Hauptdolomit.

Der starke Einfluß schichtungsgebundener Merkmale (petrographische Differenzierung und Schichtung) auf die morphologische Gestaltung dieser Teilgebiete darf nicht verallgemeinert werden. Steile bis senkrechte Lagerung der Schichten und Schichtausbisse, die teilweise etwa mit den Hauptabdachungsrichtungen zusammenfallen, bilden hier besonders günstige Voraussetzungen für den Einfluß sedimentationsbedingter Resistenzschwächen auf das Rinnen- und Talnetz. Dazu kommt das lokale Auftreten der Partnachschichten und die – vor allem im W des Tortales – überdurchschnittliche Mächtigkeit der Raibler Schichten. Außerdem nimmt der Hauptdolomit, der neben dem Muschelkalk offenbar in besonderem Maße zur Ausbildung schichtungsbedingter Erosionslinien neigt, den weitaus größten Flächenanteil dieser Bereiche ein. Im Durchschnitt des Gesamtgebietes dürften Schichtung und fazielle Differenzierung des Gesteins sicher kaum mehr als etwa 10 % des Talnetzes vorgezeichnet haben.

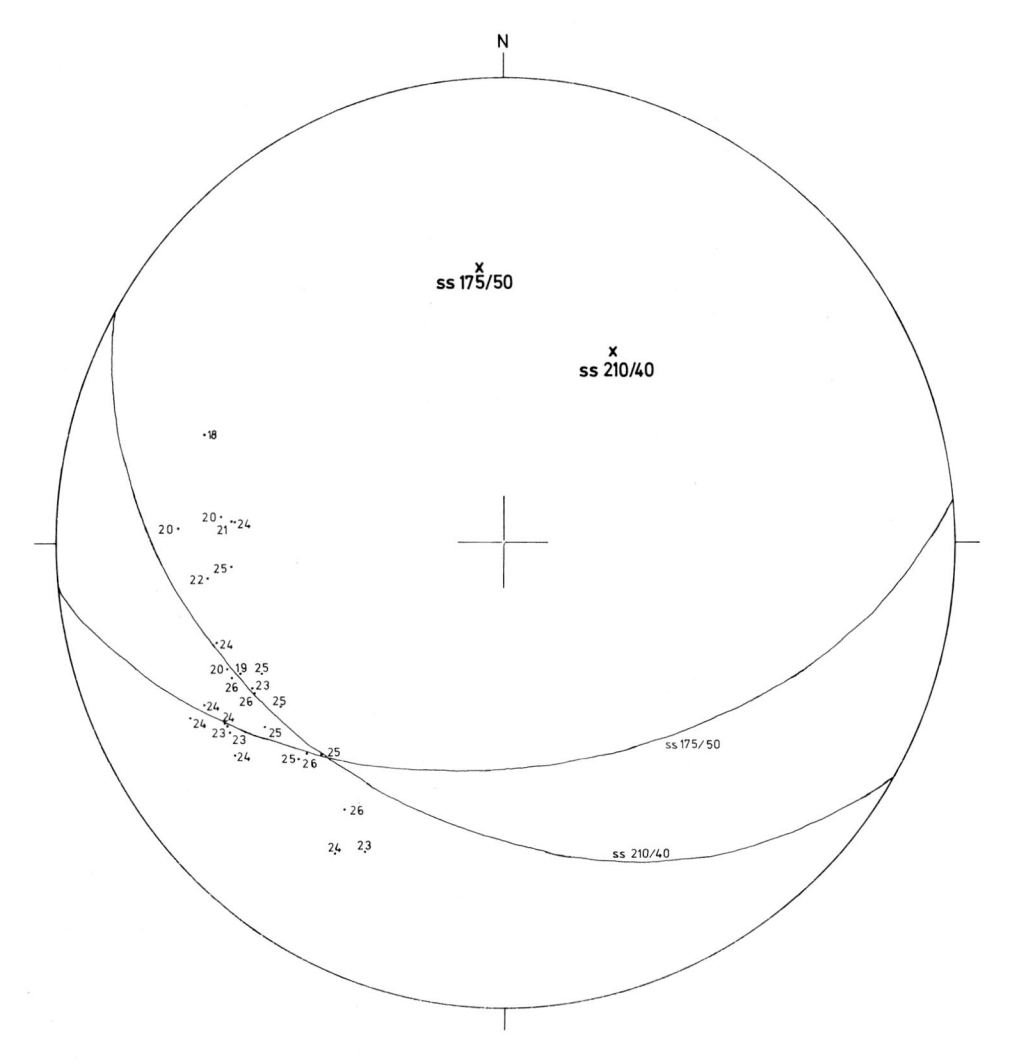

Abb. 14 Die Richtungsabhängigkeit der Hangfurchen im Bereich Talelekirchkar – Hennenegg von der Schichtung des Muschelkalkes. Dargestellt sind die Schichtlagerung am Hennenegg in 1800 m NN (ss 175/50) und in 2100 m NN (ss 210/40) mit ihren Polpunkten (x) und ihren Schnittkreisen sowie die Lage (Azimut und Gefälle) der Runsenabschnitte (Punkte; die Zahlen geben die Erfassungsnummern der Gewässernetzabschnitte an. Konstruktion auf der unteren Lagenhalbkugel).

Die Richtungen der durch Schichtung vorgezeichneten Erosionslinien liegen im allgemeinen im Schichtstreichen. In Einzelfällen, wie etwa am Hennenegg, am Schaflähner und in Teilen der Rißbachtal-Nordflanke (s. Abb. 3), treten jedoch größere Divergenzwinkel auf. Am Beispiel des Henneneggs wird gezeigt, daß sich der Einfluß der Schichtung auf das Runsensystem im SCHMIDTschen Netz trotzdem verdeutlichen läßt (Abb. 14).

Die räumliche Lage einer Fläche wird im SCHMIDTschen Netz durch ihren Polpunkt oder durch den Schnittkreis der Fläche mit der Oberfläche der Lagenhalbkugel dargestellt, die Anordnung eines Linears durch dessen Durchstoßpunkt. Liegt ein bestimmtes Linear in einer gegebenen Fläche (z. B. die Striemung auf einem Harnisch oder eine Erosionslinie an einer Schichtfläche), so muß sein Durchstoßpunkt auf den Flächenkreis fallen. Die Konstruktion in Abb. 14 zeigt, daß die meisten Abschnitte sehr gut mit der Schichtung harmonieren.

3.2.4. Tektonische Vorzeichnung

Die Anlage von Rinnen und Tälern an tektonischen Schwächezonen kann im Gelände nicht in allen Fällen nachgewiesen werden; denn Schotter- und Moränenablagerungen bedecken die Sohlen der großen Trogtäler und vieler Abschnitte auch kleinerer Erosionsformen im Arbeitsgebiet. Durch den geologischen Vergleich der Talflanken lassen sich nur Störungen mit größeren Versetzungsbeträgen erkennen. Ob eine Tiefenlinie der Klüftung folgt, ist auch bei günstigen Aufschlußverhältnissen schwer zu beurteilen. Daher wurden die Zusammenhänge zwischen den Häufigkeiten der Talrichtungen sowie des Streichens von Klüften und Störungen auf statistischem Wege geprüft. Als Untersuchungsmethode wurde in Anlehnung an LIST (1969) der SPEARMANsche Rangkorrelationstest gewählt, da er im Gegensatz zum Vergleich von Richtungsrosen (MURAWSKI 1964) ein von der Subjektivität des Bearbeiters unabhängiges und in vergleichbaren Zahlenwerten ausdrückbares Resultat liefert. Bei der Untersuchung ergab sich, daß die angewandte Methode die tektonischen Einflüsse auf die Gestaltung des Talnetzes nur bedingt aufzuzeigen vermag. Daher wird diskutiert, inwieweit die Ergebnisse vom Verfahren selbst abhängen. Die Resultate werden unter Berücksichtigung der Geländebefunde interpretiert. In einem kleinen Teilgebiet wird außerdem die Beziehung zwischen den mittleren Längen der Talabschnitte und den tektonischen Richtungshäufigkeiten untersucht.

3.2.4.1. Vorbemerkungen zu den statistischen Untersuchungen

Die Vorzeichnung von Tal- und Rinnenabschnitten durch Klüfte und Störungen wird durch den korrelationsstatistischen Vergleich der Richtungshäufigkeiten des Talnetzes und des tektonischen Gefüges untersucht. Die Prüfung erfolgte sowohl für das Gesamtgebiet als auch für die einzelnen Tributärbecken; insgesamt wurden die morphometrischen Werte des Talnetzes im Rißbachgebiet in 32 Datenreihen gruppiert. Die Korrelationsberechnungen für einige kleinere Teilserien aus dem Ron- und Tortalbereich dienten vor allem der Verfahrensdiskussion.

Die morphometrischen Reihen repräsentieren im allgemeinen das vollständige Tiefenliniennetz der entsprechenden Gebietsteile. Nur bei den Serien aus dem Ron- und Tortalbereich wurden die durch petrographische Horizonte und durch die Schichtung vorgezeichneten Tal- und Rinnenabschnitte ausgeklammert, da sie hier mit 23 % einen erheblichen Teil des Netzes ausmachen und die wenigen Richtungssektoren, auf die sie sich wegen des konstanten Schichtstreichens verteilen, gegenüber der tektonischen Häufigkeitsverteilung stark belasten würden.

Den 32 morphometrischen Datenserien stehen 92 tektonische Meßreihen gegenüber. Sie bestehen aus Messungen von Klüften in Einzelaufschlüssen (s. Karte im Anhang) und von Störungen meist etwas größer gefaßter Bereiche sowie aus Zusammenfassungen der Klüfte und/oder Störungen gleicher Aufschlußbezirke.

Zusammenhänge zwischen Häufigkeitsverteilungen werden in der Statistik nicht direkt, sondern durch Entkräftung der gegenteiligen Behauptung nachgewiesen: „Man spricht von einem statistischen Zusammenhang, wenn die Nullhypothese, es bestehe kein Zusammenhang, widerlegt wird" (SACHS 1969, S. 386). Dies geschieht hier durch Berechnung des SPEARMANschen Rangkorrelationskoeffizienten (r_s). Das Verfahren erlaubt die Bearbeitung des nicht normal-, sondern polymodal über die Richtungsklassen verteilten Datenmaterials (s. SACHS 1969, S. 388 u. 390ff). Es wurde von LIST (1969) erstmals zur Untersuchung tektonischer Abhängigkeit von Flußnetzen angewandt. Der r_s drückt als statistische Maßzahl den Übereinstimmungsgrad zweier Verteilungen aus. Sein Wert liegt zwischen +1 (bei völliger Übereinstimmung) und −1 (bei vollständiger negativer Korrelation); der Wert 0 bedeutet Unabhängigkeit beider Verteilungen. Die Aussagekraft des r_s hängt von der Anzahl der Klassen ab, in welche die Verteilungen aufgegliedert sind. Diese finden Berücksichtigung im Signifikanzniveau (α), das die Wahrscheinlichkeit angibt, mit der ein bestimmter, beim Korrelationstest gefundener Zusammenhang noch als rein zufällige Übereinstimmung zustande kommen könnte. Damit drückt α die Irrtumswahrscheinlichkeit aus, mit der bei einem gegebenen Anpassungsgrad die Nullhypothese zugunsten der Alternativhypothese, es bestehe ein Zusammenhang zwischen den Verteilungen, verworfen wird.

Der statistische Nachweis eines Zusammenhanges sagt noch nichts über dessen Charakter aus. Die Erkenntnisse über die Verwitterungs- und Abtragungsmechanismen sowie ihre möglichen Reaktionen auf Inhomogenitäten des Untergrundes erlauben aber, statistisch signifikante Übereinstimmungen zwischen Tal- und Kluft- bzw. Störungsrichtungen als kausale Korrelationen zu deuten.

Werden die tektonischen Daten nicht als Aufschluß-, sondern aus Luftbildmessungen gewonnen, könnte eine gefundene Übereinstimmung zumindest teilweise auf einer Gemeinsamkeitskorrelation (s. SACHS 1969), wenn nicht gar auf einem Zirkelschluß beruhen (s. Kap. 1.3.). Denn die Erfaßbarkeit von Störungen und Klüften im Luftbild hängt von deren morphologischer oder wenigstens pedologischer Wirksamkeit ab. Die Strukturen müssen die herrschenden morphodynamischen Prozesse mindestens in ihrer Intensität beeinflussen, damit sie als lokale Abwandlungen des allgemeinen Verwitterungs- und Abtragungsergebnisses in Erscheinung treten können. Auf demselben Prinzip beruht aber auch die Möglichkeit der tektonischen Kontrolle eines Talnetzes. Das bedeutet, daß die zu untersuchende morphologische Wirksamkeit tektonischer Strukturen bereits diejenigen Elemente des Gesamtgefüges auswählt, anhand derer sie bei photogeologischer Datenerhebung (Stichprobenentnahme) geprüft wird. Außerdem werden Elemente des Gewässernetzes, das mit den Klüften und Störungen korreliert werden soll, zur Ermittlung der Tektonik mitbenützt (s. z. B. KRONBERG 1967; BODECHTEL 1969).

Neben dem Charakter einer errechneten Korrelation kann auch das Ergebnis selbst, d. h. der Korrelationskoeffizient, von der Art der tektonischen Datenerhebung beeinflußt sein. Es ist zwar für das Phänomen einer tektonisch kontrollierten Talnetzentwicklung belanglos, ob sich alle erfaßten Klüfte und Störungen in gleicher Weise an der Vorzeichnung beteiligen, aber bei dem angewandten statistischen Prüfverfahren vermindern morphologisch unwirksame Gefügestrukturen, die nur bei Aufschlußmessungen, nicht aber bei photogeologischer Erhebung in das Datenmaterial eingehen, aufgrund der fehlenden morphologischen Entsprechungen den Grad der festgestellten Korrelation. Daher kann es für den Vergleich der Ergebnisse verschiedener Arbeiten bedeutsam sein zu wissen, nach welcher Methode die tektonischen Daten jeweils gewonnen worden sind.

Die Berechnung des SPEARMANschen Rangkorrelationskoeffizienten erforderte zunächst eine Aufbereitung des Datenmaterials. Die Längen der Tiefenlinienabschnitte und die Wertigkeiten der Klüfte und Störungen mußten nach ihren Azimuten bzw. Streichrichtungen aufgelistet werden. Dazu wurden die Richtungen von 0° bis 180° in 36 Klassen mit einer Breite von je 5° aufgeteilt.
Um die trennende Wirkung starrer Klassengrenzen aufzuheben, wurden aus den Strecken- bzw. Wertigkeitsanteilen der Richtungsklassen gleitende Mittelwerte über jeweils drei Klassen errechnet; denn das statistische Verfahren findet selbst bei geringster Abweichung der Talrichtungen vom Streichen der sie vorzeichnenden Klüfte oder Störungen keinen Zusammenhang, wenn eine Klassengrenze dazwischenfällt. Beschränkte Meßgenauigkeit sowie die gefällsbedingten Richtungsdivergenzen (s. Kap. 3.2.1.) lassen aber Abweichungen erwarten.

Entsprechend der Höhe der gleitenden Mittelwerte wurden den 36 Klassen der Datenreihen Rangplatzziffern zugeteilt, mit denen nach der Formel

(14)
$$r_s = 1 - \frac{6 \Sigma D^2}{(n^3 - n) - T_{x'} - T_{y'}}$$

der SPEARMANsche Rangkorrelationskoeffizient berechnet werden konnte (SACHS 1969, S. 393). Dabei ist n die Anzahl der Klassen und D die Differenz zwischen den Rangplatzziffern einer bestimmten (Richtungs-)Klasse in den zu vergleichenden Häufigkeitsverteilungen. Die Korrekturglieder $T_{x'}$ und $T_{y'}$ gleichen den Effekt von Bindungen aus. Sie wurden in allen Fällen berücksichtigt.

Zur Prüfung der tektonischen Kontrolle des Rißbachsystemes wurden mehr als 680 Korrelationen berechnet. Die morphometrischen Datenreihen wurden dabei jeweils mit mehreren Gefügeserien verglichen, um das Gesamtresultat auf breiter Basis gegen zufällige Ergebnisse abzusichern. Denn die tektonischen Meßreihen (Stichproben) repräsentieren die Grundgesamtheit der Gefügeelemente nicht immer in genauer Wiedergabe der wirklichen Häufigkeitsverhältnisse. Sowohl lokaltektonische Besonderheiten (s. S. 101) als auch bestimmte Aufschlußsituationen können, wie aus den Abbildungen 15 und 16 hervorgeht, die Zusammensetzung der Stichproben prägen.

3.2.4.2. Korrelationsstatistische Ergebnisse

Die Richtungsabhängigkeit des Talnetzes von bruchtektonischen Strukturen wurde in 684 Korrelationsberechnungen untersucht. Würden sämtliche Korrelationskoeffizienten in einer Tabelle vorgestellt, wäre das Gesamtergebnis nur schwer nachvollziehbar. Daher sollen sie nach bestimmten Signifikanzniveaus zusammengefaßt und gebietsweise vorgetragen werden, zumal da ein r_s-Wert ohnehin erst auf der Basis einer noch annehmbaren Irrtumswahrscheinlichkeit in eine konkrete Aussage übersetzt werden kann. Die Ablehnung der Nullhypothese, also die Feststellung eines Zusammenhanges zwischen Tal- und tektonischen Richtungen, erfolgt bei einer Irrtumswahrscheinlichkeit von $\alpha \leq 0,05$ (einseitige Fragestellung; s. SACHS 1969, S. 124f).

Die Tal- und Rinnenrichtungen des nördlichen Teilgebietes (nördlich des Rißbachtales, von Hinterriß bis einschließlich Plumsgraben) sind in hohem Maße von Klüften und Störungen abhängig. 21 Korrelationen zwischen den in der Serie R_N (= Rißbach-Nord) vereinigten Talnetzdaten mit tektonischen Meßreihen sichern dies bei α-Werten von 0,05 bis 10^{-6} ab (s. Tab. 15 a). Nimmt man das Rißbachtal selbst noch mit in diesen Bereich hinein (Serie R_{NR} = Rißbach-Nord mit Rißbachtal), so verringert sich der Anpassungsgrad zwar im allgemeinen etwas, bleibt aber 16 mal auf dem 5 %-Niveau bedeutsam; bei einigen Meßreihen verbessert sich die Übereinstimmung.

Tab. 15a Die Signifikanzniveaus der Korrelationen zwischen den Talrichtungen und den Streichrichtungen von Klüften und Störungen im nördlichen Teil des Rißbachgebietes

Talbereich	berechnete Korrelationen	davon: $\alpha \leq 0,10$	$\alpha \leq 0,05$	$\alpha \leq 0,01$
Rißbach-Nord R_N	25	22	21	19
Rißbach-Nord mit Rißbachtal R_{NR}	23	18	16	13
Plumsgraben	26	2	–	–
Hasental	18	12	9	6
Bockgraben	15	14	13	12
Karlgraben	16	14	13	12
Wassergraben	11	9	9	7
Weitkargraben	15	–	–	–
Birchegglgraben	4	4	3	3
Hölzlstalgraben	12	7	6	6
Egglgraben	10	9	8	6
Schönalpengraben	10	6	5	4

Die Talrichtungen der einzelnen Tributärsysteme dieses nördlichen Teilbereiches spiegeln die Richtungsverteilung der Klüfte und Störungen in unterschiedlichen Anpassungsgraden wider. Am stärksten halten sich offenbar Bock- und Karlgraben an tektonische Vorzeichnungen. Bei beiden Teilbereichen ergaben jeweils vier Korrelationsberechnungen einen noch bei $\alpha = 10^{-5}$ bis 10^{-6} signifikanten Zusammenhang mit der Tektonik. Auch für das Hasental, für Wasser-, Birchegglgraben-, Hölzlstal-, Eggl- und Schönalpengraben ist die Übereinstimmung bei einer Irrtumswahrscheinlichkeit von 5 % noch bedeutsam.

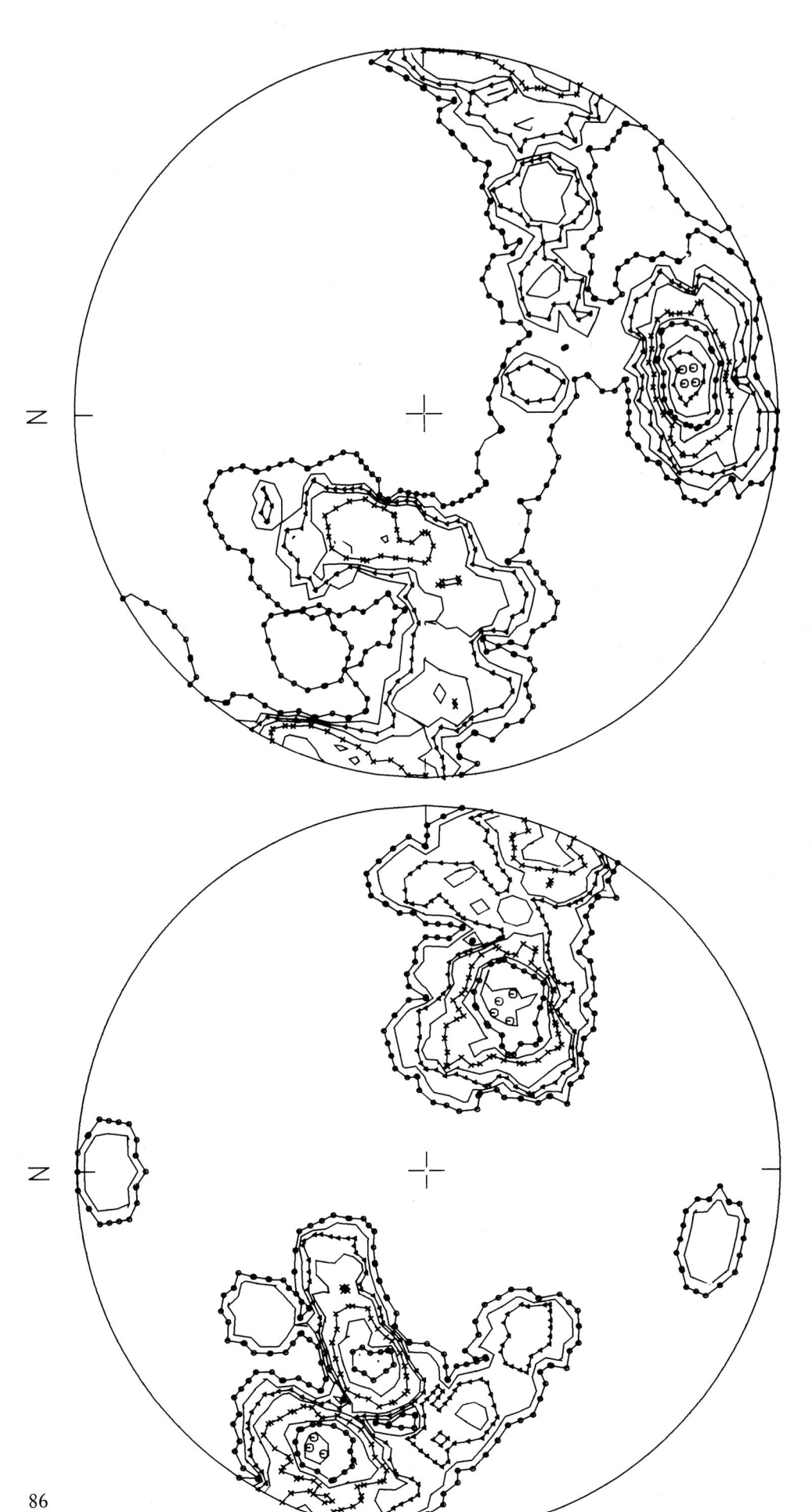

Abb. 15 Die Kluftmeßreihen K F32 (links; 74 Klüfte) und K F31 (93 Klüfte) unterscheiden sich aufgrund ungleicher tektonischer Beanspruchung deutlich voneinander. Die beiden Meßserien entstammen dem Hauptdolomit der Hölzlklamm kurz vor Einmündung in das Rontal. Sie wurden innerhalb eines Bereiches von wenigen Quadratmetern an zwei nebeneinanderstehenden Dolomitbänken aufgenommen. (Isolinien für Besetzungsdichten $\geq$ 0,1 / 1,1 / 2,1 / 3,1 / 5,1 / 7,1 / 9,1 / 12,1 / 15,1 ‰; untere Halbkugel).

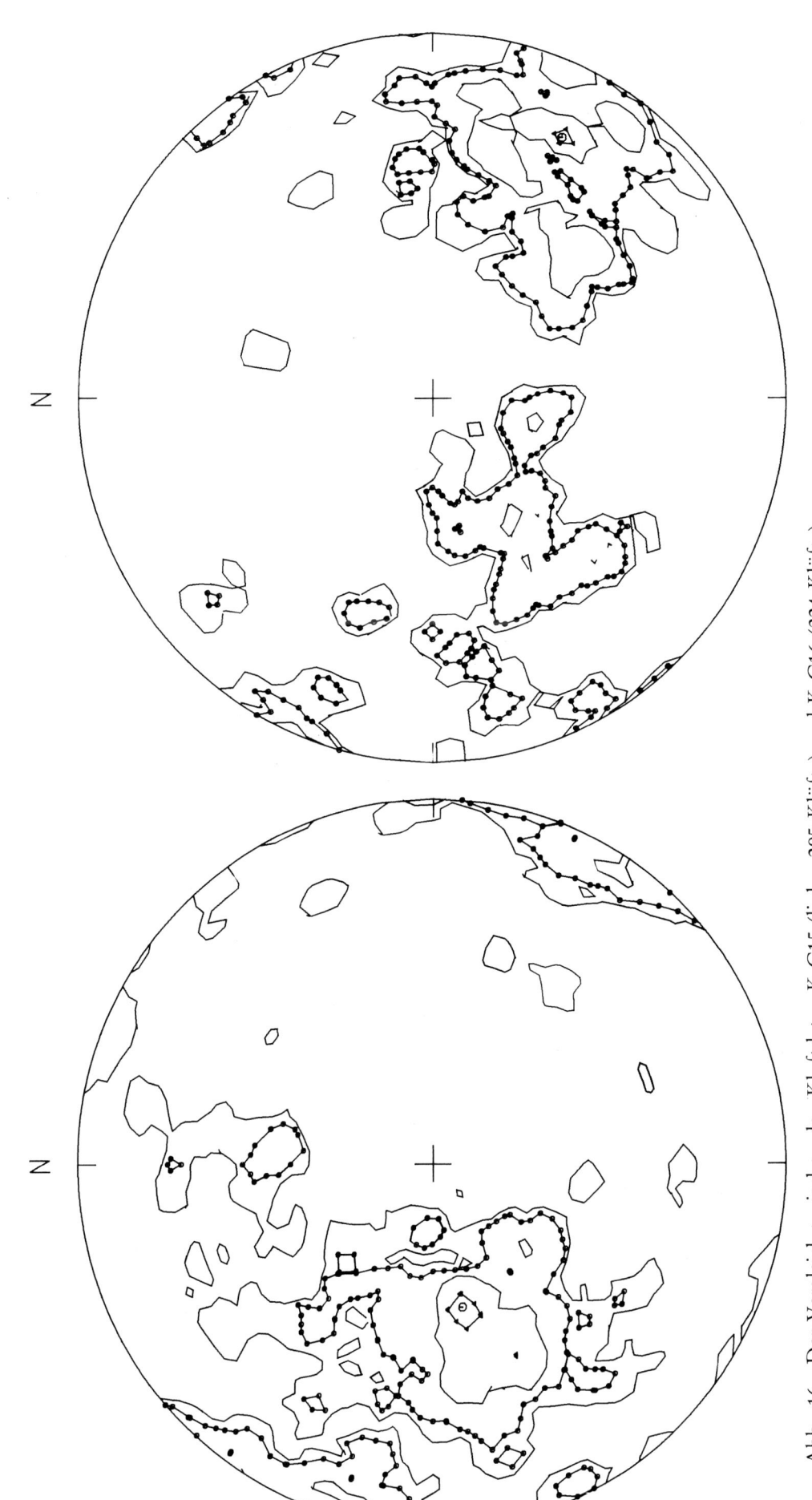

Abb. 16 Der Vergleich zwischen den Kluftdaten K C15 (links; 295 Klüfte) und K C16 (224 Klüfte) zeigt den Einfluß der Lage von Aufschlußflächen auf das Kluftmeßergebnis. Die Meßpunkte liegen an der W- (C15) bzw. E-Flanke der Erosionskerbe des Falkenkarbaches (ca. 1120 m NN) und sind nur durch das etwa 3 m breite Gerinnebett voneinander getrennt. Sie umfassen jeweils dieselben Hauptdolomitschichten, die den Bacheinschnitt ungestört queren. Die einzelnen Kluftrichtungen des als homogen anzunehmenden tektonischen Gefüges wurden bei der Bildung der entgegengesetzt exponierten Aufschlußflächen in unterschiedlichem Maße freipräpariert. (Isolinien für Besetzungsdichten $\geq$ 1,1 / 2,1 / 5,1 / 10,1 %; untere Halbkugel).

Die geringere Anpassung von Hölzlstal- und Schönalpengraben wird auf den erheblichen Einfluß der Schichtung zurückgeführt (s. Abb. 3, S. 22, und Kap. 3.2.3.). Wenn sich trotz dieses Einflusses noch Anpassungen an die tektonische Richtungsverteilung nachweisen lassen, liegt das daran, daß der Verlauf von Schicht-Ausbißlinien häufig durch Abtragung entlang morphologisch wirksamer Klüfte oder Störungen zustandekommt. Bei Plums- und Weitkargraben lassen die Richtungshäufigkeiten der Tal- bzw. Rinnenabschnitte keine Beziehung zur Orientierung der Klüfte und Störungen erkennen.

Trotz des festgestellten, z. T. sehr engen Zusammenhanges zwischen Tal- und Rinnenazimuten einerseits sowie den Kluft- und Störungsrichtungen andererseits bleiben immer auch einige Korrelationen unter dem geforderten Signifikanzniveau, doch hat das keine grundsätzliche Bedeutung. Denn erstens sind einige tektonische Meßreihen von lokalen Besonderheiten geprägt (s. oben), und zweitens scheinen sich manche Talsysteme mehr am Kluftnetz zu orientieren, während andere stärker durch Störungen beeinflußt sind. So werden zum Beispiel die Korrelationen zwischen der Kluftmessung K G10 (vom untersten Teil des Bircheggelgrabens) und den Richtungen im Hölzlstal- und Egglgraben bei Einbeziehung der in der Umgebung der Meßstelle erfaßten Störungen (V G11) besser, jene mit Wasser- und Bircheggelgraben dagegen schlechter. Außerdem wurden die morphometrischen Daten der Talbereiche zum Teil auch mit weiter entfernt erhobenen tektonischen Reihen verglichen, wobei sich verschiedentlich nachlassende Anpassungsgrade ergaben. Der Vollständigkeit halber wurden diese Ergebnisse jedoch nicht ausgeklammert. Dies gilt auch für den südlichen Teil des Arbeitsgebietes.

Im südlichen Teilgebiet (Enger Tal bis Rontal) stimmt die Richtungsverteilung der Tal- und Rinnenabschnitte nicht mit der Verteilung der Kluft- und Störungsrichtungen überein. Mehrmals ergaben sich sogar negative Korrelationskoeffizienten. Da es sich beim Zusammenhang zwischen Tektonik und Talbildung um eine „einseitige Fragestellung" handelt, kann ein negativer r_s-Wert nur als besonders ausgeprägte Diskrepanz zwischen den Verteilungen interpretiert werden.

Für das zur Eng gehörige Talnetz indizieren alle statistischen Berechnungen ausgeprägte Nichtübereinstimmung mit den Richtungen der bruchtektonischen Elemente (s. Tab. 15b). Der südliche Teil dieses Talnetzes (bis einschließlich Binsgraben und Gumpenbach) liegt fast ausschließlich im Bereich der Lechtaldecke (Deckenfenster). Wegen dieses homogenen Aufbaues wurde er einer separaten Analyse unterzogen. Aber das Ergebnis unterscheidet sich nicht von dem der Gesamt-Eng: Nur eine von 16 berechneten Korrelationen sichert die Abhängigkeit der Talrichtungen vom Kluftnetz auf dem 5 %-Niveau (Kluftmessungen K A51 von der Sonnjoch-W-Flanke). Alle anderen Korrelationsergebnisse entkräften dieses Einzelresultat jedoch.

Tab. 15b   Die Signifikanzniveaus der Korrelationen zwischen den Talrichtungen und den Streichrichtungen von Klüften und Störungen im südlichen Teil des Rißbachgebietes

Talbereich	berechnete Korrelationen	davon: $\alpha \leq 0{,}10$	$\alpha \leq 0{,}05$	$\alpha \leq 0{,}01$
Enger Tal (gesamt)	17	–	–	–
Eng, Süd-Teil	16	1	1	–
Laliderer Tal	20	–	–	–
Falkenkar	35	32	28	24
Johannestal	31	1	–	–
Tortal	52	7	6	1
Rontal	55	41	35	19
Rißbach-Süd (Rs)	29	–	–	–
Rißbach-Süd, Täler (RsT)	48	41	39	33
Rißbachgebiet (R)	22	4	3	1

Auch beim Laliderer und Johannestal weist die Statistik die Unabhängigkeit der Tal- und Hangfurchenabschnitte von Klüften und Störungen aus. Für das Tortalnetz ergeben sich kaum bessere Übereinstimmungen.

Dagegen durchbrechen das Rontal und vor allem das Falkenkar mit ihren engen Korrelationen in auffälliger Weise die Tendenz zur Autonomie der südlichen Talnetze von tektonischer Vorzeichnung. Die Tiefenlinien dieser beiden Netze lehnen sich so eng an die Strukturgeologie an, daß der Zusammenhang sogar noch auf dem 1 %-Niveau bedeutsam ist. Dabei beschränkt sich die Kongruenz nicht etwa auf die aus dem jeweiligen Bereich stammenden Kluft- und Störungsdaten, sondern betrifft – abgesehen wieder von einzelnen Meßserien – Wertereihen von der Eng bis zum Rontal.

Das statistische Gewicht dieser beiden Gebiete reicht nicht aus, um auch bei einer Zusammenfassung der morphometrischen Daten aus dem gesamten südlichen Teilbereich (Serie R_S = Rißbach-Süd) noch Beziehungen zur Richtungsverteilung in der Tektonik erkennen zu lassen, zumal da sich die Abweichungen bei den anderen Tälern nicht gegenseitig aufheben, sondern addieren; sie scheinen einer gemeinsamen Tendenz zu entspringen. Bei der Serie des gesamten Rißbachgebietes (R) setzen sich die Tributärgebiete, in denen das Talnetz die tektonischen Richtungshäufigkeiten widerspiegelt, so schwach durch, daß sich nur in vier der 22 berechneten Korrelationen ein Zusammenhang zwischen den Verteilungen anzeigt.

Die statistisch nachgewiesene Unabhängigkeit der Talrichtungen im Bereich von Enger, Laliderer und Johannestal von der Tektonik überrascht in mehrfacher Hinsicht: Erstens ist dieser Trend durch die beispielhafte Nachzeichnung der Bruchstrukturen im Falkenkar und Rontal durchbrochen, zweitens impliziert die auffallende Parallelität der Süd-Täler geradezu die Vorstellung einer strukturbedingten Anlage, und drittens steht das Ergebnis in deutlichem Gegensatz zu der (fast durchgehend sogar noch auf dem 1 %-Niveau gesicherten) Abhängigkeit der Talbildung im Nordteil. Außerdem läßt der Sammelrinnencharakter dieser Täler auf eine stark geologisch beeinflußte Talnetzgestaltung schließen, deren Ursache wegen der quer zum Generalstreichen orientierten Hauptsegmente in tektonischer Vorzeichnung liegen muß (s. Kap. 3.1.3.5.).

Im Nord- wie im Südteil sind Erosionsrinnen, von den kleinsten Runsen bis zu den größten Talformen, in gleicher Weise erfaßt. Läßt man nun aber die Rinnen im südlichen Teilbereich außer acht und überprüft nur die Täler (nach der Definition von LOUIS 1968, S. 41; ergänzt 1975, bes. S. 20ff) einschließlich der zu Karen umgestalteten Anfangsstücke auf ihre Richtungsübereinstimmung mit der Tektonik (Serie R_{ST} = Rißbach-Süd, Täler), so weist die Statistik einen äußerst engen Zusammenhang aus, der allgemein bei $\alpha = 0{,}01$, für einzelne Korrelationen sogar noch bei $\alpha = 10^{-5}$ gesichert ist. Die große Zahl aussagekräftiger Korrelationen, unter denen sich vor allem auch jene mit den repräsentativeren Zusammenfassungen von Einzelmeßreihen befinden, schließt eine Deutung dieses Ergebnisses als stochastisches Ereignis aus.

Im Ron- und Tortalbereich wurden aus den morphometrischen Datenreihen einige spezielle Teilserien ausgeschieden und mit den Richtungshäufigkeiten des Kluft- und Störungsnetzes verglichen (Tab. 15c). Unter ihnen stimmen die Runsen und Steinschlagrinnen der Torwände am besten mit der tektonischen Häufigkeitsverteilung überein, während die Erosionslinien im westlich anschließenden Gamskarl nach der Richtungsstatistik keine Beziehungen zur Strukturgeologie erkennen lassen. Dasselbe gilt für den in das Rontal mündenden Grießgraben mit seinen Tributären. Das Grabensystem der Hölzlklamm scheint demgegenüber stärker tektonisch orientiert zu sein, doch vermitteln die Angaben in Tab. 15c kein klares Bild. Diese Spezialserien entsprechen kleinen, in sich geschlossenen Gebietseinheiten. Im Gegensatz dazu umfassen die Sondergruppen der Tortal- und Rontal-Flankengräben eine bestimmte Kategorie von Erosionsformen: die Hangfurchen; sie fallen unter LOUIS' Begriff der „Anfangsstränge des Abflusses" (1975, S. 19ff). Ihre Richtungsverteilung zeigt im Tortal keinen, im Rontal einen nur schwach angedeuteten statistischen Zusammenhang mit der Orientierung der Klüfte und Störungen. Sie scheinen sich demnach unbeeinflußt von tektonischer Vorzeichnung zu bilden.

Im Rückblick über die dargestellten Korrelationsergebnisse fallen vor allem die gravierenden Unterschiede in der Anpassung der Erosionslinien an die vorgegebenen tektonischen Strukturen auf. Für den Nordteil des Rißbachgebietes weist die Statistik eine klare Abhängigkeit des Tal- und Rinnennetzes vom Kluft- und Störungsnetz aus. Plums- und Weitkargraben fallen jedoch aus der Reihe. Im Südteil, im Bereich

Tab. 15c   Die Signifikanzniveaus der Korrelationen zwischen den Talrichtungen und den Streichrichtungen von Klüften und Störungen in kleineren Teilbereichen des Ron- und Tortalgebietes

Talbereich	berechnete Korrelationen	davon: $\alpha \leq 0{,}10$	$\alpha \leq 0{,}05$	$\alpha \leq 0{,}01$
Torwand-Rinnen	8	8	8	8
Gamskarl	10	3	–	–
Torwand + Gamskarl	23	13	12	6
Grießgraben	12	–	–	–
Hölzlklamm	29	11	7	1
Hölzlklamm + Grießgraben	12	2	1	–
Tortal-Flankengräben	9	–	–	–
Rontal-Flankengräben	13	4	3	3
Rontal + Flankengräben	28	24	24	14
Ron- + Tortal	30	21	18	9

der großen Quertäler, harmonieren Falkenkar- und Rontalsystem gut mit der Tektonik. Die Erosionslininennetze der anderen Quertäler lassen demgegenüber statistisch keine Beziehung zu Kluft- und Störungsorientierung erkennen. Dennoch stimmen die großen Erosionsformen, die Täler und ihre zu Karen umgeformten Anfänge, auch im südlichen Teilgebiet signifikant mit der Richtungsverteilung der tektonischen Bruchstrukturen überein. Offenbar stören nur die Hangrinnen die Korrelation der Richtungshäufigkeiten, und zwar – wie die Statistik zeigt – lediglich bei bestimmten Erosionsliniensystemen vor allem des südlichen Teilbereiches. Sie scheinen sich hier unabhängig von tektonischer Vorzeichnung zu entwickeln, während sie in anderen Teilbereichen gemäß den signifikanten Richtungskorrelationen offenbar tektonischen Strukturen nachtasten. Es ist nicht einzusehen, weshalb die morphologische Wirksamkeit tektonischer Vorzeichnung innerhalb eines kleinen Gebietes mit relativ einheitlichen Bedingungen so starkem Wechsel unterworfen sein sollte. Daher bedürfen die statistischen Ergebnisse einer eingehenden Interpretation. Diese setzt aber voraus, daß die Grenzen des korrelationsstatistischen Verfahrens und die Aussage der damit gewonnenen Ergebnisse bekannt sind. Daher soll im kommenden Abschnitt zunächst der SPEARMANsche Rangkorrelationstest unter dem Aspekt der hier behandelten Problemstellung diskutiert werden.

3.2.4.3. Aussage und Eignung des SPEARMANschen Rangkorrelationstestes

Der SPEARMANsche Rangkorrelationstest zeigt den Einfluß der Tektonik auf die Talbildung nur in unbefriedigender Weise auf. Für die Interpretation der errechneten Korrelationskoeffizienten ist dies von ausschlaggebender Bedeutung. Deshalb wird im folgenden dargelegt, was ein geeignetes statistisches Verfahren prüfen sollte, was der von LIST (1969) eingeführte Test tatsächlich prüft, und wie sich der Unterschied auf die errechneten Ergebnisse auswirkt.

Bei der Untersuchung des Zusammenhanges zwischen tektonischen Strukturen und den Talrichtungen stellt sich die Frage, welcher Anteil der Abschnitte eines Talnetzes und welche Richtungen auf tektonische Vorzeichnung zurückzuführen sind. Aber die Antwort hierauf ist in der Praxis nicht zu geben, denn sie erforderte die örtliche Untersuchung aller Tal- und Rinnenstrecken, wobei eine klüftungsbedingte Talanlage (zumindest bei den komplizierten Verhältnissen alpinotyper Tektonik) im Gelände kaum nachzuweisen wäre, eine Vorzeichnung durch kleinere Störungen nur bei günstigen Aufschlußverhältnissen. Einen Ausweg bietet der statistische Richtungsvergleich zwischen dem vorhandenen Gefügeinventar und den Talstrecken. Von SALOMONs Kartogrammen bis hin zu MURAWSKIs kombinierten Kluft- und Gewässernetz-Rosen (s. Kap. 1.2.) wurde dabei geprüft, ob den Talrichtungen entsprechende Kluftmaxima gegenüberstehen. Tektonische Richtungshäufungen, denen – aus welchem Grunde auch immer – ein geomorphologisches Äquivalent fehlt, wurden beim Vergleich nicht berücksichtigt und hatten keinen Einfluß auf das Ergebnis.

Der SPEARMANsche Rangkorrelationstest geht einen anderen Weg. Er ermittelt den Übereinstimmungsgrad zweier Verteilungen über die Höhe der Differenz D zwischen den Rangplatz-Ziffern der Klassenpaare. Da das Vorzeichen von D für den Rechengang keine Bedeutung hat, wird nicht nur die geomorphologisch relevante Frage untersucht, ob den morphometrisch stark besetzten Richtungsklassen auch entsprechende Kluft- bzw. Störungshäufungen gegenüberstehen (Teilfrage 1), sondern gleichzeitig umgekehrt, ob sich die einzelnen Gefügerichtungen ihren relativen Häufigkeiten gemäß in der Geomorphologie niedergeschlagen haben (Teilfrage 2). Die Antworten auf beide Teilfragen drücken sich in einem einzigen Zahlenwert, dem Korrelationskoeffizienten r_s, aus. Soll der Korrelationskoeffizient als Auskunft über die tektonische Abhängigkeit der Talrichtungen gewertet werden, so muß in etwa bekannt sein, inwieweit das Testergebnis der Teilfrage 2 das Gesamtresultat beeinflussen und im Hinblick auf den hier allein bedeutsamen Gegenstand der Teilfrage 1 „verfälschen" kann.

Bei einem theoretischen Talnetz, dessen sämtliche Abschnitte ausnahmslos durch Kluftbildungen vorgezeichnet seien, sollte dieser 100 %igen Abhängigkeit vom geomorphologischen Standpunkt aus ein r_s = +1 entsprechen. Der SPEARMANsche Rangkorrelationstest setzt aber für ein solches Ergebnis zusätzlich voraus, daß an der Talvorzeichnung alle Kluftrichtungen beteiligt sind, und daß die Stärke ihrer Beteiligung nur von ihrer relativen Häufigkeit abhängt. Diese Voraussetzung ist aber in der Natur nicht gegeben; denn die im tektonischen Gefüge enthaltenen Kluft- und Störungssysteme unterscheiden sich – abgesehen von den Streichrichtungen – nicht nur in ihrer relativen Häufigkeit, sondern auch in Ausprägung und Fallwinkel. Die Ausprägung bestimmt den Grad der Resistenzminderung, und der Fallwinkel entscheidet (zusammen mit dem Streichen sowie Exposition und Neigung des Geländes) über die mögliche Reliefwirksamkeit der Schwächezone (unter der Voraussetzung entsprechender klimageomorphologischer Bedingung). Der Grad der Resistenzminderung und die räumliche Orientierung der Schwächezonen stellen somit die Kriterien für eine selektive geomorphologische Nutzung der tektonischen Diskontinuitätsflächen dar.

So sind beispielsweise Klüfte und Störungen (aber auch Schichtflächen), die flacher einfallen als der Hang, in dem sie liegen, und daher von oben her in die Hangflächen ausstreichen, für linearerosive Vorzeichnung bedeutungslos. Obwohl gleich orientierte Trennfugen am Gegenhang je nach Ausprägung und Verlauf bezüglich der Isohypsen stark vorzeichnend wirken können, ergibt sich hieraus die häufigere erosive Nutzung steiler stehender Strukturen, da diese an beiden Talflanken zur Anlage von prädisponierten Erosionsrinnen führen können. Die modifizierte Reliefwirksamkeit, bzw. die dementsprechend selektive geomorphologische Nutzung der Tone in den Raibler Schichten beruht ebenfalls auf den unterschiedlichen geometrischen Beziehungen zwischen Relief und Lage der Schwächezone (s. Kap. 3.2.2.) und ist bei analogen Verhältnissen auf kluft- oder störungsbedingte Resistenzschwächen übertragbar. Weitere Beobachtungen über die uneinheitliche Reliefwirksamkeit von Klüften und Störungen, insbesondere über die bevorzugte Nutzung steil bis senkrecht stehender Strukturen finden sich u. a. auch bei PILLEWIZER (1937), ADLER (1957) und MURAWSKI (1964). Darüberhinaus gibt es konkurrierende Vorzeichnungsrichtungen, deren erosive Nutzung sich gegenseitig ausschließen kann. Die Kluftmessungen im Tortalbereich (s. Abb. 2, S. 20) erbrachten zwei eng benachbarte Streichmaxima in N- und NNE-Richtung. Bei Ausräumung des Tortales hat sich die NNE-Richtung durchgesetzt. Da die Tributärgebiete des Tortalbaches großenteils nur aus den steilen, ebenfalls NNE-verlaufenden Hängen des Tortales bestehen, hat die in sehr spitzem Winkel zu den Isohypsen verlaufende Nordrichtung kaum eine Chance, erosiv nachgezeichnet zu werden. Alle diese Beispiele zeigen, daß das Maß, in dem die einzelnen Kluft- und Störungsrichtungen bei der Ausbildung eines Talnetzes von der Erosion nachgezeichnet werden, nicht nur von deren relativen Häufigkeiten abhängt.

Nach Lage und Ausbildung weniger geeignete tektonische Strukturen kommen im Relief nicht oder nur schwach zum Ausdruck. Ihre Richtungen sind in den morphometrischen Daten des Talsystemes unterbesetzt. Daraus resultieren Rangplatzdifferenzen, die den Korrelationskoeffizienten herabdrücken und eine scheinbar geringere Abhängigkeit der Talrichtungen von der Tektonik vortäuschen. Diese aus morphologisch ungenutzter Tektonik resultierenden Differenzen betreffen oft nur wenige Richtungsklassen, können aber die durchschnittliche Höhe der in den übrigen Klassen auftretenden Differenzen deutlich übersteigen. Da der Korrelationskoeffizient aus den Quadraten der Differenzen berechnet wird, beeinflussen überdurchschnittliche Rangplatzdifferenzen das statistische Ergebnis sehr stark. Dies sei an einem Beispiel demonstriert[23].

Die Korrelation der Tal- und Rinnenrichtungen des Rontal-Systemes mit den Kluftmessungen K F60 am Gipfelaufbau der Rappenklammspitze (1835 m) weist mit einem $r_s = 0{,}6024$ einen auf dem 0,1 %-Niveau gesicherten Zusammenhang der Verteilungen aus. Die Summe der Differenzquadrate (ΣD^2) beträgt 3079,5. Davon gehen über 45 % (1390,5) auf das Konto von nur drei der 36 Richtungsklassen: Die Richtungen 170° bis 0° ($\hat{=}$ 180°) sind bei den Klüften sehr stark, in der Geomorphologie wegen der auch hier konkurrierenden NNE-Richtung (s. o.) dagegen schwach besetzt. Prüfte das Verfahren nur, ob den vorhandenen Talrichtungen auch angemessene tektonische Häufigkeiten entsprechen, müßte das Ergebnis wesentlich besser ausfallen.

Ergeben sich, wie in dem angeführten Beispiel, aufgrund ungenutzter Tektonik in wenigen Richtungsklassen überdurchschnittlich hohe Differenzen, so wird das statistische Bild der D^2-Werte in typischer Weise geprägt. Die Summe der positiven und negativen Differenzen muß Null sein. Daher verlangen die hohen positiven Differenzbeträge der wenigen Klassen eine allgemeine Verschiebung der übrigen Differenzen zur Seite von T− hin. Dieser Ausgleich erfolgt durch ein ziemlich gleichmäßiges, aber nur geringfügiges Anwachsen der negativen Differenzen, so daß sich deren Quadrate nur unwesentlich erhöhen, während die wenigen hohen Differenzen auf der Seite von T+ mit ihren exzeptionellen D^2-Werten die Quadrat-

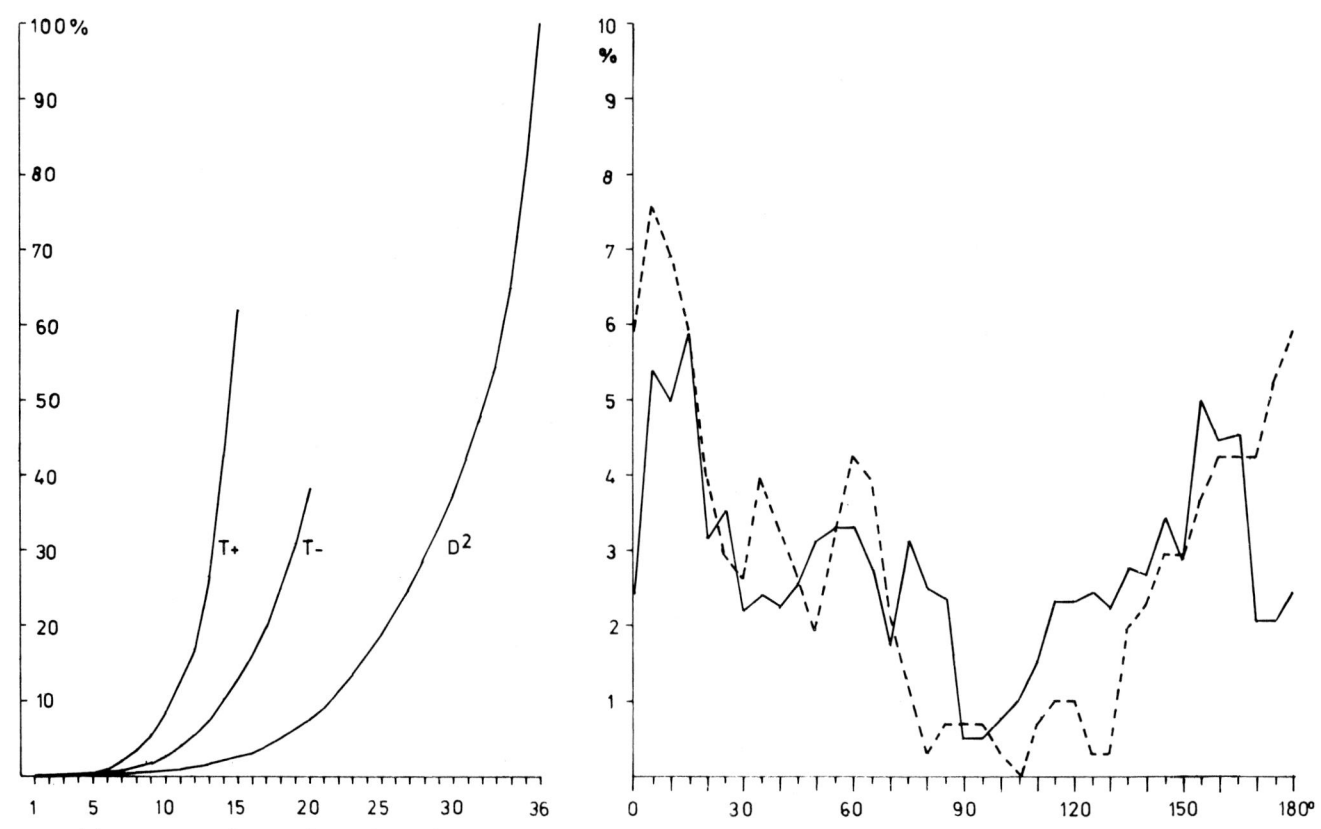

Abb. 17 Korrelation der Tal- und Rinnenrichtungen im Rontalsystem mit der Kluftmessung K F60 an der Rappenklammspitze.
Links: Summenkurven der nach Größe geordneten D^2-Werte sowie der Anteile aus T+ und T− (Abszisse: Anzahl der Richtungsklassen).
Rechts: Die Häufigkeitsverteilungen der Talrichtungen und der Kluftrichtungen (gestrichelt).

---

[23] Im Folgenden werden die aus einer Über- bzw. Unterbesetzung der Tektonik gegenüber den morphometrischen Richtungshäufigkeiten resultierenden D^2-Werte als T+ bzw. T− bezeichnet. Die Unterscheidung ist aufgrund des Vorzeichens von D möglich.

summe außerordentlich ansteigen lassen. Daraus folgt, daß die D^2-Werte von T+ einen weit höheren Anteil zu ΣD^2 beisteuern als jene von T–. Da bereits wenige Klassen einen großen Teilbetrag aus der Summe der positiven Differenzen erbringen, verringert sich die Anzahl der positiven Differenzen gegenüber den negativen. Gleichzeitig steigt der Mittelwert von T+ an. Außerdem streuen die T+-Werte wegen der hohen Beträge in ihrer Reihe deutlich stärker als die Quadrate von T–.

All das läßt sich an dem angeführten Korrelationsbeispiel (Rontal/Klüfte K F60) zeigen. Dazu wurden in Abb. 17 die Summenkurven der nach der Größe geordneten D^2-Beträge und der Anteile von T+ und T– gezeichnet. (Die Differenzquadrate wurden in Prozente von ΣD^2 umgerechnet.) Die 15 Werte von T+ erbringen 62 % der D^2-Summe, während T– aus 20 Klassendifferenzen nur 38 % beiträgt (einmal ist D = 0). Die hohen Differenzquadrate der erwähnten drei Richtungsklassen mit ungenutzter Tektonik (45 % von ΣD^2) bilden die steilen Schlußstücke der Kurven von D^2 und T+. Der Mittelwert der Quadrate beträgt bei T+ 4,14 % von ΣD^2, bei T– nur 1,90 %. Die stärkere Krümmung der Kurve von T+ gegenüber jener von T– kommt in den unterschiedlichen Standardabweichungen der Quadratwerte zum Ausdruck (T+: s = 6,10; T–: s = 2,11).

Dieselben Züge zeigt beispielsweise auch die Korrelation der Rontal-Morphometrie mit der Kluftserie K H26 (vom Mitterschlaggraben NE Hinterriß). Der Zusammenhang der Häufigkeitsverteilungen ist mit $\alpha = 0,005$ hochsignifikant ($r_s = 0,4951$). Aufgrund morphologisch ungenutzter Tektonik (T+) erbringen die drei Richtungsklassen 170°, 175° und 0° (≙ 180°) über 47 % von ΣD^2. Insgesamt steuert T+ aus 16 Klassen 63 %, T– bei 20 Klassen aber nur 37 % zur Summe der Quadrate bei. Mittelwerte und Standardabweichungen der Differenzquadrate zeigen dieselben Tendenzen wie im ersten Beispiel (T+: $\bar{x}$ = 3,95 %, s = 6,70; T–: $\bar{x}$ = 1,84 %, s = 2,49). Selbst in den besten Korrelationen, wie etwa bei R_{ST} / K A21,22 (Klüfte vom Drijaggenwald, Eng-E-Flanke), schlägt sich das Phänomen der ungenutzten Tektonik nieder ($r_s = 0,8249$; $\alpha = 10^{-6}$; s. Abb. 18). T+ bringt in 14 Klassen 58 % und allein in drei Klassen bereits 51 % von ΣD^2 ($\bar{x}$ = 4,15 %, s = 7,12; dagegen T–: 18 Klassen, 42 % von ΣD^2, $\bar{x}$ = 2,33 %, s = 4,62).

Die Analyse dieser drei Korrelationen deutet darauf hin, daß der morphologisch ungenutzten Tektonik im Arbeitsgebiet recht allgemeine Bedeutung zukommt, und daß daher viele Korrelationen einen geringeren Abhängigkeitsgrad der Talrichtungen von der Tektonik angeben, als es den wirklichen Verhältnissen entspricht. Um dies zu prüfen, wurden sämtliche Korrelationen mit $\alpha \leq 0,05$ der morphologischen Serien R_{ST} (= Rißbach-Süd: Täler) und Rontal auf den Einfluß ungenutzter Tektonik untersucht. Hierzu wurden zunächst von jeder Korrelation getrennt für T+ und T– der Anteil an ΣD^2, Mittelwert $\bar{x}$ und Standardabweichung s der Differenzquadrate (jeweils in % von ΣD^2) und die Anzahl K der zugehörigen Richtungsklassen errechnet. Aus diesen Daten wurden dann wieder Durchschnitt und Standardabweichung ermittelt. Über das Ergebnis informiert Tab. 16.

Die D^2-Werte dieser Korrelationsserien zeigen dieselbe Asymmetrie wie die besprochenen Einzelbeispiele. Bei einer Korrelation zweier Häufigkeitsverteilungen, deren generelle Übereinstimmungs- (oder Nichtübereinstimmungs-)Tendenz sämtliche Klassen in gleicher Weise betrifft und nicht von andersgearteten Abhängigkeitsverhältnissen in einigen wenigen Klassen durchbrochen wird, sollten sich die Quadrate der positiven und negativen Differenzen etwa gleich verhalten. Zumindest ist zu erwarten, daß sich zufällig auftretende Asymmetrien innerhalb einer größeren Reihe von Korrelationsberechnungen gegenseitig aufheben. Demgegenüber beweist die D^2-Analyse der 39 R_{ST}- und der 35 Rontal-Korrelationen einen systematischen Unterschied zwischen T+ und T–. Sowohl die Summe (bzw. der Anteil an ΣD^2) als auch Mittelwert und Schwankungsbreite der D^2-Beträge von T+ übersteigen jene von T– deutlich. Die Unterschiede zwischen T+ und T– sind mit $\alpha = 0,01$ hochsignifikant[24]. Sie treten (mit umgekehrter Tendenz) auch bei K (s. Tab. 16) klar zum Vorschein.

---

[24] Prüfung der Paardifferenzen beim Anteil von T+ und T– an ΣD^2 durch den Vorzeichentest von DIXON und MOOD (SACHS 1969, S. 315f), bei $\bar{x}$ und s der D^2-Werte durch den t-Test (SACHS 1969, S. 309f).

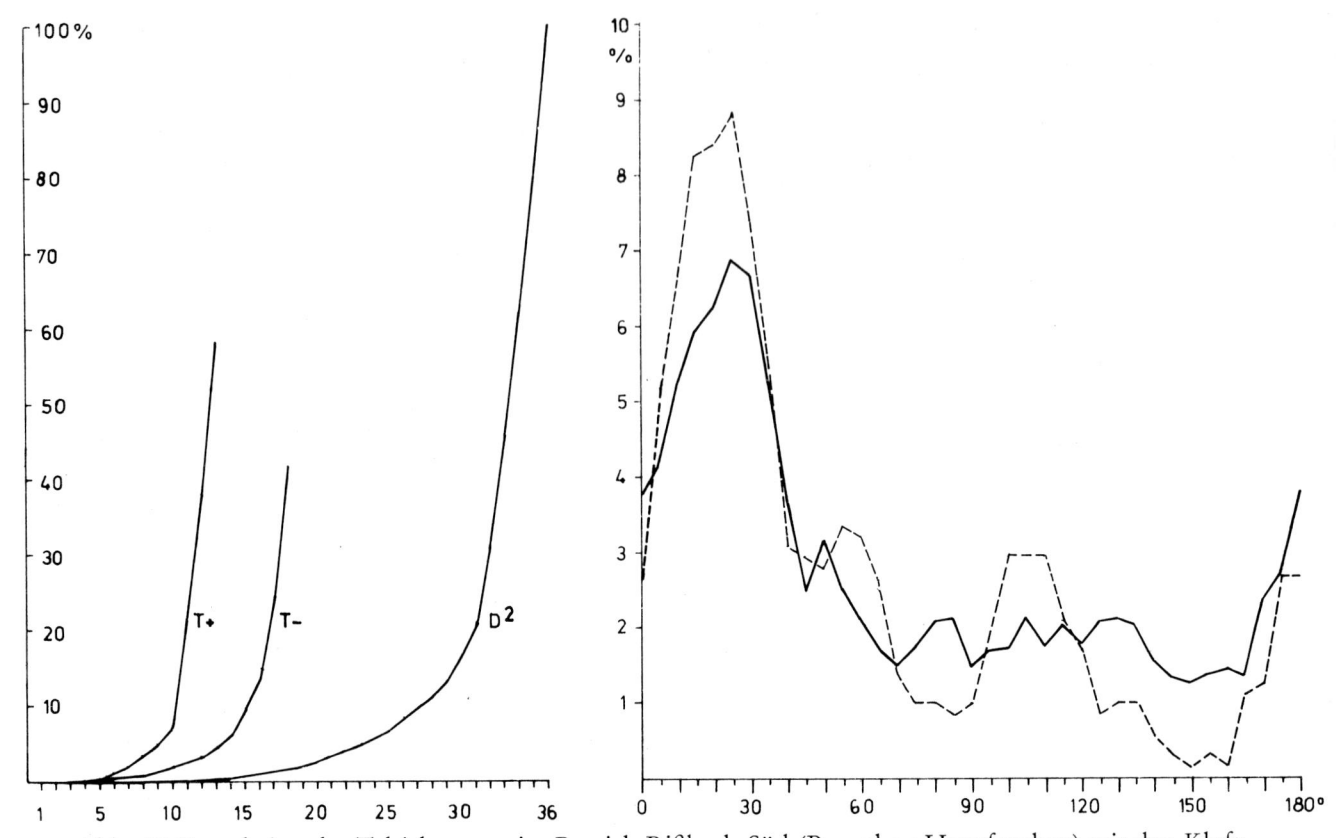

Abb. 18 Korrelation der Talrichtungen im Bereich Rißbach-Süd (R$_{ST}$, ohne Hangfurchen) mit den Kluftrichtungen der Messung K A21,22 (Drijaggensattel).
Links: Summenkurven der nach Größe geordneten D²-Werte sowie der Anteile aus T+ und T−.
Rechts: Häufigkeitsverteilung der Talrichtungen (durchgezogen) und der Kluftrichtungen (gestrichelt).

Tab. 16 Analyse der D²-Werte aus den Korrelationen ($\alpha \leq 0{,}05$) der Talrichtungsdaten der Serien Rißbach-Süd (Täler) R$_{ST}$ und Rontal (K = durchschnittliche Anzahl der Richtungsklassen mit T− bzw. T+ aus den jeweils 36 korrelierten Richtungsklassen)

		Anteil (%) an ΣD^2	D²-Werte in % von ΣD^2		K
			$\bar{x}$	s	
1. R$_{ST}$ (39 Korrelationen)					
T− {	$\bar{x}$	44,09	2,43	3,10	18,28
	s	6,52	0,57	1,01	1,64
T+ {	$\bar{x}$	55,91	3,51	4,88	16,23
	s	6,52	0,74	1,16	1,56
2. Rontal (35 Korrelationen)					
T− {	$\bar{x}$	45,24	2,51	2,74	18,57
	s	5,24	0,61	0,81	2,38
T+ {	$\bar{x}$	54,76	3,43	4,16	16,46
	s	5,24	0,68	1,04	2,20

Das beweist, daß hohe Differenzquadrate aufgrund ungenutzter Tektonik die untersuchten Korrelationen durchgehend beeinflussen. Sie fehlen aber auch bei den übrigen Korrelationsberechnungen, insbesondere bei den restlichen Quertälern im S, nicht. Die vom SPEARMAN-Test durchgeführte Prüfung der Teilfrage 2 (morphologische Wirksamkeit der tektonischen Strukturen), welche die ungenutzte Tektonik aufdeckt, läßt die Abhängigkeit der Talrichtungen im statistischen Ergebnis geringer erscheinen, als es der Wirklichkeit entspricht. Dies kann sogar dazu führen, daß ein Korrelationsergebnis trotz sonst relativ guter Anpassung des Talnetzes an die Tektonik unter die gewählte Signifikanzschwelle abrutscht. Die Korrelation zwischen den vereinigten morphometrischen Daten von Ron- und Tortal sowie der Kluftserie K H26 (Mitterschlaggraben) diene hierfür als Beispiel. Der Zusammenhang zwischen Tal- und Kluftrichtungen ist auf dem 5 %-Niveau nicht mehr bedeutsam, ΣD^2 müßte hierzu um 5,12 % kleiner sein. Die ungenutzte Tektonik in den drei Richtungsklassen 170°, 175°, 0° trägt aber allein 41,86 % zur Summe der Abweichungsquadrate bei und vermindert damit den Korrelationskoeffizienten entscheidend. Der Anteil von T+ an ΣD^2 beträgt insgesamt 59,49 %. Die Asymmetrie zeigt sich in typischer Weise auch bei Mittelwert $\bar{x}$ (T+: 3,31; T−: 2,25) und Standardabweichung s (T+: 5,36; T−: 2,06). Die Asymmetrie der D^2-Werte ermöglicht es, nicht signifikante Korrelationen dieser Art von echter Unabhängigkeit der verglichenen Häufigkeitsreihen zu unterscheiden; denn im zweiten Falle sollten sich die Quadrate der positiven und negativen Differenzen etwa gleich verhalten, was sich an vier aus Zufallszahlen berechneten Rangkorrelationen verifizieren ließ. (Die Irrtumswahrscheinlichkeit für die Feststellung eines Unterschieds jeweils zwischen den Anteilen an ΣD^2, den Mittelwerten, Standardabweichungen und Anzahlen der Differenzquadrate von „T+" und „T−" betrug 50 %.)

Die bisherige Diskussion deckte zwei wichtige Eigenschaften des SPEARMANschen Rangkorrelationskoeffizienten auf:

1. Morphologisch nicht nachgezeichnete Klüfte und Störungen beeinflussen die statistische Aussage über die tektonische Bedingtheit der Talrichtungen, und
2. überdurchschnittliche Rangplatzdifferenzen innerhalb nur weniger Richtungsklassen können einen im breiten Spektrum der übrigen Klassen bestehenden Zusammenhang verschleiern.

Die zweite Feststellung gilt nicht nur für T+, sondern in gleicher Weise auch für T−. Konzentrieren sich beispielsweise die der Schichtung folgenden Rinnen- und Talabschnitte (vor allem bei steiler Schichtlagerung) auf einen engen Azimutbereich, dann können hohe Differenzquadrate in wenigen Klassen auftreten, so daß die Anpassung der übrigen Talrichtungen an tektonische Strukturen im Korrelationskoeffizienten nicht mehr zum Ausdruck kommt. Deshalb mußten im Ron- und Tortalbereich die Daten der schichtungsbedingten Tiefenlinienabschnitte aus den morphometrischen Reihen ausgeklammert werden (s. S. 83).

Auch andere Richtungszwänge, wie die Gradientkraft steiler Abdachungen, die zu einer stark selektiven Nutzung der tektonischen Schwächezonen durch die Abdachungsgerinne oder zu tektonisch unabhängiger Anlage von Runsen führt, vermögen die gefügebedingte Vorzeichnung des übrigen Tal- und Rinnennetzes völlig zu überdecken, wenn sich aus ihnen eine starke Häufung innerhalb weniger Richtungen ergibt. Dies sei am Beispiel der Hangfurchen der Flanken von Tor- und Rontal erläutert.

Die Korrelationen der Tortal-Flankengräben mit den Kluft- und Störungsmessungen aus dem Tortal und der unmittelbaren Umgebung ergeben durchwegs negative Korrelationskoeffizienten (s. Tab. 15c, S. 90). Daraus sollte eine vollständige Unabhängigkeit der Rinnen von tektonischer Vorzeichnung zu folgern sein (einseitige Fragestellung). Doch die Geländebefunde in vielen Runsenabschnitten widerlegen diese Schlußfolgerung: Tektonische Strukturen bestimmten sicher beim größten Teil der Hangentwässerungsbahnen die Richtung. Das geht schon daraus hervor, daß nur wenige Rinnenabschnitte dieser morphometrischen Serie der Fallinie der Talflanken folgen; denn die meisten derartigen Erosionsrinnen liegen aufgrund der örtlichen tektonischen Verhältnisse (s. S. 81f.) zugleich im Schichtstreichen und wurden daher bei den Korrelationsberechnungen nicht berücksichtigt (s. oben). Die Steilheit der Talflanken bewirkte, daß nur solche tektonische Schwächezonen zu Hangrunsen ausgeräumt werden konnten, deren Ausbißlinien nur wenig von der Fallinie abweichen. Wegen des geradlinig NNE-gerichteten Verlaufes des langen Tortal-Hauptabschnittes bleibt die selektive Nutzung von Klüften und Störungen weitgehend auf den gleichen, engen Richtungsbereich eingeschränkt. Der Korrelationskoeffizient aus den Richtungshäufigkeiten der Erosionslinien sowie der in Geländeaufschlüssen gemessenen Klüfte und Störungen kann unter solchen Bedingungen eine Abhängigkeit der Erosionslinien von tektonischen Schwächezonen nicht mehr aufzeigen, da aufgrund der nicht genutzten Tektonik einerseits und der Konzentration der Runsenabschnitte auf wenige Richtungsklassen andererseits hohe Rangplatzdifferenzen zustande kommen.

Beim Rontal bewirkt der Talknick von NNE nach ENE auf halber Länge des Talzuges eine breitere Streuung in der Orientierung der Hangfurchen und damit eine schwächer eingeschränkte Nutzung der tektonisch vorgezeichneten Richtungen. Dementsprechend fallen die Korrelationskoeffizienten weniger schlecht aus. Sie liegen im Mittel bei +0,1365 gegenüber −0,3845 bei den Tortal-Flankengräben. Mit einigen tektonischen Meßreihen ergeben sich sogar bereits signifikante Übereinstimmungen (s. Tab. 15c).

Der Befund, daß der SPEARMANsche Rangkorrelationstest auf stark selektive Nutzung der tektonischen Strukturen mit niedrigen, vielfach sogar negativen Korrelationskoeffizienten reagiert, ist für die Interpretation der Korrelationsergebnisse aus dem südlichen Teilbereich des Rißbachgebietes von großer Bedeutung: Die hochsignifikante Übereinstimmung der morphometrischen Richtungsverteilung der Serie R$_{ST}$ (ohne Hangrunsen) mit den tektonischen Richtungshäufigkeiten weist neben anderen Kriterien (s. Kap. 3.2.4.4.) darauf hin, daß die Quertäler durch selektiv verstärkte Ausräumung tektonischer Schwächezonen gebildet wurden. Ihr Sammelrinnencharakter wird als Folge der Vorzeichnung (und als Indiz dafür) gewertet. Er bewirkt zusammen mit dem geradlinigen Verlauf der tief eingeschnittenen Täler eine starke Konzentration der Tributärrinnen auf wenige Richtungsklassen eines engen, etwa quer zur Talrichtung liegenden Azimutbereiches. Daraus folgt, daß der tektonische Einfluß auf die Gewässernetzgestaltung nicht zwangsläufig zur völligen Anpassung der Richtungsverteilung der Tiefenlinien an jene der Kluft- und Störungsrichtungen führen muß. Die starke morphometrische Belegung der wenigen Klassen, die sich um die Fallinie der Talflanken gruppieren, unterbindet den Nachweis der tektonischen Anlage der Täler durch das SPEARMANsche Rangkorrelationsverfahren, obwohl sie eine Folge der morphodynamisch hoch wirksamen Vorzeichnung darstellt. Der Rangkorrelationstest vermag den Einfluß der Tektonik auf die Talrichtungen nicht mehr nachzuweisen, wenn unter dem Spektrum der tektonischen Vorzeichnungen eine dominierende Richtung auftritt, die aufgrund überdurchschnittlicher Resistenzminderung auf größeren Strecken zur Bildung geradliniger Sammelrinnen Anlaß gibt[25]. Ein derartiger Einfluß der Tektonik auf die Gestaltung eines Talnetzes bleibt davon unberührt, ob die Tributärrinnen, die aufgrund der starken Ausräumung der dominierenden Schwächezone in ihren Richtungen festgelegt sind, ihrerseits noch tektonischen Strukturen nachspüren. Selbst bei der Annahme, daß die Hangfurchen ohne Vorzeichnung durch Kluft- und Störungsverläufe allein dem Gefälle der Talflanken folgen sollten, ist daher die Aussage des niedrigen oder negativen Korrelationskoeffizienten, der aus der Parallelität der Rinnen resultiert, nicht gerechtfertigt. Es ist sogar zu erwarten, daß der Effekt der tektonischen Vorzeichnung auf die Anlage des Hangentwässerungssystemes umso geringer wird, je stärker die Prädisposition der Talzone morphologisch zur Wirkung kommt. Denn je mehr das Einschneiden der Sammelrinne der allgemeinen Abtragung vorauseilt, desto steiler werden die Flanken. Die Ablenkung der Hangentwässerungsbahnen aus der Gefällsrichtung durch Substrat-Inhomogenitäten wird damit immer schwieriger und unwahrscheinlicher. Es wäre unter diesem Aspekt bei Vergleichsuntersuchungen zu prüfen, ob nicht die hierdurch bedingten negativen Korrelationskoeffizienten als Anzeichen derartiger Verhältnisse interpretiert werden dürfen.

Die Diskussion des angewandten statistischen Verfahrens erlaubt folgende Feststellungen und Schlußfolgerungen:

1. Der SPEARMANsche Rangkorrelationstest prüft nicht die morphodynamische Nutzung tektonischer Resistenzminderung bei der Talbildung, sondern die Übereinstimmung zwischen den Richtungsverteilungen eines Talnetzes und eines Kluft- bzw. Störungsnetzes. Der Übereinstimmungsgrad wird als Indiz für die Stärke des Einflusses tektonischer Strukturen auf die Talnetzgestaltung gewertet. Das geschieht unter Annahme nicht zutreffender Voraussetzungen. Daher kann die Anwendung des SPEARMANschen Rangkorrelationskoeffizienten zu falschen negativen Ergebnissen führen.

---

[25] Vgl. die Korrelationsergebnisse der Serien Eng, Eng-S, Laliderer- und Johannestal sowie R$_S$, bei welchen die Hangfurchen berücksichtigt sind (Tab. 15b, S. 88).

2. Ein hoher Korrelationskoeffizient beweist (im Rahmen des Signifikanzniveaus) die Anpassung eines Talnetzes an das Kluft- oder Störungsnetz. Er darf als Ausdruck wirksamer tektonischer Vorzeichnung des überwiegenden Teiles der Tal- und Rinnenabschnitte gewertet werden. Geomorphologisch ungenutzte Tektonik läßt den statistisch ermittelten Abhängigkeitsgrad eines Tiefenliniennetzes geringer erscheinen, als es der Wirklichkeit entspricht.

Ein niedriger oder negativer Korrelationskoeffizient zeigt dagegen nur an, daß die Richtungsverteilungen im Talnetz und im tektonischen Gefüge nicht übereinstimmen, beweist aber nicht, daß sich das Talsystem unbeeinflußt von tektonischer Vorzeichnung entwickelt haben muß; denn die Übereinstimmung der Richtungsverteilungen spiegelt nur einen speziellen Fall der kontrollierten Gewässernetzanlage wider.

3. Dementsprechend ist der SPEARMANsche Rangkorrelationstest zur Bearbeitung des tektonischen Einflusses auf die Anlage eines Talnetzes nur bedingt geeignet.

Diese Kritik beträfe in gleicher Weise jedes andere statistische Verfahren, das auf den Vergleich der Richtungshäufigkeiten der bruchtektonischen Strukturen und der Erosionslinien hinausläuft, da bereits der Häufigkeitsvergleich über die Richtungsklassen von der zu stark vereinfachenden Prämisse ausgeht, daß die Chancen einer tektonischen Richtung, im Erosionsliniensystem nachgezeichnet zu werden, allein von der Häufigkeit der entsprechend streichenden Klüfte und Störungen abhingen. Da sich der Effekt eines eventuellen gegenseitigen Ausschlusses konkurrierender Vorzeichnungsrichtungen oder des von tiefeingeschnittenen Sammelrinnen ausgehenden Richtungszwanges für Tributärgerinne sowie weiterer Einflußfaktoren (s. oben) nicht von vornherein in Form exakt quantifizierter Korrekturglieder in die statistische Untersuchung einbeziehen lassen, müssen die errechneten Korrelationskoeffizienten anhand von Geländebefunden in ihrer Aussage überprüft und interpretiert werden.

Abschließend seien noch einige Bemerkungen zur Wahl des Signifikanzniveaus angefügt. Da der Anpassungsgrad von Talrichtungen an die tektonischen Vorzeichnungen nur ein unvollkommenes Indiz für die morphodynamische Nutzung gefügebedingter Resistenzschwächen darstellt, läge es nahe, eine höhere Irrtumswahrscheinlichkeit zu tolerieren, damit die tektonisch beeinflußten Talanlagen auch als solche erkannt werden; denn die morphologisch nicht genutzte Tektonik sowie die der Schichtung folgenden Tal- und Rinnenabschnitte drücken den Korrelationskoeffizienten. Daher glauben LIST & STOCK (1969, S. 251f), daß eine Irrtumswahrscheinlichkeit von 10 % eine ausreichende Sicherheit bietet, während ihnen ein Signifikanzniveau von 5 % „eher zu eng erscheint"[25]. Dennoch wurde in dieser Arbeit für die Ablehnung der Nullhypothese eine Irrtumswahrscheinlichkeit von 5 % gefordert, weil der für $\alpha = 0,10$ (bei N = 36) noch zulässige Minimalwert des r_s mit 0,2166 (gegenüber $r_s = 0,2780$ für $\alpha = 0,05$) bereits in gefährlicher Nähe der Unabhängigkeit der Verteilungen liegt, und weil zunächst nicht feststeht, ob ein r_s allein wegen nicht genutzter Tektonik und schichtungsgebundener Talabschnitte so niedrig ausfällt. Außerdem hob die Berechnung der gleitenden Mittelwerte die Auswirkung starrer Klassengrenzen sowie nicht zu großer Divergenzwinkel (s. Kap. 3.2.1.) auf. Die Unzulänglichkeiten des Verfahrens können durch die Wahl einer größeren Irrtumswahrscheinlichkeit nicht kompensiert werden.

3.2.4.4. Tektonische Vorzeichnung der Erosionslinien nach Statistik und Geländebefunden

Für die Tal- und Rinnensysteme des nördlich vom Rißbach gelegenen Teilbereiches deckte die statistische Untersuchung gute, zum Teil außerordentlich enge Korrelationen zwischen den morphometrischen und tektonischen Richtungsverteilungen auf (s. Kap. 3.2.4.2.). Das beweist, daß die an Anlage und Ausarbeitung der Tiefenliniennetze beteiligten Abtragungsprozesse sehr empfindlich auf tektonisch bedingte Resistenzminderung ansprachen. Die einzelnen Kluft- und Störungsrichtungen wurden dabei in einem Maße nachgezeichnet, das annähernd ihren relativen Häufigkeiten entspricht.

---

[25] Um einen besseren Ergebnisvergleich zu ermöglichen, wurde deshalb in den Tabellen 15a bis c auch die Anzahl der auf dem 10 %-Niveau bedeutsamen Korrelationsergebnisse angegeben.

Die starke Anpassung der Talsysteme dieses Teilbereiches an das tektonische Gefüge wurde – abgesehen von der Voraussetzung eines geeigneten klimageomorphologischen Milieus – durch bestimmte geomorphologische und geologische Begleitumstände begünstigt. Mit Ausnahme des Plumsgrabens liegen alle diese Talsysteme in der Nordflanke des Rißbachtales. Die Flanke ist mehrphasig entstanden. Aufgrund der in ihr ausgebildeten Verebnungen älterer Reliefgenerationen (MALASCHOFSKY 1941) bietet sie ausreichend Raum für die Entwicklung zwar kleiner, aber nach allen Richtungen verzweigter Netze. Die nur mäßige Neigung der Altflächen, in welche die Systeme eingetieft sind, bewirkte keine spürbar selektive Nutzung der vorhandenen Vorzeichnungen. Die Abdachungsrichtung (SSW) deckt sich zudem mit der tektonischen Hauptrichtung (ca. 20 – 35°), so daß die nur dem Gefälle folgenden Gerinne (im steileren Unterhang) die Korrelationen nicht stören. Abgesehen vom Sulzgraben-Bereich besteht das Gebiet fast nur aus Hauptdolomit. Daher beeinflußten petrographische Differenzierungen die Anlage der Erosionslinien nur unbedeutend. Schließlich bildet dieses an sich widerständige Gestein, wie sich auch bereits bei der Behandlung schichtungsbedingter Erosionslinien ergab, offenbar ein sehr geeignetes Substrat für die morphodynamische Wirksamkeit von Schwächezonen längs interner Diskontinuitäten (s. a. Kap. 3.1.3.7.).

Plumsgraben und Weitkargraben stimmen als einzige Ausnahmen des nördlichen Teilbereiches in ihren Richtungshäufigkeiten nicht mit der Tektonik überein. In Anbetracht der deutlichen Abhängigkeit der anderen Talsysteme ist aber nicht zu erwarten, daß die Erosion nicht auch hier vorgegebene Schwächezonen nachgezeichnet hätte. Nach den Ergebnissen der Verfahrensdiskussion besagen die schlechten Korrelationen lediglich, daß die Entwicklung der Tiefenliniennetze (mit oder ohne geomorphologischer Nutzung tektonischer Strukturen) zu keiner richtungsmäßigen Anpassung der Gesamtsysteme an die Tektonik geführt hat. Tektonische Vorzeichnung und damit Richtungsgebundenheit läßt sich für einige Abschnitte von Plums- und Weitkargraben im Gelände eindeutig nachweisen.

Der Plumsgraben folgt in seinem oberen Teil bis etwa 1420 m NN nach AMPFERERs Kartierung (1950) einer „tektonischen Zertrümmerungszone" aus Brekzien und Myloniten des Hauptdolomits; ab 1420 m Höhe verläuft die Ruschelzone laut AMPFERER knapp nördlich der Tiefenlinie. Nach eigenen Beobachtungen betraf die tektonische Zerrüttung aber zumindest bis zur Einmündung des Satteljochgrabens auch den Streifen zwischen Plumsbach und der kartierten Mylonit- und Brekzienzone. Auch die südliche Flanke des Plumsgrabens blieb nicht verschont. Im Bereich des unteren Weges vom Plumsalm-Niederleger zum Plumsjoch und der tiefer gelegenen Hangpartien zeigen die spärlichen Aufschlüsse zu Grus zerrütteten Hauptdolomit. Zum oberen Weg hin nimmt die Beanspruchung allmählich bis auf ein übliches Maß ab. Demnach entstand der Plumsgraben mindestens bis zur Einmündung des Satteljochgrabens durch Ausräumung einer Zone stärkster Gesteinszerrüttung. Das hatte zur Folge, daß dieser Abschnitt einen deutlichen Sammelrinnen-Charakter annahm ($R_{b2;3}$ = 8,0; s. Tab. 4). Auf der Strecke von der Einmündung des Sulzgrabens bis zur Mündung in das Rißbachtal dürfte der Plumsgraben durch den Verlauf der Grenze zwischen Lechtal- und Inntaldecke vorgezeichnet sein. An einzelnen Stellen ergeben sich hierfür konkrete Hinweise. Nach AMPFERERs Karte (1950) verläuft der Plumsgraben in den ersten hundert Metern nach der Sulzgrabenmündung im Haselgebirge. Im daran anschließenden Stück stehen an der Südflanke des Tales sehr stark beanspruchte und ineinandergeschuppte Partien von Reichenhaller Kalken und Dolomiten der Inntaldecke sowie vom Hauptdolomit der Lechtaldecke an. (Sie sind an der Straße zum Plumsalm-Niederleger aufgeschlossen.) In dem folgenden Abschnitt bis zur Mündung in das Rißbachtal hat sich der rezente Plumsbach durch mächtige Moränen stellenweise wieder bis in das Anstehende eingeschnitten. Er verläuft etwas nördlich der Deckengrenze, die jedoch ca. 250 m östlich der Vereinigung des Plumsbaches mit dem vom Enger Tal kommenden Blaubach erneut in die Tiefenlinie des Plumsgrabens hineinzieht. Die Deckengrenze ist in einer kleinen Runse aufgeschlossen[26]. Die Nähe

---

[26] AMPFERER (1950) gibt den vermuteten Verlauf der Deckengrenze etwas weiter südlich an. Offenbar war der Aufschluß bisher unbekannt. An der Störung, die hier nach 110° streicht und mit 80 – 90° nach S einfällt, stößt dolomitisch verkittete Hauptdolomitbrekzie an tonig gebundene Brekzie aus Reichenhaller Kalken und an kleine Schubfetzen von grünem Haselgebirge mit eingekneteten Trümmern aus schwarzen Reichenhaller Kalken. An die Ruschelzone schließen sich im S schwarze, dünn geschichtete, schwach dolomitische Reichenhaller Kalke an.

der Deckengrenze gibt sich bereits von der Einmündung des Hasentalbaches an in der starken Zerrüttung des Hauptdolomites im Bett des Plumsbaches zu erkennen. Einen weiteren Hinweis auf die tektonische Anlage des Plumsgraben lieferten die Kluftmessungen an der Südflanke dieses Tales (östl. des Plumsalm-Niederlegers). Sowohl bei Klüften als auch bei Störungen ergab sich ein starkes Maximum in den vier Richtungsklassen 55°, 60°, 65° und 70°, in die auch der Verlauf des Plumsgrabens fällt. 19,6 % der gemessenen Klüfte und 42,5 % der Störungen streichen in diesen Richtungen (bei Gleichverteilung entfielen auf 4 von 36 Richtungsklassen insgesamt nur 11,1 %). Störungsbedingte Vorzeichnung läßt sich auch für Tributärabschnitte des Plumsgrabens nachweisen. Bei einigen Rinnen im Bereich des Bettlerkares und der NW-Flanke der Bettlerkarspitze ist sie bereits aus AMPFERERs geologischer Karte (1950) abzulesen. Im Satteljochgraben folgen nach den Geländebefunden einige SE-orientierte Runsensegmente Störungen. Im Hasental, dem westlichsten Tributär, führte die tektonische Anlage der Erosionslinien zu einer statistisch signifikanten Übereinstimmung der Richtungshäufigkeit (s. Tab. 15a).

Die Geländebefunde lassen deutlich erkennen, daß tektonische Schwächezonen auch im Plumsgrabensystem den Verlauf von Tal- und Rinnenabschnitten vorgezeichnet haben.

Abb. 19 Erosiv nachgezeichnete Störung im Weitkargraben-W. Die hellen bis weißen Linien im Gerinnebett zeigen den resistenzschwachen Mylonitstreifen (obere Bildhälfte und unteres Drittel).

Dasselbe kann vom Weitkargraben gesagt werden. Bei der Begehung einiger Strecken war mehrfach festzustellen, daß Tal- und Runsenstücke Störungen nachzeichnen. Eine Verwerfung (255/75) mit einer bis 2 m breiten Mylonit- und Brekzienzone wurde auf eine Länge von ca. 250 m (1360 m – 1200 m NN) ausgeräumt (s. Abb. 19). Charakteristischerweise stellt auch das Weitkargrabensystem ein Sammelrinnen-Netz dar. Dies kommt im erhöhten $R_{L2;3}$ (= 2,365) sowie im $R_{b1;2}$ (= 6,000) und $R_{A1;2}$ (= 6,750; s. Tab. 3, S. 32 und Abb. 5, S. 30) zum Ausdruck. Der Sammelrinnencharakter prägt auch das westliche, größere der beiden Teilbecken (3. Ordnung; R_b = 5,292; R_A = 6,615; $R_{L2;3}$ = 3,494 gegenüber $R_{L1;2}$ = 1,508; s. Tab. 4). Die gesammelten Segmente – sie gehören vorwiegend der 1. Ordnung an ($R_{b1;2}$ = 7,00) – folgen zum Teil der Schichtung, die quer zum Verlauf der tief eingeschnittenen Hauptrinne streicht. Nach den Ergebnissen der Verfahrensdiskussion erklärt sich daraus die schlechte Anpassung der Tal- und Rinnenrichtungen an die Richtungsverteilung der Tektonik. Gleichzeitig kann der Sammelrinnencharakter als starkes Indiz für eine tektonisch beeinflußte Netzgestaltung gelten (s. Kap. 3.1.3.5.).

Für das nördliche Teilgebiet läßt sich zusammenfassend festhalten, daß die Tal- und Rinnenverläufe in hohem Maße unter dem Einfluß tektonischer Vorzeichnung gebildet wurden. Bei den meisten Teilsystemen führte dies zu einer signifikanten Übereinstimmung der Richtungshäufigkeiten mit dem tektonischen Gefüge, während bei Plums- und Weitkargraben offenbar dominierende Richtungen durch einen morphologischen Rückkopplungseffekt die Anlage der kleineren Tributäre mitsteuerten und damit eine Anpassung der Richtungsverteilung dieser Tiefenliniennetze an die Häufigkeiten der Kluft- und Störungsrichtungen verhinderten.

Die Täler im südlichen Teilbereich stimmen in ihrer Richtungsverteilung nach den Korrelationen der Serie R_{ST} (ohne Hangfurchen; s. Tab. 15b, S. 88) signifikant mit der Tektonik überein. Das Häufigkeitsdiagramm in Abb. 18 (S. 94) veranschaulicht, wie eng sich die Orientierung der Täler und Kare an jene des Kluftnetzes anschmiegt. Die Korrelationskoeffizienten der Serien R_S, Eng, Eng-Süd, Laliderer und Johannestal, zum Teil auch des Tortales (Hangfurchen jeweils einbezogen) scheinen dagegen eine Unabhängigkeit des Talnetzes von der Tektonik anzuzeigen. Um diese gegensätzlichen Ergebnisse auf gesicherter Basis gegeneinander abwägen und interpretieren zu können, wird zunächst anhand von Geländebefunden und mit Hilfe der geologischen Karten geprüft, inwieweit sich Anzeichen einer strukturbedingten Talnetzanlage ergeben.

In den Haupttälern der südlichen Tributärgebiete (Enger Tal bis Rontal) ist der Felsuntergrund von mächtigen Moränen- und Schotterablagerungen bedeckt und einer direkten Untersuchung nicht zugänglich. Doch liefert der geologische Vergleich der Talflanken für mehrere Abschnitte Hinweise auf die Existenz entsprechender Störungen: Die Jungschichten der Lechtaldecke liegen an der W-Flanke des Enger Grundes horizontal, während sie östlich des Tales zu einem steilen Sattel (Drijaggensattel) mit ca. 115°, also etwa quer zur Richtung des Enger Tales streichender Achse (β_{ss}) gefaltet wurden. An der Ostseite des Laliderer Tales liegt die Grenze Kössener/Juraschichten im Bereich der Laliders-Alm unter dem Niveau der Talsohle und damit unter 1520 bis 1540 m NN; an der Westseite des Tales umläuft sie das Ladizköpfl dagegen in ca. 1760 m Höhe. Die mächtigen Reichenhaller Kalke und Rauhwacken, die nach AMPFERER & OHNESORGE (1912) den nördlich des Ladizköpfls gelegenen Mahnkopf aufbauen, haben kein Gegenstück an der Ostflanke des Laliderer Tales. In der südlichen Verlängerung des Johannestalverlaufes kartierten AMPFERER & OHNESORGE (1912) an dem der Nordwand der Hinteren Karwendelkette vorgelagerten Sauissköpfl eine in der Talrichtung streichende Störung, an welcher der Muschelkalk der Inntaldecke durch relative Absenkung der westlichen Scholle an die Juraschichten der Lechtaldecke anstößt; sie begrenzt den westlichsten Vorposten des Deckenfensters. Der Inntaldeckenbestand der Klippenzone im Bereich Mahnkopf – Steinkarlspitze läßt sich über das Johannestal hinweg mit den von W her im Filzwandgebiet ausstreichenden Strukturen der Deckenüberschiebung an der Vorderen Karwendelkette genauso wenig verbinden wie mit dem Aufbau der Laliderer Tal-Ostflanke[27].

Diese Befunde stellen deutliche Anzeichen für die störungsbedingte Vorzeichnung des Enger Tales im Abschnitt Brantlboden – Binsgrabenmündung, des Laliderer Tales südlich etwa der Linie Schneeflucht – Steinbruchrinne und des Johannestales südlich der Ärzklamm-Mündung dar. Die nördlich anschließenden Talstrecken sind jedoch nach dem Vergleich der Talflanken nicht auf größere Störungen zurückzu-

---

[27] s. hierzu auch die Profilserie bei AMPFERER (1928)

führen. Das gilt auch für Tor- und Rontal. Die Untersuchung der Klammen, in welchen die Bäche von Laliderer, Johannes- und Tortal an den Konfluenzstufen zum Rißbachtal den Felsuntergrund (Hauptdolomit) aufgeschlossen haben, bestätigte dies. Sie erbrachte aber zugleich starke Indizien dafür, daß die Prädisposition dieser Talstrecken durch die additive Wirkung zahlreicher enggescharter Klüfte und kleinerer Störungen zustande gekommen ist. Die Richtung der Quertäler tritt im Gefüge des in den Klammabschnitten aufgeschlossenen Taluntergrundes weit häufiger auf als im Gebietsdurchschnitt, in dem sie ohnehin bereits deutlich dominiert. In der Gesamtheit sämtlicher im Arbeitsgebiet durchgeführter Messungen stellen die fünf Richtungsklassen von 10° bis 30° 21,9 % aller Klüfte und 19,0 % aller Störungen. (Bei einer Gleichverteilung entfielen auf fünf von 36 Klassen nur 13,89 %.) Am Fuß der Mündungsstufe des Laliderer Tales beträgt der Anteil der in dieser Richtung streichenden Störungen und Klüfte jedoch 32,4 %, und im obersten Abschnitt der Tortalklamm liegen 29,1 % der Störungen und 37,2 % der Klüfte in diesem Azimutbereich[28]. Nach der Gefügeanalyse in Abb. 2 (S. 20) handelt es sich dabei vor allem um hk0-Flächen; 0kl-Flächen beteiligen sich in wechselndem Maße.

Die aus den Geländebefunden unter Berücksichtigung der statistischen Richtungsverteilung der gemessenen Klüfte und Störungen gezogene Schlußfolgerung, daß die Vorzeichnung großer Täler nicht unbedingt auch durch langaushaltende, große Störungen gegeben sein muß, sondern in der Summenwirkung zahlreicher enggescharter und einander in Streichrichtung ablösender Klüfte und Kleinstörungen bestehen kann (DREXLER 1975), fand bei den Untersuchungen von LAMMERER (1976) eine Bestätigung. Bei der photogeologischen Bearbeitung von Bruchstrukturen im Bereich der Nördlichen Kalkalpen fand LAMMERER eine Anzahl von Lineamenten, denen keine feldgeologisch kartierten Störungen entsprechen. Dennoch stimmen diese Lineamente in ihrer Richtungsverteilung signifikant mit den kartierten Störungen überein, so daß der Autor beide auf denselben Beanspruchungsplan bezieht. LAMMERER (1976, S. 527) sieht in diesen Lineamenten „einen bisher weitgehend unbeachteten Störungstyp", bei dem die Relativbewegung zwischen zwei Blöcken nicht an einer einzigen Störungsfläche, sondern innerhalb einer Zone auf einer Vielzahl von Klüften und Miniaturstörungen abläuft. „Das bedeutet, daß in dieser Zone der Kluftabstand geringer ist und die Zahl der kleinen Relativbewegungen größer als im angrenzenden ungestörten Bereich. Eine solche Zone ist bevorzugt der Verwitterung preisgegeben, Talbildung und schlechte Aufschlüsse sind die Folge."

Im Tor- und Rontal deuten Schichtlagerungsverhältnisse auf mögliche, kleinere Differentialbewegungen der Flanken hin. An der E-Seite des Tortales fallen die Raibler Schichten und der anschließende Wettersteinkalk mit etwa 45° nach S ein, während sie gegenüber, im unteren Mitterkar mit einem Fallwinkel von 80 – 85° beinahe senkrecht stehen. Nach W wird die Schichtlagerung flacher, so daß der Wettersteinkalk im Torkopfbereich nur noch mit ca. 50° einfällt. Dagegen steht er in der Steinkarlspitze (W des Rontales) wieder ziemlich steil (ca. 80°). Für die tektonische Natur des oberen Rontales (oberhalb des Talknickes bei der Rontalalm) spricht auch die Störung (110/80), die in der Fortsetzung des Rontalverlaufes die Vordere Karwendelkette durchschneidet und die Vogelkarscharte sowie die nach N hinabziehende Rinne vorzeichnete.[29]

Im Gegensatz zu den großen Tälern bereitet bei ihren Tributären, deren größeres Gefälle höchstens eine stellenweise Überschotterung des Felsuntergrundes zuläßt, der Nachweis einer störungsbedingten Anlage meist keine Schwierigkeiten. In einzelnen Fällen läßt sich die Bedingtheit von Erosionslinien bereits aus den geologischen Karten ablesen.

Die Rinne des Bärenlahner-Grameigraben (E des Enger Tales) wird von einer gewaltigen Verwerfung vorgezeichnet, an welcher die von der Inntaldecke aufgebaute Schaufelspitz-Bettlerkargruppe gegenüber dem Sonnjoch um über 1000 m abgesenkt wurde (Abb. 20). Diese Verwerfung durchschneidet auch die

---

[28] In der Johannestalklamm konnten wegen der schlechten Zugänglichkeit keine Messungen durchgeführt werden.

[29] Möglicherweise kann die als Vergenz einer linksdrehenden Bewegung zu deutende Schichtverbiegung am Ostfuß der Steinkarlspitze mit dieser Störung in Zusammenhang gebracht werden: Die Schichten streichen am S-Fuß der Steinkarlspitze (zwischen der deutsch-österreichischen Grenze und dem östlichen Ende des Steinloches) ziemlich konstant nach 90°, schwenken aber bei dem Wall, der das Steinloch im E abschließt, nach 65° ein.

Abb. 20 Bärenlahnerscharte und Grameigraben – eine tektonische Subsequenzzone. Links (nördlich) der Scharte (1995 m) der Südgipfel (2293 m) der Schaufelspitze, rechts das Sonnjoch (2458 m) mit seiner Muschelkalkhaube (erkennbar an der deutlichen Schichtung). Dieser Muschelkalk liegt als Basis der hier fast völlig abgetragenen Inntaldecke dem Wettersteinkalk der Lechtaldecke auf. Die Schaufelspitzgruppe wird ganz von der Inntaldecke aufgebaut: Unter dem mächtigen Wettersteinkalk tritt am Fuß des Südabsturzes geschichteter Muschelkalk auf, die einstmals niveaugleiche N-Fortsetzung der Sonnjoch-Gipfelhaube. Längs einer gewaltigen Verwerfung wurde die Schaufelspitzgruppe abgesenkt (AMPFERER 1942). Bärenlahnerscharte und Grameigraben entstanden durch Ausräumung dieser Störungszone. (Aufnahme vom Loachwald, Enger Tal, nach ESE.)

Gamsjochgruppe, wo sie das Tränkkarl, die Scharte zwischen Gamsjoch und Ruederkarspitze und die von ihr nach E und W hinabziehenden Rinnen, den östlichen Teil des Möserkares und den Möserkargraben vorgezeichnet hat (AMPFERER & OHNESORGE 1912; AMPFERER 1942, S. 18 und 38). Die Faul-Eng folgt einer etwa 175° streichenden Störungszone, welche auf 250 m Länge (1570 – 1520 m NN) aufgeschlossen ist. Der vom Gramei-Joch zum Binsgraben hinabziehende Grameigraben verläuft an der Grenze zwischen Reichenhaller Schichten der Inntaldecke (W) und Hauptdolomit der Lechtaldecke. Der Höhllähner (vom Ladizjöchl zum Laliderer Tal) bezeichnet die Trennlinie zwischen der im Deckenfenster freigelegten Lechtaldecke und den nördlich anschließenden Inntaldecken-Klippen (Reichenhaller Rauhwacken des Mahnkopfes). Der Falkenkarbach schnitt zwischen 1140 m und 1050 m NN eine mehrfach abgewinkelte Klamm in den Hauptdolomit ein. Nur wenige der Abschnitte sind nicht an Störungen angelegt. Für die Vorzeichnung der tektonisch bedingten Strecken sind vor allem steil E-fallende Harnische mit ihren Brekzien- und Mylonitbildungen verantwortlich (durchschnittliches Einfallen ca. 90/70). Sie bedingen asymmetrische Querprofile mit steileren, zum Teil überhängenden E-Flanken und etwas flacher geböschten W-Flanken (s. Abb. 21). Die Richtung des vom pleistozänen Falkenkargletscher ausgeformten Troges, in den der Polygonzug des rezenten Falkenkarbaches eingetieft ist, liegt bei 20° und fällt – in gleicher Weise, wie es für Laliderer und Tortal gezeigt werden konnte – mit einer überdurchschnittlichen Besetzung der Kluftrichtungen 10° bis 30° zusammen. Bei der Meßreihe K C15/16 (s. Abb. 16) an den Flanken des Bacheinschnittes stellen diese fünf Richtungsklassen 25,39 % aller erfaßten Klüfte, obwohl die Aufschlußflächen annähernd parallel zur Hauptrichtung des Falkenkargrabens liegen. In den in unmittelbarer Nähe gelegenen Aufschlüssen der Forststraße (C01/02), welche zum Teil quer zur Trogrichtung verlaufen, streichen 37,86 % der gemessenen Klüfte und Störungen nach 10° bis 30°. Die Grüne Rinne (S des Risser Falk) sowie die von der Stuhlscharte nach E (Steinrinne) und W (Steinkarl) hinabführenden Runsen folgen Verwerfungen, an denen der S-Flügel abgesenkt wurde, wie die aufgeschleppten Schichten

Abb. 21 Falkenkargraben (1130 m NN). Der Bach hat sich längs einer Schar ostwärts (im Bild nach rechts) einfallender Störungen im stark zerrütteten und verschuppten Hauptdolomit eingetieft. Das stark asymmetrische Querprofil des Klammabschnittes ist eine Folge der hochwirksamen Vorzeichnung.

an der S-Flanke des Risser Falk und die Vorkommen der Partnach-Schichten W der Stuhlscharte erkennen lassen. Im Vorderen Klausgraben (Tortal-E-Flanke; 1200 – 1150 m NN), im Klausgraben (Tortal-W-Flanke; ca. 1450 – 1160 m NN) und im Grießgraben (von W zum Rontal; 1600 – 1490 m NN) sind kräftige Störungen mit z. T. über zwei Meter breiten Ruschelzonen (Mylonit, Brekzien und Verschuppung metergroßer Gesteinsfetzen) aufgeschlossen. Sie folgen dem Generalstreichen und fallen einheitlich mit 70° bis 75° nach S ein. (Ihren glattpolierten Harnischen und den versetzten Flügeln sind keine Hinweise auf Richtung und Ausmaß der Bewegung zu entnehmen.) Die Tiefenlinien des Hölzlklammsystemes zeichnen, soweit sie nicht der Schichtung folgen, fast ausnahmslos Störungsausbisse nach. Wegen der unsicheren Korrelationsergebnisse wird dies mit Hilfe des SCHMIDTschen Netzes gezeigt (Abb. 22). Der Zusammenhang kommt durch die Lage der meisten Punkte der Tal- und Rinnenabschnitte auf oder knapp an den Flächenkreisen der Störungen gut zum Ausdruck. Wie bei den schichtungsbedingten Rinnen, so bieten sich auch für die durch Störungen vorgezeichneten Erosionslinien im Hauptdolomit des Hölzlklammsystems die eindrucksvollsten Beispiele. Der unterste Abschnitt des bei 1400 m NN von SSW zur Hölzlklamm stoßenden Tributärs folgt auf eine Strecke von ca. 250 m einer Störung (siehe Abb. 23). Der Bach hat sich in die rund zehn Meter breite Zone aus Mylonit, Brekzien und ineinandergeschuppten Gesteinspartien eingegraben. Eine im weißen, rotgeäderten Mylonit ausgebildete Harnischfläche (118/68), die bis einen Meter hoch freipräpariert ist, begrenzt fast auf der gesamten Strecke das W-Ufer des Gerinnebettes. Das Schichtfallen der Westflanke des Tales (ss 185/80) schwenkt mit Annäherung an die Tiefenlinie nach 162/85 ein, wonach es sich bei dieser Störung wohl um eine linksdrehende Blattverschiebung vom Typ der „Loisach-Störungen" handelt. (Die Teilstudie in Kap. 3.2.4.5. liefert darüber hinaus einen weiteren Beweis für die tektonisch kontrollierte Anlage des Hölzlklammsystemes.)

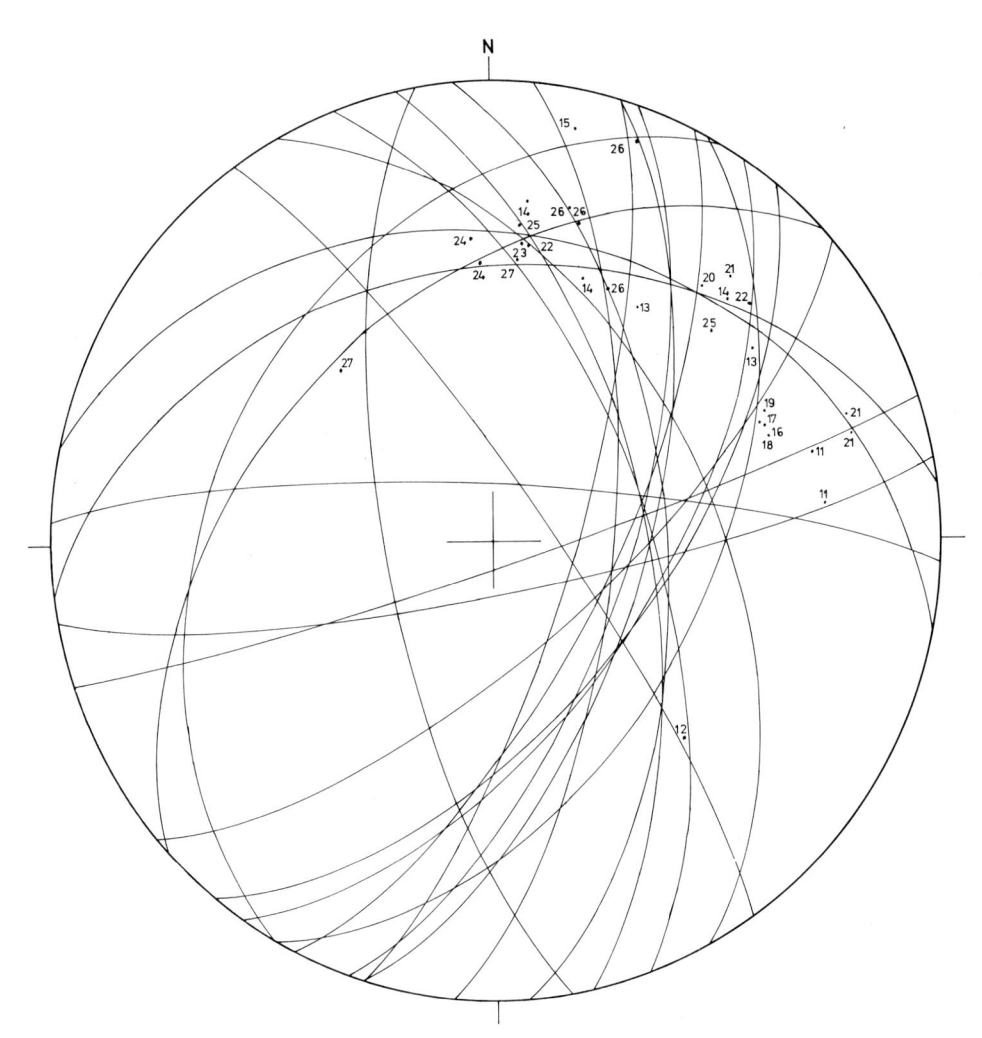

Abb. 22 Zusammenhang zwischen den Tal- und Rinnenrichtungen sowie den Störungen im Hölzlklammsystem.
Dargestellt sind die Schnittkreise der größeren Störungen dieses Teilgebietes sowie die Durchstoßpunkte der schichtungsunabhängigen Tal- und Rinnenrichtungen (siehe Erklärung des SCHMIDTschen Netzes S. 83. Die Zahlen geben die Erfassungsnummern der Tal- und Rinnenabschnitte an.).

Aufgrund dieser Reihe von Belegen und Indizien ist erwiesen, daß die erhöhte Erosionsanfälligkeit tektonisch bedingter Schwächezonen die Gestaltung des Talnetzmusters im südlichen Teil des Rißbachgebietes mitgesteuert hat. Die Aussage der signifikanten Korrelationen zwischen den Talrichtungen (Serie R_{ST}; s. Tab. 15b) und der Orientierung des tektonischen Gefüges wird hierdurch abgesichert. Die nicht signifikanten Korrelationskoeffizienten, die beim statistischen Vergleich der morphometrischen Serien Eng, Eng-Süd, Laliderer Tal, Johannestal, Tortal und Rißbach-Süd mit den Kluft- und Störungsmessungen errechnet wurden, erlauben demnach lediglich die Feststellung, daß die Einbeziehung der Hangfurchen die Übereinstimmung zwischen den Richtungsverteilungen im Tiefenliniennetz und der Tektonik stören. Die Schlußfolgerung, daß sich die Rinnen völlig unabhängig von tektonischen Vorzeichnungen entwickelt haben könnten, wird durch Geländebefunde widerlegt (z. B. Grüne Rinne, Steinrinne, Höhllähner, Rinnen im Hölzlklammsystem sowie an den Flanken des Tortales – s. oben – und eine große Zahl weiterer kleiner Hangfurchen). Daß sie dennoch die Korrelationen negativ beeinflussen, ist nur durch den Sammelrinnencharakter und den gestreckten Verlauf der Täler zu erklären; denn beide Faktoren zusammen bewirken die starke Konzentration vieler Tributärabschnitte auf einen schmalen Richtungssektor. Da im Ron- und Tortal die Anzahl der Hangfurchen durch Aussonderung der schichtungsbedingten Abschnitte verringert wurde, verbesserten sich die Korrelationsergebnisse gegenüber den übrigen Paralleltälern. Bei dem auf halber Länge geknickten Rontal verteilen sich die berücksichtigten Runsen zudem auf ein breiteres Richtungsspektrum. Die besten Korrelationen von allen südlichen Tributärbecken erbrachte das Falkenkar, das sich durch Sammeltrichter-Eigenschaften (s. Abb. 5, S. 30) von den anderen unterscheidet.

Abb. 23 Südliches Seitentälchen der Hölzlklamm (System Hölzlklamm-S, 1430 – 1400 m NN). Der Einschnitt folgt der Ruschelzone einer ausgeprägten Störung. Das Gerinnebett wird an der orographisch linken Seite (rechts im Bild) durch einen freipräparierten Spiegelharnisch mit rot eingefärbtem Mylonitbelag begrenzt.

Die Steinschlagrinnen der Torwände (s. Tab. 15c) scheinen aufgrund ihrer guten Korrelationsergebnisse die Erklärung für das Richtungsverhalten der Hangfurchen und für ihre selektive Nutzung tektonischer Strukturen in Frage zu stellen. Bei einem durchschnittlichen Gefälle von 51° sollten sich diese Rinnen so eng an die Böschungsrichtung halten, daß eine Übereinstimmung mit der tektonischen Richtungsverteilung nicht mehr zu erwarten ist. Aber die Torwände beschreiben einen südwärts gerichteten Bogen; ihre Fallrichtung dreht von etwa 25° im Westen nach 330° im Osten. So verteilen sich die Rinnen auf den breiten Richtungssektor zwischen 40° und 300°; ihre Hauptrichtung liegt bei 0° bis 20° und deckt sich mit dem tektonischen Richtungsmaximum. Die bei den Runsen nicht auftretenden ost-westlichen Richtungen sind auch tektonisch meist unterbesetzt. Die gute Übereinstimmung dieser Steinschlagrinnen mit der Häufigkeitsverteilung der Klüfte und Störungen ist also zum Teil topographisch bedingt. Richtungsabweichungen aus der Fallinie um 30° bei einem Gefälle von 45° und noch um knapp 20° bei einer Runsensteilheit von 58° geben aber eindeutig zu erkennen, daß tektonische Vorzeichnung auch hier noch zur Wirkung kommt. (Die W-E streichende Schichtung hat keinen Einfluß.) Die engen Korrelationen täuschen daher keine Abhängigkeit vor, die in Wirklichkeit nicht gegeben wäre.

Die kleinen Systeme von Grießgraben und Gamskarl orientieren sich in ihren Hauptrichtungen an W-E streichender Tektonik. Diese Richtung tritt in der Häufigkeitsverteilung des tektonischen Gefüges zurück, aber die ihr angehörenden Störungen erzeugten vielfach ausgeprägte Ruschelzonen, die ihnen zu starker morphologischer Wirksamkeit verhalfen (vgl. die oben angeführten Beispiele). Dadurch tritt in den morphometrischen Daten beider Systeme ein Häufigkeitsmaximum (um 90°) auf, dem das tektonische Äquivalent fehlt. Umgekehrt ist die bei Klüften und Störungen stark vertretene Nordrichtung unterbesetzt. Diese Verteilungsdiskrepanz kommt in den Korrelationsergebnissen (s. Tab. 15 c) zum Ausdruck. Über die strukturgeologische Vorzeichnung, die bei der gründlicheren Geländeuntersuchung des Grießgrabens auch in mehreren Tributärrinnen festzustellen war, sagen die r_s-Werte hier nichts aus.

Für die große Talungszone, die sich vom Hochalmsattel (W) bis zum Lamsenjoch (E) erstreckt und eine Verbindung zwischen Karwendeltal und Stallental herstellt, ergeben sich – zumindest für den besser aufgeschlossenen Teil östlich der Ladizalmen – keine Hinweise auf eine tektonische Vorzeichnung. Für den überschotterten und moränenbedeckten Abschnitt Hochalmsattel – Ladizalm läßt sich diesbezüglich nichts aussagen. An der Kaltwasserkarstufe (Verlauf nach ca. 145°) ließ sich eine starke Häufung 140° bis 150° streichender Klüfte und Störungen (z. T. Blattverschiebungen) sowie Kleinfältelung im Muschelkalk mit 130° streichender B-Achse feststellen. Diese Strukturen dürften für den Verlauf der Stufe verantwortlich sein. Ob sie als Anzeichen dafür gewertet werden dürfen, daß diese tektonische Richtung im Untergrund der parallellaufenden Talungszone eine vorzeichnende Schwächezone ausgebildet hat, ist unsicher. AMPFERER (1903b, S. 198ff) vertritt (entgegen ROTHPLETZ 1888) die Auffassung, daß die Talungszone und die sie begleitenden Wände nicht auf tektonische Strukturen zurückzuführen sind.

Das Rißbachtal stellt nach AMPFERER (1903a, S. 240) vom Ende des Enger Tales bis Hinterriß ein im Generalstreichen angelegtes Längstal dar. Diese Deutung trifft mit Sicherheit nicht zu, da das Tal (Azimut ca. 115°) in spitzem Winkel zum Schichtstreichen die mächtige Hauptdolomitserie durchschneidet. Erst in den letzten 500 m östlich von Hinterriß fließt der Rißbach parallel zur Schichtung (Übergang Hauptdolomit/Plattenkalk). Ob das Tal tektonisch vorgezeichnet ist, läßt sich aufgrund der schlechten Aufschlußverhältnisse nicht auf direktem Wege klären. Nur an zwei Stellen fließt der Rißbach im anstehenden Fels: Am Karlsteg (unmittelbar vor der Laliderer Tal-Mündung) tritt stark strapazierter Hauptdolomit zutage. Die Beanspruchung des Gesteins kann nicht ohne weiteres auf eine das Tal vorzeichnende Störungszone zurückgeführt werden, denn die Talrichtung tritt unter den dort registrierten Störungen nicht besonders hervor. Da der Aufschluß am Rande der Ausräumungszone liegt – der Schwemmkegel des Karlgrabens drängt den Rißbach zur südlichen Talflanke ab –, läßt sich aus ihm aber andererseits auch nicht auf eine fehlende Prädisposition schließen. Der kurze Durchbruch (Plattenkalk) des Rißbaches beim Jagdschloß in Hinterriß läßt ebenfalls keine Anzeichen für eine tektonische Anlage des Tales erkennen. Dagegen ergeben sich aus dem Talflankenvergleich deutliche Hinweise. Die Strukturen der Spezialfaltung an der Nordseite des Tales (s. Kap. 2.1. und Abb. 3, S. 22) werden vom Rißbachtal abgeschnitten. Der Bereich südlich des Tales zeigt den normalen Aufbau des überkippten Südflügels der Karwendelmulde. Ein Übergreifen der Spezialfaltung ließ sich für die Strecke vom Laliderer Tal bis Hinterriß durch zahlreiche Schichtflächen-Messungen sicher ausschließen. Es ist daher anzunehmen, daß das Tal einer störungsbedingten Strukturgrenze folgt. Die Kluft- und Störungsmessungen mehrerer Aufschlüsse scheinen dies zu bestätigen. Entsprechende Richtungsmaxima mit Besetzungen bis zum 3fachen des Durchschnittswertes einer Gleichverteilung treten bei folgenden Meßreihen auf: Störungen in den Aufschlußbezirken nördlich Hinterriß vom Ronbergegg bis zur Grubenwand (Maximum bei 120° und 125°);

Klüfte an der Grubenwand (115°); Klüfte an der Mündung des Egglgrabens (110°); Störungen aus dem gesamten Rißbachtal (Zusammenfassung der Aufschlüsse; 120°, 125°). Ein weiteres Indiz bildet die 110° streichende Achse der enggefalteten Sattelstruktur, die westlich des Egglgrabens die nördlich anschließende Mulde ablöst. Ferner zeigen Schichtlagerungsverhältnisse im Roßkopfbereich, Schönalpengraben (zwischen 1100 und 1000 m NN) und aus dem Gebiet zwischen Eggl- und Hölzlstalgraben (1400 bis 1000 m NN) 125° streichende Nebenachsen an. Die Kluft- und Störungs-Maxima bewirken bei den Korrelationsberechnungen, daß die Tal- und Rinnenrichtungen im nördlichen Teilgebiet (Serie R_N) mit einigen tektonischen Meßreihen besser harmonieren, wenn das Rißbachtal miteinbezogen wird (Serie R_{NR}). Die Rißbachrichtung tritt nur bei den Meßreihen der untersten Partie der Rißbachtal-Nordflanke in Erscheinung, und zwar besonders bei den Störungen. Das spricht zusammen mit den Ergebnissen des Talflankenvergleiches dafür, daß das Rißbachtal einer tektonischen Vorzeichnung folgt. Sein Sammelrinnencharakter stimmt mit dieser Schlußfolgerung überein.

3.2.4.5. Zusammenhang zwischen Abschnittslängen und tektonischer Vorzeichnung im Hölzlklammsystem

Werden Erosionslinien längs tektonischer Schwächezonen eingetieft, so sind die geradlinig zwischen zwei Richtungsänderungen verlaufenden Abschnitte häufig wesentlich länger als bei rein zufälliger Flußnetzanlage. Aufgrund dieser geomorphologischen Erfahrung werden langgestreckte geradlinige Talabschnitte, bzw. die im Kartenbild auftretenden „blauen Geraden" (FEZER 1974, S. 21), soweit sie nicht den Schichtausbissen folgen, als Indiz für tektonische Vorzeichnung gewertet sowie zur photogeologischen Erfassung tektonischer Strukturen mit herangezogen.[30]

In dieser Studie werden die langgestreckt geradlinig verlaufenden Talabschnitte nicht als diagnostisches Kriterium verwendet, sondern als Objekt mit in die Untersuchung einbezogen. Es stellt sich die Frage, ob lediglich einzelne, besonders ausgeprägte oder günstig gelegene tektonische Schwächezonen geomorphologisch in Form langer, gerader Erosionslinienabschnitte nachgezeichnet werden, oder ob darüber hinaus ein allgemeiner Zusammenhang zwischen der durchschnittlichen Länge vorgezeichneter „blauer Geraden" und der bruchtektonischen Bedeutung der vorgezeichneten Richtung besteht. Je mehr die Resistenz eines Gesteins durch tektonische Beanspruchung vermindert ist, umso unwahrscheinlicher dürfte eine Erosionslinie vor dem Ende der Schwächezone in eine andere Richtung einschwenken. Daraus folgt, daß bedeutenderen Richtungen des tektonischen Gefüges im Durchschnitt auch längere geradlinige Tal- und Rinnenabschnitte folgen sollten. Strenggenommen setzt diese Schlußfolgerung eine einmalige tektonische Beanspruchung voraus; denn jede nachfolgende Phase kann das bestehende Gefüge überprägen und die älteren Klüfte und Störungen an neuen Bewegungsflächen abschneiden. Die Tektonik des Arbeitsgebietes wird zwar als Resultat eines mehraktigen Geschehens aufgefaßt, doch scheint sie auf ziemlich richtungskonstante Beanspruchungspläne (s. Abb. 2, S. 20; vgl. NAGEL 1975) zurückzuführen zu sein. Daher wurde geprüft, ob zwischen der Länge der Erosionslinienabschnitte und der Kluft- bzw. Störungshäufigkeit in den einzelnen Richtungen Zusammenhänge bestehen.

Für den Test wurde das Hölzlklammsystem gewählt. Es liegt abseits der großen Quertäler, deren Einbeziehung aufgrund ihrer geradlinigen Erstreckung in der Richtung der größten Kluft- und Störungshäufigkeit von vornherein ein positives Ergebnis erwarten ließen. Das System ist nahezu nach allen Richtungen verzweigt, erschließt ein ziemlich rundes Niederschlagsgebiet und enthält keine dominierende Sammelrinne. Das Gebiet entwässert in östlicher Richtung, so daß die geomorphologische Nachzeichnung der tektonischen Hauptrichtung (NNE) nicht durch gleichlaufende Abdachungsverhältnisse begünstigt wird. Das System liegt im Hauptdolomit, der nach den hier gewonnenen Erfahrungen besonders gute Voraussetzungen für die geomorphologische Wirksamkeit tektonischer Resistenzminderung bietet.

---

[30] s. z. B. SUPAN 1930, S. 374, BRUNNER 1968, S. 12, oder SCHNEIDER 1974, S. 248 u. 250

Die Prüfung erfolgte mittels des SPEARMANschen Rangkorrelationsverfahrens. In 36 Richtungsklassen wurden die mittleren Abschnittslängen $\bar{l}$ mit den Wertigkeitssummen der gewichteten Klüfte und Störungen verglichen.

Zur Aufhebung der trennenden Wirkung starrer Klassengrenzen wurden gleitende Mittelwerte über jeweils drei Klassen berechnet; da die morphometrischen Klassenwerte bereits Mittel (Durchschnittslängen) darstellen, war der gewogene Mittelwert zu bestimmen. Die schichtungsbedingten Erosionslinien mußten hier mit einbezogen werden, weil sonst einige Richtungsklassen unbesetzt geblieben wären. Wegen der verbotenen Division durch Null (Abschnittszahl bei der Mittelwertbildung) hätte diesen kein definierter Betrag für $\bar{l}$ zugeordnet werden können.

Zunächst wurde der Zusammenhang zwischen den mittleren Abschnittslängen und den Gesamtlängen (Richtungshäufigkeit) der Richtungsklassen im Hölzlklammsystem geprüft. Der Korrelationskoeffizient (r_s = 0,5521) weist eine hochsignifikante (α = 0,001) positive Korrelation beider Größen aus.

Die mittleren Abschnittslängen wurden mit sechs Kluft- und acht Störungsserien aus dem Hölzlklammbereich und der engeren Umgebung verglichen. Bei neun Korrelationen zeigt sich ein auf dem 5 %-Niveau bedeutsamer Zusammenhang. Der Mittelwert aller 14 Korrelationskoeffizienten beträgt + 0,3169. Ihm entspricht eine Irrtumswahrscheinlichkeit von 5 %.

Das statistische Ergebnis zeigt, daß die mittleren Längen der Tal- und Rinnenabschnitte in einer engen Beziehung zur Kluft- und Störungshäufigkeit in den entsprechenden Richtungen stehen: Einer stärkeren tektonischen Belegung entspricht eine größere mittlere Abschnittslänge.

Danach führt die kräftigere Ausprägung einer Gefügerichtung nicht nur dazu, daß sie öfter und auf einer größeren Gesamtstrecke morphologisch nachgezeichnet wird, sondern es steigt offenbar gleichzeitig der von ihr ausgehende Grad der Resistenzminderung und damit die Effizienz der Vorzeichnung, so daß sie von der linearen Erosion weniger leicht zugunsten einer anderen Richtung aufgegeben wird. Die tektonische Abhängigkeit des Talnetzes zeigt sich bei den mittleren Abschnittslängen sogar etwas deutlicher als bei den Gesamtlängen, bei welchen der Mittelwert aus den entsprechenden Korrelationskoeffizienten nur 0,2928 (gegenüber 0,3169; gleiche Bedeutsamkeit) beträgt.

Die Einbeziehung der schichtungsbedingten Tiefenlinien stört hier das Korrelationsergebnis nicht. Denn diese Rinnen werden, wie im Gelände beobachtet werden konnte, häufig von den offenbar stärker wirksamen tektonischen Vorzeichnungen abgelenkt oder versetzt. Die Abschnitte bleiben daher kurz und harmonieren gut mit der geringen Häufigkeit der im Schichtstreichen liegenden tektonischen Strukturen.

Der enge Zusammenhang zwischen der Länge der geradlinig durchziehenden Tal- und Rinnenabschnitte und der Ausprägung der Gefügerichtungen ist im Hinblick auf die Entstehung von Sammelrinnen bedeutsam. Er sichert die Deutung dieses Verzweigungsmusters als Folge tektonischer Einflüsse auf die Gewässernetzgestaltung ab und stützt damit das Ergebnis der Verfahrensdiskussion, daß stark dominierende Richtungen im Kluft- und Störungsnetz zur Bildung von Sammelrinnen führen und damit den Nachweis einer tektonisch kontrollierten Talnetzanlage mittels des korrelationsstatistischen Vergleiches der Richtungshäufigkeiten unterbinden können.

Diesen Schlußfolgerungen liegt das Untersuchungsergebnis aus einem kleinen Teil des Arbeitsgebiets zugrunde. Daher wäre es zu begrüßen, wenn die getroffenen Feststellungen bei ähnlichen Studien in anderen Gebieten auf Allgemeingültigkeit überprüft würden.

3.2.5. Zusammenfassung zur geologischen Vorzeichnung von Erosionslinien

(1) Die Täler und Rinnen (Erosionslinien) im Rißbachgebiet sind in hohem Maße an geologische Vorzeichnungen durch Resistenzschwächen des Gesteins gebunden. Als vorzeichnende Schwächezonen werden in dem aus gefalteten Sedimenten aufgebauten Arbeitsgebiet drei Erscheinungen wirksam:

a) Ton- und Mergelgesteine sowie Rauhwacken werden gegenüber den resistenten Kalken und Dolomiten, mit denen sie im stratigraphischen Verband abwechseln, bevorzugt abgetragen. Es entstehen Ausräumungszonen nach „petrographischer Vorzeichnung".

b) Innerhalb der widerständigen Kalk- und Dolomitgesteine führt die Schichtung zu internen Resistenzdifferenzierungen. Durch selektive Abtragung entstehen Erosionslinien nach „schichtungsbedingter Vorzeichnung".

c) Störungen mit ihren Zerrüttungssäumen sowie Klüfte bzw. Kluftscharen verursachen Resistenzminderungen, denen „tektonisch vorgezeichnete" Erosionslinien folgen.

(2) Petrographische Vorzeichnung steuerte die Anlage von nur 3 % der Tal- und Rinnenstrecken im Rißbachgebiet. Ihr geringer Einfluß erklärt sich aus dem beschränkten Vorkommen entsprechender Gesteine und aus der teilweise zu flachen Lagerung.

(3) Schichtungsbedingter Vorzeichnung folgen etwa 5 bis 10 % der Erosionslinien im Arbeitsgebiet. Sie liegen zum weit überwiegenden Teil im Hauptdolomit, weil interne Resistenzdifferenzierungen in diesem Gestein offenbar besonders gut morphologisch nachgezeichnet werden, ferner weil das Gestein gut geschichtet ist und zudem große Areale einnimmt. Daneben bestimmt auch die Schichtung im beschränkt verbreiteten Alpinen Muschelkalk und in den nicht in Riffazies ausgebildeten obersten und untersten Partien des Wettersteinkalkes den Verlauf einer Anzahl von Rinnen. Die Schichtung wirkt nur dann als vorzeichnende Leitbahn, wenn ihre Ausbißlinien – insbesondere an steilen Hängen – nicht zu stark von der Abdachungsrichtung abweicht; der Grenzwinkel ist nicht allgemein faßbar, da er zudem mit der Ausbildung der Schichtfugen, der Mächtigkeit der einzelnen Schichten und mit möglicher tektonischer Überprägung variiert. Die Schichten müssen außerdem steiler einfallen als der Hang, in dem sie ausstreichen. (Die morphologische Wirksamkeit petrographischer und tektonischer Vorzeichnung ist prinzipiell an die gleichen Bedingungen geknüpft.) Diese Voraussetzungen bewirken zusammen mit dem Verbreitungsmuster der geeigneten Gesteine, daß die schichtungsgebundenen Erosionslinien im Arbeitsgebiet sehr ungleich verteilt sind. Die flach liegende Schichtung in den südlichen Gebietsteilen hat keinen Einfluß auf die Gestaltung des Gewässernetzes, während in den nördlich und nordwestlich gelegenen Hauptdolomitarealen bis zu 26 % der Erosionslinienstrecken der steil einfallenden Schichtung folgen. Schichtungsbedingte Anlage betrifft im allgemeinen nur Rinnen und kleine Tälchen, wogegen petrographische Vorzeichnung je nach Mächtigkeit des ausgeräumten Gesteinspaketes mehrfach zur Bildung großer Täler Anlaß gab.

(4) Der entscheidende Einfluß auf das Talnetz des Rißbachsystemes geht von der tektonischen Vorzeichnung aus. Bei vielen Tal- und Rinnenabschnitten läßt sich die Anlage an Störungen direkt im Gerinnebett oder durch geologischen Talflankenvergleich nachweisen. Nach den korrelationsstatistischen Untersuchungen stimmt die Richtungsverteilung der Tal- und Runsenstrecken in den meisten Teilbereichen des Arbeitsgebietes bei Irrtumswahrscheinlichkeiten unter 5 % (in Einzelfällen bis 10^{-6}) mit den Richtungshäufigkeiten der im Gelände gemessenen Störungen und Klüfte überein. Das beweist die Vorzeichnung der überwiegenden Mehrheit der Erosionslinien durch tektonische Schwächezonen. Richtungsgebundenheit durch tektonische Prädisposition betrifft kleinste Hangfurchen in gleicher Weise wie die großen Täler.

(5) Die Kluft- und Störungshäufigkeit einer Vorzeichnungsrichtung kommt nicht nur in Anzahl und Gesamtlänge der ihr folgenden Erosionslinien zum Ausdruck, sondern bestimmt auch die mittlere Länge der dieser Richtung folgenden geradlinigen Tal- und Rinnenabschnitte. Auf diese Weise vermag die Vorzeichnung neben der Orientierung einzelner Erosionslinien gegebenenfalls auch die Topologie des Netzes zu beeinflussen. Denn dominierende Gefügerichtungen können dadurch zur Ausbildung langer geradliniger Talschläuche führen, deren Tributärrinnen sich auf einen mehr oder weniger engen Azimutbereich etwa quer zur Talrichtung konzentrieren. Die Rinnen nützen tektonische Vorzeichnungen wegen des morphologischen Richtungszwanges nur selektiv und stören die statistische Übereinstimmung der morphologischen und tektonischen Richtungsverteilungen. Aus diesem Grunde korrelieren im südlichen Teil des Rißbachgebietes mit seinen langgestreckten Talfluchten nur die Richtungen der Täler, nicht aber der

Hangfurchen mit der Verteilung der Klüfte und Störungen. Daß die Tributärrinnen trotzdem zum großen Teil erodierte Kluft- und Störungszonen darstellen, ließ sich zeigen.

(6) Die tektonische Anlage großer Täler setzt nicht zwangsweise die Existenz großer Störungen voraus. Für bestimmte Abschnitte der Quertäler erbrachte die statistische Analyse, daß die vorzeichnenden Schwächezonen aus enger Scharung von Klüften und Kleinstörungen mit geringen Versetzungsbeträgen resultieren. Dies ergibt sich aus den signifikant positiven Korrelationen zwischen den Kluft- und Störungshäufigkeiten in den Streichrichtungen und den mittleren Längen der gleich orientierten geradlinigen Erosionslinienabschnitte sowie aus den Geländebefunden und der statistischen Analyse von über 9000 tektonischen Meßwerten.

4. Die geologische Vorzeichnung im Bild des Flußnetzes und ihr Nachweis

Geologisch kontrollierte Gewässernetze entwickeln sich nur in eingeschränktem Maße unter dem Einfluß zufallsstatistischer Gesetzmäßigkeiten. Daher wird bei ihnen mit Anomalien gegenüber den rein zufällig oder frei gebildeten Normalnetzen gerechnet. Vom rein zufallsgesteuerten Flußsystem wird die Einhaltung der Flußnetzgesetze (s. Kap. 3.1.2.) und – abgesehen von besonderen Abdachungseinflüssen – im allgemeinen eine dendritische Verzweigungsform erwartet (s. z. B. SCHNEIDER 1974, S. 238f.). Bestimmte Abweichungen hiervon gelten als diagnostische Kriterien für geologisch beeinflußte Gewässernetze. Aber nicht immer äußern sich geologische Einflüsse so, wie der Literatur teilweise zu entnehmen ist. Deshalb sei hier über die wichtigsten Erfahrungen aus dem Karwendelgebirge berichtet.

Petrographische Vorzeichnung führt nicht in jedem Falle zu Abweichungen von den Flußnetzgesetzen. Als Belegbeispiel sei das in Raibler Mergelschichten eingetiefte System Äuerlstuhl-W. (3. Ord.; s. Tab. 4, S. 33) genannt. Die Ausräumungszone ist hier zu kurz (knapp 600 m), um eine Flußnetzanomalie zu bewirken. Bei längerem Aushalten einer steilstehenden, resistenzschwachen Gesteinspartie bilden sich häufig Sammelrinnen mit ihrer charakteristischen Merkmalsgruppierung (s. Kap. 3.1.3.5.), wie etwa im Sulzgraben (1,5 km) oder im etwas kürzeren Großen Totengraben (s. Abb. 5, S. 30, u. Abb. 8, S. 40). Doch zeigt der Binsgraben, der trotz einer geradlinigen Ausräumungszone von 2,5 km Länge nur undeutliche Sammelrinnenmerkmale aufweist (s. Abb. 5), daß die Erstreckung der Schwächezone nicht alleine maßgebend ist. Zwingende Voraussetzungen für die Ausbildung einer Sammelrinne bestehen erst dann, wenn mehrere Ausräumungsstreifen dicht parallel laufen (ridge and valley topography), so daß den darin fließenden Gerinnen nur unverhältnismäßig schmale Niederschlagsgebiete tributärpflichtig sind. Extrem hohe Bifurkationsverhältnisse, wie sie bei STRAHLER (1964) anklingen, lassen derartige geologische Einflüsse zwar sicher diagnostizieren, doch sind sie, wie in Kap. 3.1.3.5. dargelegt, nicht obligat. Vielfach gibt sich der Sammelrinnencharakter eines Systems wesentlich deutlicher in den Flächen- und vor allem in den Längenverhältnissen zu erkennen als in den Bifurkationsverhältnissen.

Auch bei schichtungsbedingter Vorzeichnung ist die Bildung von Sammelrinnen möglich (z. B. Lange Rinne; s. S. 53). In Gebieten mit lebhafter Tektonik werden schichtungsbedingte Erosionslinien jedoch häufig an Klüften oder Störungen abgelenkt, so daß diese Vorzeichnung im Rißbachgebiet nur ausnahmsweise zu schichtungsbedingten Flußnetzanomalien führt. Auffallend parallele Anordnung der Tal- oder Rinnenabschnitte ist selbst bei starkem Einfluß der Schichtung nicht unbedingt zu erwarten, wenn die Erosionslinien unterschiedlich starkes Gefälle haben. Daher ist es nicht immer möglich, die schichtungsbedingte Vorzeichnung von Wasserläufen auf topographischen oder auch geologischen Karten zu erkennen; in bewaldeten Gebieten kann sogar die Diagnose aus dem Luftbild unmöglich werden (s. hierzu Kap. 3.2.1.).

Bei tektonischer Vorzeichnung wächst gemäß den korrelationsstatistischen Untersuchungen aus einem Teil des Arbeitsgebietes die mittlere Länge der geradlinigen Erosionslinienabschnitte mit der tektonischen Bedeutung ihrer Richtung (s. Kap. 3.2.4.5.). In Richtungen stark dominierender Kluft- oder Störungshäufigkeit kann es daher, wie etwa bei den Quertälern südlich des Rißbaches, zur Vorzeichnung von Sammelrinnen kommen. Der tektonische Einfluß auf das Gewässernetz läßt sich dann in der Flußnetzanalyse nachweisen. Da von Sammelrinnen, insbesondere bei stark geneigten Tributärsäumen, ein erheblicher Richtungszwang auf die Zubringer ausgeht, entsteht in der Richtungsverteilung der Erosionslinien ein kräftiges Maximum etwa quer zur tektonischen Hauptrichtung. Die potentiellen Vorzeichnungen in den Talflanken werden von den Hangrinnen unter dem Einfluß des Gefälles nur noch selektiv genutzt. Obwohl eine derartige Flußnetzgestaltung die direkte Folge der tektonischen Kontrolle darstellt, kann die Anpassung des Systems an die Vorzeichnungen statistisch nicht nachgewiesen werden (s. Kap. 3.2.4.3.).

Signifikant positive Korrelationen zwischen den Richtungshäufigkeiten bei Klüften bzw. Störungen und Erosionslinien ergeben sich nur bei tektonisch stark kontrollierten Flußnetzen ohne Sammelrinnencharakter, weil hier keine Richtungszwänge die morphologische Wirksamkeit der unterschiedlich orientierten Schwächezonen einschränken. Solche Flußnetze weisen aber völlig normale Bifurkations-, Längen- und

Flächenverhältnisse auf. Als Beispiel seien Bockgraben (Abb. 5, S. 30) oder Karlgraben (Tab. 4, S. 33) genannt; die Korrelationen zwischen den Richtungsverteilungen ihrer Erosionslinien und den Kluft- bzw. Störungsmessungen sind teilweise noch bei Irrtumswahrscheinlichkeiten von 10^{-6} signifikant. Daraus folgt, daß die vielzitierte Alternative zwischen Einhaltung der Flußnetzgesetze (aufgrund freier, rein zufallsbedingter Netzentwicklung) und tektonisch stark kontrollierter Anlage nicht existiert. Die Einhaltung der Flußnetzgesetze scheint vielmehr Voraussetzung für den Spezialfall zu sein, daß die tektonischen Vorzeichnungen annähernd gemäß der Häufigkeitsverteilung von Klüften und Störungen morphologisch genutzt werden.

Mit den Ergebnissen aus Kap. 3.2.4.3. (s. S. 96f.) läßt sich damit feststellen: Eine signifikant positive Korrelation zwischen den Richtungsverteilungen der Erosionslinien sowie der Klüfte und Störungen beweist die starke tektonische Kontrolle eines Talsystemes. Nicht signifikante oder negative Korrelationen zeigen dagegen nur die fehlende Übereinstimmung der Häufigkeitsverteilungen an; selbst starke tektonische Einflüsse auf die Netzentwicklung werden durch sie ebensowenig ausgeschlossen wie durch die Einhaltung der Flußnetzgesetze. Auf tektonisch nicht oder wenig beeinflußte Flußnetzanlage ist dann zu schließen, wenn bei Einhaltung der Gesetze keine Übereinstimmung zwischen tektonischer und morphometrischer Richtungsverteilung besteht. Morphodynamische Unwirksamkeit tektonischer Schwächezonen ist aber auch damit noch nicht bewiesen, weil petrographisch oder schichtungsbedingte Einflüsse an der Flußnetzgestaltung soweit beteiligt sein können, daß die Korrelation der Richtungsverteilungen gestört wird.

Tektonisch kontrollierte Flußsysteme fallen häufig durch gewinkelte oder rechtwinklige Flußnetzmuster auf. Dies führte dazu, daß diesen strukturbedingten Mustern in Interpretationsschlüsseln für die Luftbildauswertung das dendritisch verzweigte Flußnetz als frei entwickelt, d. h. als tektonisch unbeeinflußt gegenübergestellt wird (z. B. SCHNEIDER 1974, S. 238f.; FELDMAN et al. 1968, S. 285). Im Rißbachgebiet zeigt sich jedoch, daß selbst so erstaunlich eng an die Tektonik angepaßte Systeme, wie Bock- oder Karlgraben, dendritische Verzweigungsmuster haben können. Die Gegenüberstellung ist daher nicht aufrechtzuerhalten. Dendritisches Netzmuster schließt tektonische Vorzeichnung keineswegs aus.

5. Klimageomorphologische Schlußfolgerungen

Die vorliegende Studie enthüllte den starken Einfluß geologischer, insbesondere tektonischer Vorzeichnung auf das Erosionsliniensystem des Rißbachgebietes, und zwar sowohl bezüglich der Linienführung von Teilstrecken als auch der topologischen Eigenschaften des Netzes. Die morphologische Nachzeichnung von Schwächezonen setzt Abtragungsprozesse voraus, die sensibel auf räumlich wechselnde Resistenzverhältnisse des Substrates reagieren; sie müssen sich im Mechanismus der Teilvorgänge von jenen Prozeßkomplexen unterscheiden, welche die unterschiedslos über morphologisch „Hart" und „Weich" ausgreifenden Kappungsflächen der tertiären Altreliefgenerationen schufen.

Die Anlage des Talnetzes läßt sich aufgrund von Altflächenresten zeitlich einordnen (s. S. 24f.). Danach lösten die Prozesse der linearerosiven Zerschneidung die Flächenbildung gegen Ende des Pliozän ab. Beide Formungsmechanismen waren aber bereits im Tertiär gleichzeitig im räumlichen Nebeneinander an der Gestaltung des Reliefs beteiligt: Während im Vorkarwendel die weitgespannten Verebnungen der Raxlandschaft entstanden, wurden im Bereich des Hochkarwendels, das überwiegend aus ziemlich reinen Kalken aufgebaut ist (s. Kap. 2.2.), bereits tiefe Täler eingeschnitten[31].

Nach FELS (1929) und MALASCHOFSKY (1941) gehören zu diesem tertiären Talnetz die Vorformen der großen Quertäler sowie einer Reihe von Hochtälern und großen Karen, die heute z. T. mit Mündungsstufen bis zu 400 m Höhe in die Quertäler einmünden (z. B. Faul-Eng, Tränkkarl, Möserkar, Blausteigkar, Falkenkar, Lebendige Reise u. a.). Das Rißbachtal scheint zumindest in Teilstrecken jünger zu sein (MALASCHOFSKY 1941).

Das tertiäre Talnetz ist, soweit es sich rekonstruieren läßt, sehr stark an tektonische Strukturen angepaßt. Dies ergibt sich aus den hochsignifikanten Korrelationen mit der morphometrischen Datenserie R_{ST} (s. S. 89 und Tab. 15b, S. 88), zu der die alten Talanlagen bzw. ihre Folgeformen 80 bis 90 % der Daten beisteuerten. Diese Täler zerschnitten die aus Kalken (überwiegend Wettersteinkalk) aufgebaute nördliche Hochgebirgszone (s. Kap. 2.2.); die größeren unter ihnen, die östlichen Quertäler, verbanden die vermutlich als ehemalige intramontane Ebene (s. z. B. BREMER 1975) aufzufassende Talungszone mit der im N gelegenen Flächenbildungszone des heutigen Vorkarwendels. Offenbar wurden tektonisch bedingte Resistenzdifferenzierungen damals vor allem in den Kalken, besonders im reineren Wettersteinkalk, morphologisch herausgearbeitet, während gemäß der Altflächenaufnahme MALASCHOFSKYs (1941) der Hauptdolomit, der heute die schönsten Beispiele strukturbedingter Rinnen- und Talanlagen liefert, gleichmäßiger Abtragung im Zuge der Flächenbildung unterlag. Einen ähnlichen Formungsdualismus registrierte auch BREMER mehrfach im Formenschatz feuchttropischer Milieus; sie erklärt ihn mit „differenzierter", (1972, S. 22; 1973 b, S. 123) bzw. „divergierender Verwitterung und Abtragung" (1975, S. 32).

Der klimatische Umschwung an der Wende Plio-/Pleistozän leitete eine neue morphogenetische Phase ein: Das bestehende Talnetz wird – wohl unter dem unterstützenden Einfluß von Hebungen – teilweise erheblich vertieft, und die tertiären Flächenbildungen werden stark zerschnitten. In dieser dominierend linearerosiven Formungsphase kamen die unterschiedlich verursachten Resistenzdifferenzierungen in ihrer vorzeichnenden Wirkung allgemein zum Tragen. Das lassen die vielfachen Anpassungen der in die Altflächen eingesenkten Gerinne an petrographische, schichtungsbedingte und tektonische Prädispositionen deutlich erkennen. Zu dieser Talgeneration gehören insbesondere auch die Systeme im Hauptdolomit der Rißbachtal-Nordflanke mit ihren z. T. außerordentlich engen Korrelationen zur Kluft- und Störungsverteilung sowie das Hölzlklammsystem im Rontalbereich. Es ist nicht auszuschließen, daß einzelne Gerinne zu Beginn der Zertalung im exhumierten Grundhöckerrelief auf verstärkt ausgewitterten Störungen oder Klüften angelegt und die Strukturabhängigkeiten damit vererbt sind; aber es ist mit Sicherheit auszuschließen, daß die Anpassung der Erosionsliniensysteme insgesamt auf diese Weise zustandegekommen wäre. Die an der Tiefenerosion im ektropischen Milieu beteiligten Prozesse reagieren sehr sensibel auf

---
[31] MALASCHOFSKY (1941, S. 97). UHLIG (1954, S. 89) kommt im benachbarten Wettersteingebirge ebenfalls zu dem Ergebnis, daß die „Raxlandschaft hier kein Endrumpf", sondern „ein Bergland mit akzentuiertem Relief" ist.

Resistenzdifferenzierungen. Das beweisen die Gerinne, die sich in Anpassung an Schichtung oder tektonische Strukturen in die erst durch die Altflächenzerschneidung gebildeten Hänge eintiefen; das beweist aber auch die Strukturabhängigkeit von Erosionslinien, welche in die pleistozän ausgeformten Tröge und Troghänge eingesenkt sind. Eindrucksvolle Beispiele liefern – um nur einige zu nennen – u. a. die Rinnen in den Hauptdolomithängen im Tor- und oberen Rontal, das Hölzlklammsystem und der Falkenkarbach. Auch Abbildung 11 (S. 60) zeigt eindeutig, daß die rezente Morphodynamik tektonische Strukturen nachzeichnet.

Der Befund von der starken, nicht ererbten tektonischen Abhängigkeit pleistozäner und holozäner Erosionslinien im Karwendelgebirge steht im Gegensatz zu Ansichten anderer Autoren. So schreibt BREMER (1971, S. 22): „In tropischen Gebieten treten verschiedene Flußnetzanlagen auf. Aber nur dort kann unter bestimmten Umständen eine besonders enge Bindung an tektonische Linien in einem größeren Gebiet entstehen." Die Strukturabhängigkeit von Flußnetzen wird nach BREMER durch eine typische Prozeßkombination feuchttropischer Morphodynamik gewährleistet: Subkutane Verwitterung, Linienspülung und „Eintiefung von oben her" (1971, S. 16ff. und 1972, S. 23). BÜDEL äußerte bereits 1965 (S. 51) die Ansicht, daß „jede echte Talerosion weithin unabhängig vom Kluftbau" erfolge, wobei zu beachten ist, daß die auch von BREMER (s. o.) angesprochenen Flüsse auf tropischen Rumpfflächen nicht zu Erosionsleistungen fähig sind (BÜDEL 1965, S. 27 bis 38). WILHELMY (1974) zählt die Gebundenheit von Flüssen an tektonische Leitlinien zu den „klimageomorphologischen Hauptmerkmalen" der wechsel- und immerfeuchten Tropen.

Demgegenüber zeigen die Ergebnisse aus dem Karwendelgebirge, daß die tektonische Vorzeichnung unter den ektropischen Verhältnissen, die zur erosiven Auflösung des Altflächenreliefs geführt haben, ihre talnetzgestaltende Wirkung nicht verloren hat: denn sonst wäre nach BREMER (1971, S. 16) „die (vererbte) Flußnetzanlage...meist durch die spätere periglaziale Seitenerosion umgestaltet worden, so daß nur noch der generelle Talverlauf tektonischen Linien entspricht." Der Vorstellung eines solchen generalisierten Erosionsliniennetzes widersprechen die sehr engen, mehrmals sogar bei Irrtumswahrscheinlichkeiten von 10^{-6} gesicherten Korrelationen zwischen den morphometrischen und tektonischen Richtungsverteilungen. Zwar wurden die Talformen während der pleistozänen Kaltzeiten je nach ihrer Lage zum Eisstromnetz mehr oder weniger glazial überformt, aber das regenerierte Gerinnenetz hat sich von neuem tektonischen (und anderen) Schwächezonen angepaßt. Angesichts der fluvial herauspräparierten Harnischflächen z. B. im Falkenkargraben, im Weitkar-, Bircheggl-, Grießgraben, in den Klausgräben der Tortalflanken, der Faul-Eng oder des Hölzlklammsystems (Abb. 23) ist das nicht zu bezweifeln. Sie bezeugen, daß die Bindung eines Talnetzes nicht an die von BREMER beschriebene Prozeßkombination gebunden sein kann, sondern daß auch die Tiefenerosion ektropischer Flüsse in Abhängigkeit vom Kluft- und Störungsnetz erfolgt. Damit verliert die Anpassung von Flüssen an tektonische Vorzeichnung aber zugleich die besondere Bedeutung eines klimageomorphologischen Hauptmerkmales der wechsel- und immerfeuchten Tropen.

Die Befunde aus dem Karwendelgebirge stehen in Einklang mit Ausführungen von SCHWEIZER (1968, S. 8) über den Formenschatz des Spät- und Postglazials in den Hohen Seealpen: „Als wichtigste Gesteinseigenschaft bei der Ausbildung der Formen im kleinen erweist sich im Kristallin (Gneise und Gneismigmatite; Anm. v. DREXLER) das Kluftsystem. Den Gesteinsklüften entlang tasten sich Verwitterung und Abtragung vor. Die Entwässerungsrichtung in den Hochkaren...vermittelt ein eindrucksvolles Bild dieser Zusammenhänge zwischen Mesorelief und Kluftsystem." Die Existenz dieser Zusammenhänge im Kristallin beweist darüber hinaus, daß die tektonische Abhängigkeit der jungen, d. h. unter ektropischem Milieu angelegten Gerinne im Karwendelgebirge nicht als löslichkeitsbedingtes Spezifikum von Karbonatgesteinen betrachtet werden darf, sondern offenbar einer allgemeineren Tendenz zur bevorzugten Anlage von Erosionslinien längs tektonischer Schwächezonen unterzuordnen ist.

Die Ansicht, daß die tektonische Bindung von Gewässernetzen, wenn sie durch feucht-tropische Tiefenverwitterung vorbereitet wurde, viel enger sein müsse als im ektropischen Milieu, beruht vermutlich auf dem subjektiven Eindruck, den die bekannten winkligen und rechtwinkligen Gewässernetze auf alten Rumpfflächen erwecken. Daß „an zwischengeschalteten Flußstrecken Abweichungen von Klüften auftreten" (BREMER 1971, S. 16), ist entgegen BREMERs Ansicht (a. a. O.) kein spezifisches Merkmal außertropischer Gebiete; der Vergleich zwischen den von BARTH (1970) vorgelegten Karten 3 und 4 läßt dies deutlich erkennen[32]. Wenn viele außertropische Flußnetze, die möglicherweise in Zeiten sehr tiefgreifender Verwitterung unter tektonischer Kontrolle angelegt worden sind, heute nicht mehr exakt, sondern nur mehr generell ihren tektonischen Vorzeichnungen folgen, so läßt sich daraus m. E. nicht ableiten, daß die morphodynamische Bedeutung tektonischer Schwächezonen mehr oder weniger ausschließlich an feucht-tropisches Milieu gebunden wäre. Die nicht mehr präzise Anpassung solcher Talsysteme an ihre Prädisposition erklärt sich im allgemeinen zwanglos aus der Mehrphasigkeit der quartären Talgeschichte, in deren Verlauf die Tiefenerosion durch Phasen der Seitenerosion und der Akkumulation unterbrochen worden ist. Bei lateralerosiver Verlagerung oder Verbreiterung des fluvialen Aktivitätsbandes kann aber die Bindung eines Gerinnes an eine vorzeichnende Schwächezone nicht erhalten oder fortgeführt werden. Das wird vollends unmöglich, wenn darüber hinaus Akkumulationsphasen das Gerinne vom geologischen Untergrund isolieren.

LATTMAN (1968, S. 1078) meint im Hinblick auf die rektangulären Flußnetze, daß sich bruchtektonische Strukturen erwartungs- und erfahrungsgemäß in ariden Gebieten offensichtlicher im Relief manifestieren als in feuchten Gebieten. LIST und STOCK (1969) haben Gewässernetze am Nordrand des Tibestigebirges mit Hilfe des SPEARMANschen Rangkorrelationstestes auf Anpassung an die Tektonik geprüft. Die Korrelationskoeffizienten erreichten dort maximal den Wert 0,63; als Signifikanzschwelle wurde eine Irrtumswahrscheinlichkeit von 10 % in Kauf genommen. Im Karwendelgebirge wurde die Anpassung bei einer Irrtumswahrscheinlichkeit von nur 5 % geprüft (s. S. 97); die Korrelationskoeffizienten erreichten Maximalwerte von über 0,8. Dabei ist zu berücksichtigen, daß LIST und STOCK ihre tektonischen Daten aus dem Luftbild gewonnen haben, wobei ohnehin kaum mehr als die morphologisch wirksame Tektonik erfaßt werden kann, während die tektonischen Daten für das Rißbachgebiet auf Geländemessungen beruhen.

Dieser statistische Vergleich zeigt, daß tektonische Vorzeichnung in solchen Gebieten, in denen sie als besonders wirksam eingeschätzt wird, Flußnetze allenfalls auffälliger, aber nicht unbedingt stärker beeinflußt als unter den scheinbar weniger geeigneten klimageomorphologischen Voraussetzungen, die die Morphogenese der Nördlichen Kalkalpen steuerten. Die komplizierte alpinotype Tektonik und die über Rückkoppelungseffekte aus der tiefen Zertalung resultierenden Richtungszwänge ließen im Karwendelgebirge kein geometrisch hervortretendes Muster im Erosionsliniennetz entstehen.

Der angestellte Vergleich läßt darüber hinaus erkennen: Die klimageomorphologische Bedeutung geologischer und speziell tektonischer Kontrolle von Gewässernetzen wird erst dann besser überschaubar werden, wenn zahlreiche quantifizierende Untersuchungen aus den unterschiedlichen klimageomorphologischen Zonen unter Berücksichtigung der Morphogenese ausreichendes statistisches Vergleichsmaterial zur Verfügung stellen. Qualitative Erwähnungen von beobachteten Strukturabhängigkeiten bieten keine sichere Vergleichsbasis. Die vorliegende Studie könnte, vor allem aufgrund der Verfahrensdiskussionen, für eventuelle Folgearbeiten den Einstieg in die Frage des Procedere erleichtern.

---

[32] Herr BARTH bestätigte das in einer freundl. mündl. Mitteilung am 12. 10. 1977 in Hamburg

6. Zusammenfassung

Das Tal- und Rinnennetz des Rißbaches in dem 128 km² großen Niederschlagsgebiet oberhalb Hinterriß (Karwendelgebirge, Tirol) wurde auf seine geologische Beeinflussung untersucht. Den Schwerpunkt der Studie bildete die Prüfung auf Abhängigkeit von geologischer, vor allem tektonischer Vorzeichnung. Die wichtigsten Ergebnisse:

1. Das Flußnetz des Rißbaches oberhalb Hinterriß ist ein nicht komplettes Becken 6. Ordnung. Das Gesetz der Flußzahlen kann nach statistischer Überprüfung als eingehalten gelten. Die Gesetze der Flußlängen und Einzugsgebietsflächen sind dagegen überwiegend nicht realisiert. Die flußnetzanalytischen Kennwerte (Flußzahlen und -längen, Einzugsgebietsflächen, Flußdichte und -frequenz) weisen in den Teilsystemen z. T. erhebliche Schwankungen, Verteilungsanomalien und Korrelationsstörungen auf. Die Unregelmäßigkeiten sind Ausdruck verschiedener geologisch und geomorphologisch bedingter Tendenzen der Flußnetzgestaltung. Einige dieser Tendenzen bestimmen die Topologie der Flußnetze, andere nur die Intensität der fluvialen Erschließung oder die Segmentlängen. Die geomorphologischen Einflüsse ergeben sich z. T. aus der Mehrphasigkeit der Morphogenese, z. T. als Folgeerscheinungen aus geologisch bedingten Zügen im Relief.

2. Die topologisch wirksamen Einflüsse führen zu zwei unterschiedlichen Flußnetzvarianten: „Sammelrinnen" treten bei stark dominierender Vorzeichnung einzelner Erosionsrichtungen auf; „Sammeltrichter" bildeten sich bei der postglazialen Regeneration des Gerinnenetzes in Karen und Nivationsnischen. Beide bedingen charakteristisch kombinierte Abweichungen von den Flußnetz-Gesetzen.

3. Die petrographischen Einflüsse auf das Gewässernetz ergeben sich vor allem aus zwei Gesteinseigenschaften: Durchlässigkeit und Erodierbarkeit. Durchlässiges Substrat (verkarsteter Kalk, Lockersedimente) bedingt nicht nur die bekannt geringen Flußdichten und -frequenzen, sondern zugleich deutliche Tendenzen zu überdurchschnittlichen Flußlängen und Einzugsgebietsgrößen. Starke Zerklüftung erhöht im Hauptdolomit die Erosionsanfälligkeit, die jedoch nicht wie bei Mergel- und Tongesteinen zur gleichmäßigen Ausräumung führt, sondern zu sehr engmaschiger Zerschneidung. Außerordentlich hohe Flußdichte und -frequenz bei weit unterdurchschnittlichen Segmentlängen und Niederschlagsgebietsgrößen sind die Folge. Mergel- und Tongesteine werden bei steiler Lagerung sammelrinnenartig ausgeräumt. Aufgrund eines morphologischen Rückkopplungseffektes (Übertiefung, Aufschotterung) treten sie im Arbeitsgebiet meist nicht mit den zu erwartenden hohen Flußdichten hervor.

4. Das Bifurkationsverhältnis ist unabhängig vom Gestein, sofern nicht langgestreckte Schwächezonen die Bildung von Sammelrinnen veranlassen.

5. Die Gesamtrelief-Influenz prägt das Gewässernetz mit: Z. B. wachsen bei zunehmender Hangneigung die Flußlängen und z. T. die Flußdichte (Sammeltrichterbildung s. oben).

6. Bei Hauptdolomitbecken konnte die innere Komplettierung von Gerinnesystemen an den Veränderungen im flußnetzanalytischen Bild aufgezeigt werden. Eine neue Erosionslinie kann allein aufgrund selektiv-denudativer Nachzeichnung von Schwächezonen, offenbar sogar ohne die Voraussetzung entsprechender hydrologischer Erfordernisse, entstehen. Dies ist für das Verständnis geologisch kontrollierter Erosionsliniennetze von Bedeutung.

7. Die Täler und Rinnen im Rißbachgebiet sind in hohem Maße durch geologische Vorzeichnung bestimmt. Als Vorzeichnungen kommen petrographische Differenzierungen, Schichtung und vor allem bruchtektonische Strukturen in Betracht.

8. Tektonische Vorzeichnung bestimmt den Verlauf der Haupttäler und damit die Großstruktur des Talnetzes. Die kleineren Täler und Rinnen folgen ebenfalls weitgehend Klüften und Störungen, zeichnen aber auch die wenigen petrographischen und – örtlich gehäuft – die schichtungsbedingten Schwächezonen nach.

9. Der Ausprägungsgrad einer tektonischen Vorzeichnungsrichtung bestimmt nicht nur die Häufigkeit und Gesamtstrecke, mit der ihr Erosionslinien folgen, sondern auch die durchschnittliche Länge der einzelnen, geradlinigen Nachzeichnungen. Daher können dominierende Kluft- und Störungsrichtungen zur Ausbildung von Sammelrinnen führen. Dabei zeigt sich zugleich, daß es zur Vorzeichnung großer Täler

nicht notwendigerweise auch großer Störungen bedarf. Die reliefwirksame Schwächezone kann, wie sich an Beispielen belegen ließ, ebenso durch überdurchschnittlich enge Scharung vieler Klüfte und Kleinstörungen gegeben sein.

10. Korrelationsstatistische Überprüfung ergab, daß aus der starken Wirksamkeit tektonischer Vorzeichnung in den meisten Teilbereichen eine signifikante ($\alpha = 5\ \%$) Übereinstimmung der Richtungsverteilung der im Gelände gemessenen Klüfte und Störungen mit jener der Tal- und Rinnenstrecken resultiert.

11. Die erosive Nachzeichnung tektonischer Schwächezonen muß aber nicht zwangsläufig zur Korrelation der Richtungsverteilungen führen. Von Sammelrinnen können Richtungszwänge auf die Tributäre zurückwirken, so daß potentielle Vorzeichnungen nur mehr selektiv genützt werden. Die Erwartung übereinstimmender Richtungsverteilungen bei Klüften bzw. Störungen sowie Erosionslinien geht zudem von der nicht unbedingt zutreffenden Voraussetzung aus, daß die geomorphologische Wirksamkeit einer tektonischen Richtung allein von der Häufigkeit ihrer Klüfte und Störungen abhinge.

12. Der statistische Vergleich der morphometrischen und tektonischen Richtungshäufigkeiten ermöglicht es daher nicht immer, die tektonische Abhängigkeit eines Flußnetzes nachzuweisen. Daraus folgt, daß nicht signifikant positive oder gar negative Korrelationskoeffizienten selbst starke tektonische Kontrolle des Gewässernetzes nicht ausschließen. Dies trifft häufig bei Sammelrinnen zu, die den gewässernetzgestaltenden Einfluß der Vorzeichnung aber in der Gewässernetzanalyse erkennen lassen. Die Anpassung der morphometrischen Richtungsverteilung an die tektonische setzt das Fehlen stark dominierender Vorzeichnungsrichtungen voraus. So gestaltete Flußnetze entsprechen selbst bei hochsignifikanten Korrelationsergebnissen den Flußnetz-Gesetzen. Die Einhaltung der Gesetze kann daher nicht als Alternative zu tektonisch kontrollierter Flußnetzanlage gesehen werden.

13. Die flußnetzgestaltende Wirksamkeit tektonischer Vorzeichnung ist im Karwendelgebirge sowohl für die alten tertiären Täler nachweisbar als auch für die quartären Erosionslinien. Enge Anpassung von Gerinnenetzen an Klüfte und Störungen ist kein spezifisches Kennzeichen feucht-tropischer Morphodynamik.

Literaturverzeichnis

ADLER, R. (1958): Über Klüfte und Kleinstörungen in ihrer Bedeutung für die Morphologie. – N. Jb. Geol. Paläont. Mh., Jg. 1957, S. 498–510, Stuttgart

ADLER, R., W. FENCHEL, A. PILGER (1965): Statistische Methoden in der Tektonik I. – Clausthaler Tektonische Hefte, H. 2, 3. Aufl., Clausthal-Zellerfeld

AIGNER, A. (1930): Das Karproblem und seine Bedeutung für die ostalpine Geomorphologie. – Z. Geomorph., 5, S. 201–223, Leipzig

AMPFERER, O. (1903a): Geologische Beschreibung des nördlichen Theiles des Karwendelgebirges. – Jb. Geol. R. A., 53, S. 169–252, Wien

AMPFERER, O. (1903b): Über Wandbildung im Karwendelgebirge. – Verh. kk. Geol. R. A., Jg. 1903, S. 198–204, Wien

AMPFERER, O. (1928): Reliefüberschiebung des Karwendels. – Jb. Geol. B. A., 78, S. 241–256, Wien

AMPFERER, O. (1931): Zur neuen Umgrenzung der Inntaldecke. – Jb. Geol. B. A., 81, S. 25–48, Wien

AMPFERER, O. (1942): Geologische Formenwelt und Baugeschichte des östlichen Karwendelgebirges. – Denkschr. Akad. d. Wiss., Bd. 106, Wien

AMPFERER, O., T. OHNESORGE (1924): Erläuterungen zur Geologischen Spezialkarte 1 : 75000, SW-Gruppe Nr. 29, Blatt 5047 Innsbruck – Achensee. – Geol. BA Wien

BAHRENBERG, G., E. GIESE (1975): Statistische Methoden und ihre Anwendung in der Geographie. – Stuttgart

BARTH, H. K. (1970): Probleme der Schichtstufenlandschaften West-Afrikas. – Tübinger Geogr. Studien, H. 38, Tübingen

BERG, D. (1965): Die Klüfte im Paläozoikum und Mesozoikum von Luxemburg und der westlichen Eifel. Ihre Beziehungen zur allgemeinen Tektonik und ihr Einfluß auf das Gewässernetz. – Publ. Serv. géol. Luxembourg, 16, Luxembourg

BODECHTEL, J. (1969): Photogeologische Untersuchungen über die Bruchtektonik im Toskanisch-Umbrischen Apennin. – Geol. Rdsch., 59, S. 265–278, Stuttgart

BREMER, H. (1971): Flüsse, Flächen- und Stufenbildung in den feuchten Tropen. – Würzb. Geogr. Arb., H. 35, Würzburg

BREMER, H. (1972): Flußarbeit, Flächen- und Stufenbildung in den feuchten Tropen. – Z. Geomorph. N. F., Suppl. Bd. Nr. 14, S. 21–38, Berlin-Stuttgart

BREMER, H. (1973a): Der Formungsmechanismus im tropischen Regenwald Amazoniens. – Z. Geomorph. N. F., Suppl. Bd. Nr. 17, S. 195–222, Berlin-Stuttgart

BREMER, H. (1973b): Flächenbildung. – Erdkundl. Wissen, H. 33, S. 114–130, Wiesbaden

BREMER, H. (1975): Intramontane Ebenen, Prozesse der Flächenbildung. – Z. Geomorph. N. F., Suppl. Bd. 23, S. 26–48, Berlin-Stuttgart

BRUNNER, H. (1968): Geomorphologische Karten des Mysore-Plateaus (Süd-Indien). – Wiss. Veröff. Dtsch. Inst. f. Länderkunde, N. F. 25/26, S. 5–17, Leipzig

BÜDEL, J. (1963): Klima-genetische Geomorphologie. – Geogr. Rdsch., 15, S. 269–285, Braunschweig

BÜDEL, J. (1965): Die Relieftypen der Flächenspülzone Süd-Indiens am Ostabfall des Dekans gegen Madras. – Coll. Geogr., Bd. 8, Bonn

BÜDEL, J. (1971): Das natürliche System der Geomorphologie. – Würzb. Geogr. Arb., H. 34, Würzburg

BÜDEL, J. (1972): Typen der Talbildung in verschiedenen klimageomorphologischen Zonen. – Z. Geomorph. N. F., Suppl. Bd. 14, S. 1–20, Berlin-Stuttgart

CLAR, E. (1954): Ein zweikreisiger Geologen- und Bergmannskompaß zur Messung von Flächen und Linearen (Mit Bemerkungen zu den feldgeologischen Messungsarten). – Verh. Geol. B. A., S. 201–215, Wien

CLOOS, H. (1921): Der Mechanismus tiefvulkanischer Vorgänge. – Braunschweig

CLOOS, H. (1936): Einführung in die Geologie. – Berlin

DAUBREE, A. (1880): Synthetische Studien zur Experimental-Geologie. – Dtsch. Übersetzg. von A. Gurlt; Braunschweig

DAVIS, W. M. (1899): The geographical cycle. – J. Geogr. 14, S. 481–504

DAVIS, W. M. (1899): Drainage of cuestas. – Proc. Geol. Assoc. 16, 2

DINU, J. (1912): Geologische Untersuchungen der Beziehungen zwischen den Gesteinsspalten, der Tektonik und dem hydrographischen Netz im östlichen Pfälzerwald. – Verh. d. Naturhist.-Mediz. Ver. Heidelberg, N. F. 11, S. 238–299, Heidelberg

DOORNKAMP, J., C. A. M. KING (1971): Numerical Analysis in Geomorphology. – London

DREXLER, O. (1975): Einfluß von Petrographie und Tektonik auf die Talrichtungen im Einzugsgebiet des Rißbaches (Karwendelgebirge). – Unveröff. Dipl.-Arb. am Lehrst. Prof. F. Wilhelm, Inst. f. Geogr. d. Univ. München

EASTERBROOK, DON J. (1969): Principles of Geomorphology, New York

ENGSTLER, B. (1913): Geologische Untersuchung der Beziehung zwischen den Gesteinsspalten, der Tektonik und dem hydrographischen Netz in den östlichen Mittelvogesen. – Verh. d. Naturhist.-Mediz. Ver. Heidelberg, N. F. 12, S. 372–416, Heidelberg

FELDMANN, S., S. A. HARRIS, R. W. FAIRBRIDGE (1968): Drainage Patterns. – In: Fairbridge, R. W. (Hrsg.): The Encyclopedia of Geomorphology, S. 284–291, New York

FELS, E. (1929): Das Problem der Karbildung in den Ostalpen. – Pet. Mitt., Erg.-H. 202, Gotha

FEZER, F. (1974): Karteninterpretation. – Braunschweig

FLICK, H., H. QUADE, G.-A. STACHE (1972): Einführung in die tektonischen Arbeitsmethoden. – Clausthaler Tektonische Hefte, H. 12, Clausthal-Zellerfeld

GAENSSLEN, H., W. SCHUBÖ (1973): Einfache und komplexe statistische Analyse. – UTB 274, München

GHOSE, B., S. PANDEY, S. SINGH, G. LAL (1967): Quantitative Geomorphology of the Drainage Basins in the Central Luni Basin in Western Rajasthan. – Z. Geomorph., N. F. 11, 2, S. 146–160, Berlin-Stuttgart

GREGORY, K. J. (1966): Dry valleys and the composition of the drainage net. – J. Hydrol., 4, S. 327–340

HEISSEL, W. (1950): Das östliche Karwendel. Erläuterungen zur geologischen Karte des östlichen Karwendel und des Achenseegebietes von Otto Ampferer. – Innsbruck

HEISSEL, W. (1957): Zur Tektonik der Nordtiroler Kalkalpen. – Mitt. Geol. Ges. Wien, 50, S. 95–132, Wien

HETTNER, A. (1888): Gebirgsbau und Oberflächengestaltung der Sächsischen Schweiz. – Forsch. z. Dtsch. Landes- u. Volkskunde, Bd. 2, H. 4, S. 245–355, Stuttgart

HETTNER, A. (1913): Die Abhängigkeit der Form der Landoberfläche vom inneren Bau. – Geogr. Ztschr., 19, H. 8, S. 435–445, Leipzig

HOBBS, W. (1905): Examples of joint controlled drainage from Wisconsin and New York. – J. Geol., 13, S. 363 ff

HOBBS, W. (1911): Repeating patterns in the relief and in the structure of the land. – Geol. Soc. Amer. Bull., 22, S. 123–176, New York

HORTON, R. E. (1945): Erosional development of streams and their drainage basins; hydrophysical approach to quantitative morphology. – Geol. Soc. Amer. Bull., 56, S. 275–370, New York

JENETTE, A. (1931): Klüfte und Talrichtungen im Gebiet der Trettach und ihrer Nebenflüsse. – Mitt. Geogr. Ges. München, 24, S. 258–307, München

JERZ, H. (1966): Untersuchungen über Stoffbestand, Bildungsbedingungen und Paläogeographie der Raibler Schichten zwischen Lech und Inn (Nördl. Kalkalpen). – Geol. Bav., Nr. 56, S. 3–62, München

JERZ, H., R. ULRICH (1966): Erläuterungen zur Geologischen Karte von Bayern 1 : 25 000, Blatt Nr. 8533/8633 Mittenwald. – München

KADOMURA, H. (1970): The Landforms in the Tsavo-Voi Area, Southern Kenya. – Geographical Reports of Tokyo, Metropolitan University, No. 5, S. 1–23, Tokio

KAITANEN, V. (1975): Composition and Morphometric Interpretation of the Kiellajohka Drainage Basin, Finnish Lapland. – Fennia, Bd. 140, Helsinki

KJERULF, TH. (1879): Ein Stück Geographie in Norwegen. – Z. Ges. f. Erdkd., Berlin

KJERULF, TH. (1880): Die Geologie des südlichen und mittleren Norwegen. – (Deutsche Ausgabe von A. Gurlt); Bonn

KLOSTERMANN, H. (1970): Zur geomorphometrischen Kennzeichnung kleiner Einzugsgebiete. – Pet. Mitt., 104, H. 4, S. 241–260, Gotha

KÖNIG, G. (1971): Flußordnungsanalyse im Gebiet zwischen Isar und Inn. – Unveröff. Zulassungsarbeit; Geogr. Inst. d. Univ. München

KREBS, N. (1937): Talnetzstudien. – Sitz.-Ber. Preuß. Akad. d. Wiss., Phys.-Math. Kl., S. 52–72, Berlin

KREYSZIG, E. (1970): Statistische Methoden und ihre Anwendung. – 3. Aufl., Göttingen

KRONBERG, P. (1967): Photogeologie. – Clausthaler Tektonische Hefte, H. 6, Clausthal-Zellerfeld

KUPKE, H. (1958): Die großen Wandfluchten des Wetterstein- und Karwendelgebirges. – Dissertation, Universität München

LAMMERER, B. (1976): Struktur des Alpenrandes zwischen Inn und Bodensee im Satellitenbild. – Geol. Rdsch., 65, S. 525–535, Stuttgart

LATTMAN, L. (1968): Structural Control in Geomorphology. – In: R. W. Fairbridge: The Encyclopedia of Geomorphology, New York 1968, S. 1074–1079

LEOPOLD, L. B., W. B. LANGBEIN (1962): The Concept of Entropy in Landscape Evolution. – U. S. Geol. Surv. Prof. Paper 500 A, S. A1–A20

LEOPOLD, L. B., M. G. WOLMAN, J. P. MILLER (1964): Fluvial Processes in Geomorphology. – San Francisco

LIND, J. G. (1910): Geologische Untersuchungen der Beziehungen zwischen Gesteinsspalten, der Tektonik und dem hydrographischen Netz des Gebirges bei Heidelberg. – Verh. d. Naturhist.-Mediz. Ver. Heidelberg, N. F. 11, S. 7–45, Heidelberg

LIST, F. K. (1969): Quantitative Erfassung von Kluftnetz und Entwässerungsnetz aus dem Luftbild. – Bildmess. u. Luftbildwesen, 37, S. 134–140, Karlsruhe

LIST, F. K., D. HELMCKE (1970): Photogeologische Untersuchungen über lithologische und tektonische Kontrolle von Entwässerungssystemen im Tibesti-Gebirge (Zentral-Sahara, Tschad). – Bildmess. u. Luftbildwesen, 38, 5, 273–278, Karlsruhe

LIST, F. K., P. STOCK (1969): Photogeologische Untersuchungen über Bruchtektonik und Entwässerungsnetz im Präkambrium des nördlichen Tibesti-Gebirges, Zentral-Sahara, Tschad. – Geol. Rdsch., 59, S. 228–256, Stuttgart

LOUIS, H. (1968): Allgemeine Geomorphologie. – 3. Aufl., Berlin

LOUIS, H. (1975): Abtragungshohlformen mit konvergierend-linearem Abflußsystem. – Mü. Geogr. Abh., Bd. 17, München

MACHATSCHEK, F. (1973): Geomorphologie. – 10. Aufl., bearb. von H. Graul und C. Rathjens; Stuttgart

MALASCHOFSKY, A. (1941): Morphologische Untersuchungen im alpinen Isar- und Loisachgebiet. – München

MARIOLAKOS, J. D., S. P. LEKKAS, D. J. PAPANIKOLAYON (1976): Quantitative Geomorphological Analysis of Drainage Patterns in the Vth Order Basins of Alfios River (Peleponnese, Greece). – Arbeiten aus d. Geogr. Inst. d. Univ. Salzburg, Bd. 6, S. 229–264, Salzburg

MAULL, O. (1938): Geomorphologie. – Leipzig – Wien

MAULL, O. (1958): Handbuch der Geomorphologie. – Wien

MAXWELL, J. C. (1955): The bifurcation ratio in Horton's law of stream numbers (Abstract). – Amer. Geophys. Union Trans., 36, 3, S. 520ff., Washington

MAXWELL, J. C. (1960): Quantitative geomorphology of the San Dimas Experimental Forest, California. – Columbia Univ., Dept. Geol., Office of Naval Res. Project NR 389–042, Tech. Report No. 19, New York

MAXWELL, J. C. (1967): Quantitative Geomorphology of some Mountain Chaparral Watersheds of Southern California. – In: Garrison, W. L. & Marble D. F. (Hrsg.): Quantitative Geography, Part II: Physical and Cartographic Topics; Studies in Geogr., No. 14, S. 108–226, Evanston (Illinois)

MELTON, M. A. (1958): Geometric Properties of Mature Drainage Systems and their Representation in an E_4 Phase Space. – J. Geol., Vol. 66, S. 35–56, Chicago

MILLER, V. C. (1953): A quantitative geomorphic study of drainage basin characteristics in the Clinch Mountain area, Virginia and Tennessee. – Techn. Rep. 3, Office of the Naval Research, Dept. Geol. Columbia Univ., New York

MILTON, L. E. (1967): An Analysis of the Laws of Drainage Net Composition. – Bull. Internat. Assoc. Scientific Hydrology, Vol. 12, No. 4, S. 51–56

MORISAWA, M. E. (1962): Quantitative geomorphology of some watersheds in the Appalachian Plateau. – Geol. Soc. Amer. Bull., Vol. 73, 9, 1025–1046, Burlington

MURAWSKI, H. (1954): Bau und Genese von Schwerspatlagerstätten des Spessarts. – N. Jb. Geol. Paläont., Mh., Jg. 1954, S. 145–163, Stuttgart

MURAWSKI, H. (1964): Kluftnetz und Gewässernetz. – N. Jb. Geol. Paläont., Mh., Jg. 1964, S. 537–561, Stuttgart

MUTSCHLECHNER, G. (1950): Spuren des Inntalgletschers im Bereich des Karwendelgebirges. – Jb. Geol. B. A., 93. Jg. 1948, S. 155–206, Wien

NAGEL, K.-H. (1975): Der Bau der Thiersee- und Karwendelmulde (Tirol), interpretiert mit Hilfe statistischer Verfahren. – Geotekt. Forsch., 48, S. 1–136, Stuttgart

PANZER, W. (1923): Talrichtung und Gesteinsklüfte. – Pet. Geogr. Mitt., 69, S. 153–157, Gotha

PANZER, W. (1975): Geomorphologie. – 4. Aufl., Braunschweig

PASCHINGER, V. (1957): Die Flußdichte der Schobergruppe in regionaler Betrachtung. – Mitt. Geogr. Ges. Wien, 99, H. 1, S. 187–193, Wien

PENCK, A. (1894): Morphologie der Erdoberfläche. – 2. Teil, Stuttgart

PENCK, A. (1925): Die Kluftsysteme im Bastei-Gebiet. – Ztschr. Ges. f. Erdk., Jg. 1925, S. 60–62, Berlin

PESCHEL, O. (1883): Neue Probleme der Vergleichenden Erdkunde. – 4. Aufl., Leipzig

PILLEWIZER, W. (1937): Tektonik und Talverlauf im Kristallingebiet der Raabklamm (Steiermark). – Z. Geomorph., 10, S. 69–86, Leipzig

PLESSMANN, W. (1957): Über schichtparallele Gleitung. – N. Jb. Geol. Paläont., Mh., Jg. 1957, S. 295–315, Stuttgart

PLEWE, E. (1952): Klufttektonische Züge im Landschaftsbild Südnorwegens. – Pet. Geogr. Mitt., 96, S. 179–182, Gotha

RANALLI, G., A. E. SCHEIDEGGER (1968): A Test of the Topological Structure of River Nets. – Bull. Intern. Assoc. of Scientific Hydrology, Vol. 13, H. 2, S. 142–153

RANDALL, B. A. O. (1961): On the relationship of valley and fjord directions of the fracture pattern of Lyngen, Troms N. Norway. – Geografiska Annaler, Vol. 43, S. 336–338

RATHJENS, C. (1971): Klimatische Geomorphologie. – Darmstadt

ROTHPLETZ, A. (1888): Das Karwendelgebirge. – Z. D. Ö. A. V., 19, S. 401–470, München

SACHS, L. (1969): Statistische Auswertungsmethoden. – 2. Aufl., Berlin – Heidelberg – New York

SALOMON, W. (1911): Die Bedeutung der Messung und Kartierung von gemeinen Klüften und Harnischen mit besonderer Berücksichtigung des Rheintalgrabens. – Z. dtsch. geol. Ges., 63, H. 4, S. 496–521

SANDRA, B. C., M. B. MACHADO, M. R. M. DE MEIS (1975): Drainage basin morphometry on deeply weathered bedrocks. – Z. Geomorph., N. F. 19, S. 125–139, Berlin

SCHEIDEGGER, A. E. (1965): The Algebra of Stream-Order Numbers. – US. Geol. Surv. Prof. Paper 525 – B, S. B187–B189

SCHEIDEGGER, A. E. (1970): Theoretical Geomorphology. – 2. Aufl., Berlin – Heidelberg – New York

SCHMIDT-KRAEPELIN, E. von (1973): „Peak Wilderness" – Wasserscheide der vier Ströme (Ceylon). – Erdkundliches Wissen (Beih. z. Geogr. Zeitschr.), H. 33, S. 352–397, Wiesbaden

SCHMIDT-THOMÉ, P. (1964): Der Alpenraum. – In: Erl. zur Geol. Karte von Bayern 1 : 500 000, S. 244–296, 2. Aufl., München

SCHMIDT-THOMÉ, P. (1972): Lehrbuch der Allgemeinen Geologie (Hrsg. R. Brinkmann); Bd. II: Tektonik. – Stuttgart

SCHNEIDER, S. (1974): Luftbild und Luftbildinterpretation. – Berlin

SCHUMM, S. A. (1956): Evolution of drainage systems and slopes in badlands at Perth Amboy, New Jersey. – Geol. Soc. Amer. Bull., Vol. 67, 5, 597–646, Baltimore

SCHWEIZER, G. (1968): Der Formenschatz des Spät- und Postglazials in den Hohen Seealpen. – Z. Geomorph. N. F., Suppl. Bd. 6, Stuttgart

SHREVE, R. L. (1966): Statistical law of stream numbers. – J. Geol., Vol. 74, 17–37, Chicago

SHREVE, R. L. (1967): Infinite topologically random channel networks. – J. Geol., Vol. 75, S. 178–186, Chicago

SMART, J. S. (1968a): Mean Stream Numbers and Branching Ratios for Topologically, Random Channel Networks. – Bull. Internat. Assoc. Scientific Hydrology, Vol. 13, H. 4, S. 61–64

SMART, J. S. (1968b): Statistical Properties of Stream Lengths. – Water Resources Research, Vol. 4, S. 1001–1014

SMART, J. S. (1969): Topological Properties of Channel Networks. – Bull. Geol. Soc. Amer., Vol. 80, S. 1757–1774, Baltimore

SMITH, K. G. (1958): Erosional Process and Landforms in Badlands National Monument, South Dakota. – Bull. Geol. Soc. Amer., Vol. 69, S. 975–1008, Baltimore

SMITH, W. S. T. (1925): An apparent-dip protractor. – Econ. Geol., Vol. 20, S. 181–184

SOMMERHOFF, G. (1971): Zum Stand der geomorphologischen Forschung im Karwendel. – Mitt. Geogr. Ges. München, 56, S. 152–171, München

SOMMERHOFF, G. (1977): Zur spät- u. postglazialen Morphodynamik im oberen Rißbachtal, Karwendel. – Mitt. Geogr. Ges. München, 62, S. 89–102, München

SONKLAR, K. von (1873): Allgemeine Orographie. – Wien

STINY, J. (1925): Einiges über Gesteinsklüfte und Geländeform in der Reißeckgruppe (Kärnten). – Z. Geomorph., 1, S. 254–275

STRAHLER, A. N. (1952): Hypsometric (area-altitude) analysis of erosional topography. – Geol. Soc. Amer. Bull., Vol. 63, 11, S. 1117–1142, Baltimore

STRAHLER, A. N. (1953): Revisions of Horton's quantitative factors in erosional terrain (abstract). – Amer. Geophys. Union Trans., 1953, 2, 345, Washington

STRAHLER, A. N. (1964): Quantitative geomorphology of drainage basins and channel networks. – In: Ven te Chow (Hrsg.): Handbook of applied hydrology, Chap. 4-II, S. 4–39 bis 4–76, New York

STRAHLER, A. N. (1968): Quantitative Geomorphology. – In: R. W. Fairbridge (Hrsg.): Encyclopedia of Geomorphology, S. 898–911, New York

STROPPE, W. (1974): Die Niederschlagsverteilung und der Abflußgang der Ammer während des Hochwassers vom 7.–12. August 1970. – Unveröff. Diplomarbeit am Lehrstuhl Prof. F. Wilhelm, Inst. f. Geogr. d. Univ. München

SUPAN, A. (1930): Grundzüge der Physischen Geographie, Bd. II, Teil 1. – Berlin

TEICHERT, C. (1927): Die Klufttektonik der cambrosilurischen Schichttafel Estlands. – Geol. Rdsch., 18, S. 214–263, Berlin

TIETZE, W. (1961): Über die Erosion von unter Eis fließendem Wasser. – Mainzer Geogr. Studien, Panzer-Festschrift., S. 125–142, Braunschweig

TRUSHEIM, F. (1930): Die Mittenwalder Karwendelmulde. – Wiss. Veröff. D. Ö. A. V., 7, Innsbruck

UHLIG, H. (1954): Die Altformen des Wettersteingebirges mit Vergleichen in den Allgäuer und Lechtaler Alpen. – Forsch. z. Dtsch. Landeskunde, Bd. 79, Remagen

WERRITY, A. (1972): The Topology of Stream Networks. – In: R. J. Chorley (Hrsg.): Spatial Analysis in Geomorphology, S. 167–196, London

WILHELMY, H. (1972): Geomorphologie in Stichworten, Bd. II: Exogene Morphodynamik. – Kiel

WILHELMY, H. (1974): Klimageomorphologie in Stichworten. – Kiel

WILHELMY, H. (1975): Die klimageomorphologischen Zonen und Höhenstufen der Erde. – Z. Geomorph. N. F., 19, S. 353–376, Berlin-Stuttgart

ZĂVOIANU, J. (1975): A Morphometric Model for the Surface Area of Hydrographic Basins. – Revue Roumaine de Géologie, Géophysique et Géographie: Géographie, Tome 19, Nr. 2, S. 199–210, Bukarest

Geologische Karten

AMPFERER, O. (1950): Geologische Karte des Östlichen Karwendel und des Achenseegebietes 1 : 25 000, Wien

AMPFERER, O., T. OHNESORGE (1912): Geol. Spezialkarte 1 : 75 000, SW-Gruppe Nr. 29, Blatt 5047 Innsbruck – Achensee. – Geol. R. A., Wien

ROTHPLETZ, A., et al. (1888): Geologische Karte des Karwendelgebirges 1 : 50 000. – Zeitschr. d. D. Ö. A. V., 19, München

TRUSHEIM, F. (1930): Geologische Karte der Mittenwalder Karwendelmulde 1 : 25 000. – Wiss. Veröff. D. Ö. A. V., 7, Innsbruck

Topographische Karten

Alpenvereinskarte 1 : 25 000, Karte des Karwendelgebirges:
    Mittl. Blatt, Nr. 5/2: Hinterriß – Innsbruck; Wien 1935; erg. u. ber. Aufl. 1962
    Östl. Blatt, Nr. 5/3: Achensee – Schwaz; Wien 1936; erg. u. ber. Aufl. 1962

Bayerisches Landesvermessungsamt:
    Topogr. Karte 1 : 50 000, Blatt L 8534 Fall, München 1972
    Topogr. Karte 1 : 25 000, Blatt 8534 Östl. Karwendelspitze, München 1959

Bundesamt für Eich- und Vermessungswesen:
    Österreichische Karte 1 : 50 000
    Blatt 118 Innsbruck, Wien 1970
    Blatt 119 Schwaz, Wien 1971

Karte der Kluftmeßpunkte

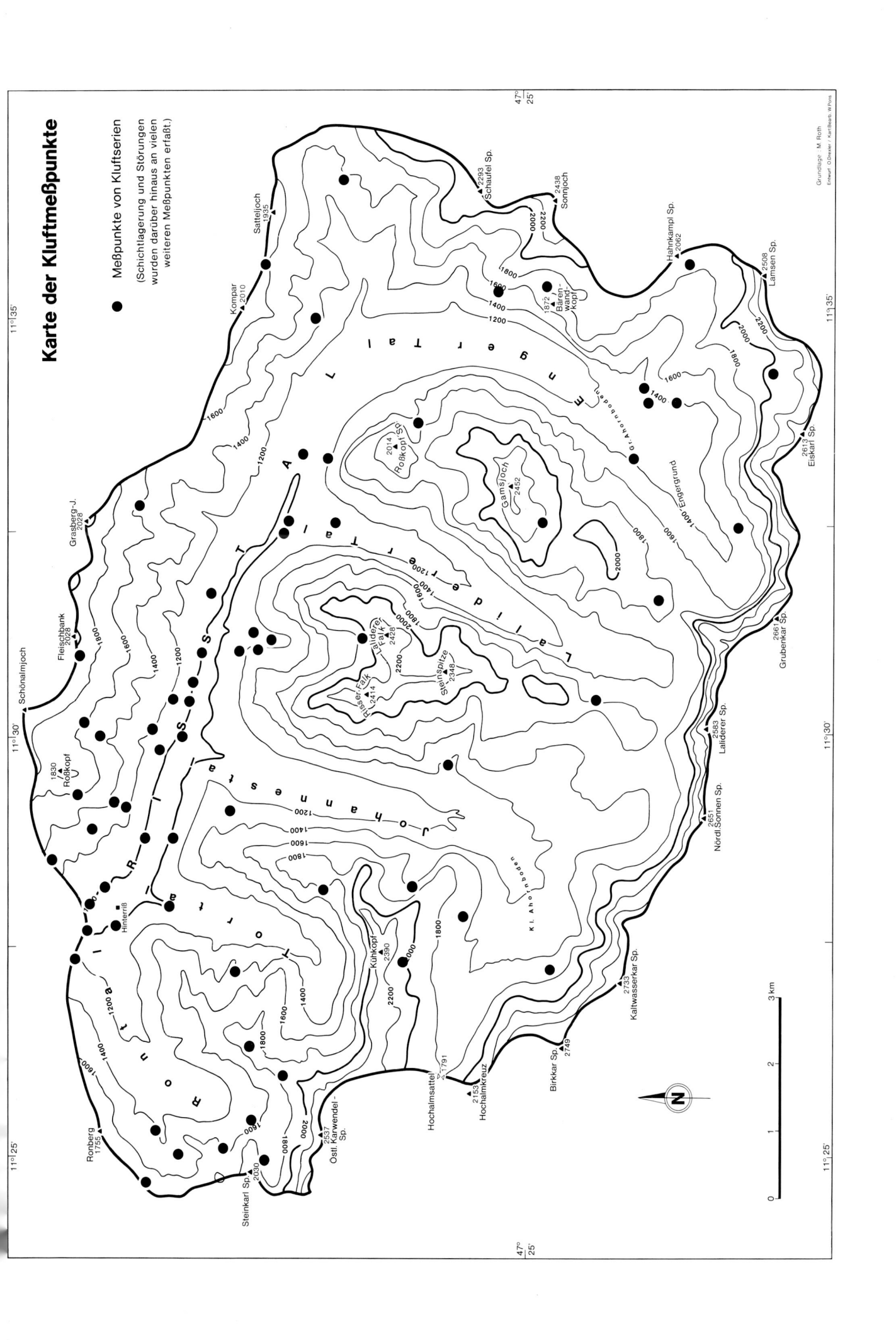

- Meßpunkte von Kluftserien

(Schichtlagerung und Störungen wurden darüber hinaus an vielen weiteren Meßpunkten erfaßt.)